黔西多煤层产气潜力及
单井高效开采模式

吴财芳　姜　玮　王　蒙　周龙刚　　著
王　乔　李　腾　姚　帅　刘小磊

国家科技重大专项项目（2016ZX05044）、国家自然科学基金面上项目
（41272178、41572140）及江苏省"青蓝工程"项目资助

科学出版社

北　京

内 容 简 介

本书以黔西织纳煤田为研究对象，阐明了多煤层区多层叠置独立含气系统与多层统一含气系统中煤层气地质特征的层域变化规律及主控因素，优化了不同含气系统压裂方式及参数，探讨了不同含气系统煤层气排采的层间干扰机理，厘定了煤层气单井压裂/排采次序，建立了多煤层区煤层气单井高效有序压裂/排采模式。

本书可供煤层气地质工程及相关专业的研究生、教学科研和工程技术人员使用。

图书在版编目（CIP）数据

黔西多煤层产气潜力及单井高效开采模式/吴财芳等著. —北京：科学出版社，2016.11

ISBN 978-7-03-050819-5

Ⅰ. ①黔… Ⅱ. ①吴… Ⅲ. ①煤层–地下气化煤气–地下开采–研究–贵州 Ⅳ. ①P618.11

中国版本图书馆 CIP 数据核字（2016）第 282999 号

责任编辑：胡 凯 刘稳航 冯 钊/责任校对：王 瑞
责任印制：张 倩/封面设计：许 瑞

科 学 出 版 社 出版

北京东黄城根北街 16 号
邮政编码：100717
http://www.sciencep.com

中国科学院印刷厂 印刷
科学出版社发行 各地新华书店经销

*

2016 年 11 月第 一 版　开本：720 × 1000　1/16
2016 年 11 月第一次印刷　印张：18
字数：363 000

定价：99.00 元
（如有印装质量问题，我社负责调换）

前　言

随着我国经济的快速发展，对能源的需求量也逐年增加，也更加注重清洁能源的发展，非常规天然气的发展将会是天然气的重要补给来源之一。其中，煤层气又是最现实可采的资源。2006 年，我国完成了新一轮油气资源评价，42 个主要含气盆地埋深 2000m 以浅煤层气地质资源量为 $36.81 \times 10^{12} m^3$，可采资源量为 $10.87 \times 10^{12} m^3$，仅次于俄罗斯、加拿大，居世界第三位。有计划地开发利用煤层气，将有利于我国自然资源的有效利用，对缓解国民经济发展中的能源供求矛盾、改善煤矿安全生产条件、遏制我国煤矿甲烷排放量、促进我国大气环境改善等方面具有重大的现实意义和应用价值。

目前，我国煤层气开发活动主要集中在沁水盆地南部晋城矿区、北部阳泉矿区，鄂尔多斯盆地南缘韩城矿区、东北阜新盆地等少数地区。虽然我国在低煤级煤层气开发、构造煤煤层气开发和多煤层区煤层气开发等方面取得了部分突破，但整体效果均不理想。除上述区块外，尚没有形成其他可进行商业开发的后备基地。全国《煤层气产业政策》要求：“加大新疆、辽宁、黑龙江、河南、四川、贵州、云南等地区煤层气资源勘探力度，建设规模化开发示范工程”。在我国南方，贵州省煤炭与煤层气资源最为集中、丰富，全省煤炭资源量 $2588.55 \times 10^9 t$，占南方煤炭资源总量的 66.08%，占全国的 4.38%。全省及邻区煤层气地质资源量 $4.44 \times 10^{12} m^3$，占全国的 12.07%，占南方的 60% 以上。

织纳煤田位于贵州省中西部，包括比德向斜、三塘向斜、阿弓向斜、珠藏向斜、关寨向斜等多个向斜单元，含煤面积约为 $1016.3 km^2$，煤层气资源量为 $7611 \times 10^8 m^3$。此外，该区煤层气赋存条件优越，资源丰度高，含气量高，煤体结构整体完整性较好。但与沁水盆地相比，多煤层发育区的织纳煤田在压裂、排采等各方面都存在明显的差异性。目前，水力压裂的相关研究只是针对单层煤而言，对于多煤层合层压裂工艺参数的研究，鲜有报道。此外，多煤层开采过程中层间干扰严重，往往导致排采效果不佳，且在排采制度方面与单一煤层开发必然存在明显的区别。因此，解决多煤层地区煤层气井合层压裂以及工艺参数的优化问题，揭示合层排采时层间干扰产生机制、储层压降传播规律以及合采产能影响因素，建立有序高效的开采模式，对指导多煤层区煤层气开发尤为重要。

鉴于我国煤层气开发现状，《黔西多煤层产气潜力及单井高效开采模式》选择黔西织纳煤田珠藏向斜的少普井田及阿弓向斜的文家坝井田为研究对象，综合运用煤田地质学、构造地质学、煤层气地质学等理论与方法，基于大量煤田地质勘探、煤层气井生产、测井等资料，以煤层气活性水压裂工艺及合层排采技术为核心，在系统研究各含气系统的煤层气地质特征及其主控因素的基础上，依据水力压裂致裂机理以及煤层气排采机理，采用物理模拟与数值模拟方法，优选煤层气井压裂方式及工艺参数。同时，查明各含气系统产气潜力及产能贡献，揭示系统间以及层间的干扰机制，提出不同含气系统压裂/排采方案，建立多煤层区煤层气单井高效开采模式，为多煤层条件下煤层气资源高效经济开发提供依据，以期对我国煤层气开发提供理论指导，推动我国煤层气产业的发展。

本书共分八章，可分为四部分：第一部分，主要分析了研究意义、国内外研究现状、存在问题、研究方法及织纳煤田煤层气赋存的地质背景；第二部分，研究了多层统一含气系统和多层独立含气系统的煤层气地质条件和储层物性特征；第三部分，通过物理模拟和数值模拟，优化了煤层气单井水力压裂工艺参数，分析了两种含气系统单井排采层间干扰主控因素及合层排采可行性；第四部分，建立了多煤层区煤层气单井有序高效开发模式。

研究工作得到了中国矿业大学煤层气资源与成藏过程教育部重点实验室和贵州省煤田地质局的大力支持和帮助。硕士研究生梁冲冲、赵凯、王聪、姜伟和杨庆龙等参与了本书相关材料的整理，在此一并致以衷心谢意！笔者引用了大量国内外参考文献，借此机会对这些文献的作者表示感谢。

本书由国家科技重大专项项目（2016ZX05044）、国家自然科学基金面上项目（41272178、41572140）及江苏省"青蓝工程"项目资助。

由于作者水平有限，书中不妥之处在所难免，敬请广大读者不吝批评指正！

吴财芳

2016 年 8 月

目　　录

第一章 绪 论

第一节 研 究 意 义

目前，我国的煤层气开发活动主要集中在沁水盆地、鄂尔多斯盆地东南缘、阜新盆地等少数地区。作为主力地区的沁水盆地，经过近 20 多年的规划开发，其有利区块的煤层气井已经接近饱和。除此之外，其他地区的煤层气后备基地几乎没有开拓和形成，尤其是我国西南部的黔西、川南、滇东等煤层气资源富集区。我国现有煤层气井开采对象大多为单一煤层，受资源量限制，致使煤层气单井开采时间较短，一些直井生产 3~5 年左右，气产量就几乎衰竭。我国第一口水平井 DNP2 井平均日产气量按近 $2 \times 10^5 \text{m}^3$，也只排采 4 年就枯竭。然而我国较早的潘庄井组，多煤层排采，部分井已排采 10 余年，现产气量仍维持在 $1000 \text{m}^3/\text{d}$ 左右。虽然由于一些原因导致部分合采井产能低于单层排采井，但同时这种情况也充分说明，如果能够解决某些关键技术问题，多煤层区域煤层气开发将具有巨大的前景。

多煤层在我国许多地区含煤地层中普遍发育，特别是西南地区的上二叠统龙潭组（杨起和韩德馨，1980）。贵州省是我国南方的产煤大省，煤层气资源丰富，主要分布于黔西地区，全省煤层气资源量约为 $3.15 \times 10^{12} \text{m}^3$，约占全国同标准资源量的 22%左右（叶建平等，1999；易同生，1997），位列全国第二，仅次于山西，但利用率仅为 16%（黄培，2011）。贵州省煤层气的赋存特征和地质条件复杂，具有"一弱"（含煤地层富水性弱）"两多"（构造类型多、煤层多）"三高"（含气量高、资源丰度高、储层压力及地应力高）和"四大"（资源量大、煤级变化大、渗透率变化大、地质条件垂向变化大）的特点（高弟等，2009）。以织纳煤田为代表，前人基于对水公河向斜不同煤层含气性、含气梯度和视压力系数的研究，初步提出和论证了"多层叠置独立含煤层气系统"的学术观点（秦勇等，2008；熊孟辉，2006）。之后许多学者对该观点进行了进一步论证，以煤层群垂向层位含气量波动性强弱和含气量梯度大小作为划分煤层群含气系统类型的指标，将织纳煤田比德—三塘盆地划分为 3 类煤层气系统（杨兆彪等，2011a），认为含煤地层的沉积条件奠定了"多层叠置独立含煤层气系统"的物质及物性基础，层序地层格架特点限定了含气单元间含气性的连通性（沈玉林等，2012），最终指出多层叠置独立含气系统是沉积-水文-构造条件耦合控气作用的产物。前人对多煤层区含煤层气系统理论方面做了大量的研究，但是针对多煤层叠置独立含气系统煤层气开发的研究寥寥无几，在不同含气系统对煤层气开发的控制和影响方面更缺乏足够的认识。

煤储层物性不同于一般油气储层，除了渗透率远低于一般油藏储层外，煤层还具有以下特点：杨氏模量比一般的砂岩或石灰岩储层低，而压缩系数高；气水共存；气藏压力低；储层易损害；裂缝发育。因此在煤层气开发过程中，必须通过储层改造措施，提高煤层气井产量（Gayer and Harris，1996；Weishauptova and Medek，1998；倪小明等，2008）。国内外 30 余年煤层气勘探开发历程，形成了多种煤层气储层改造工艺技术，这些新兴技术在我国均有应用或尝试，但除了水力压裂技术外，其他许多技术应用效果不甚理想，或尚未得到广泛应用（秦勇和程爱国，2007）。水力压裂具有经济、有效、技术较为完善的特点，因此得以在国内外煤层气开发过程中广泛使用。美国 14000 余口煤层气井中，有 90% 以上的煤层是通过水力压裂改造获得商业化产量的。在中国 20 余年来的煤层气勘探开发实践中，几乎所有产气量 1000m³/d 以上的煤层气井均是由压裂改造而达到增产目的的（李安启等，2004）。然而，目前水力压裂的相关研究只是针对单层煤而言，对于多煤层合层压裂工艺参数的研究鲜有报道。因此，解决多煤层地区煤层气井合层压裂以及工艺参数的优化问题，对指导多煤层区煤层气开发尤为重要。

综上所述，如何建立适合多煤层条件的煤层气井压裂/排采模式，成为实现多煤层区域煤层气有效开发亟待解决的问题。为此，本书选择黔西织纳煤田珠藏向斜的少普井田及阿弓向斜的文家坝井田为研究对象，以煤层气活性水压裂工艺及合层排采技术为核心，在系统研究各含气系统的煤层气地质特征及其主控因素的基础上，依据水力压裂致裂机理以及煤层气排采机理，采用物理模拟及数值模拟的方法，优选煤层压裂方式及工艺参数。同时，查明各含气系统产气潜力及产能贡献，揭示系统间以及层间的干扰机制，提出不同含气系统压裂/排采方案，建立多煤层区煤层气单井高效开采模式，为多煤层条件下煤层气资源高效经济开发提供依据。

本书在理论和实践上具有如下两个方面的意义。

第一，我国多煤层地区具有可观的煤层气开发潜力，煤层气开发前景巨大。因此，煤层气开采从以单层排采模式为主走向多层合采模式势在必行。本书通过研究，建立多煤层区煤层气单井高效开采模式，不仅能够为此趋势提供理论依据，而且可以为我国的煤层气开发基地向多煤层区域的拓展提供基础。

第二，多煤层区在层域上存在多个含气系统，每个含气系统中可能存在多个煤储层。在煤层气产出过程中，必然与单一煤层煤层气开发具有明显区别。例如，各系统煤储层特征、系统间的干扰机制、系统间压裂/排采次序厘定以及方案优选等。本书通过优化多煤层区煤层气井压裂方式及参数，依据各含气系统的产能贡献，提出压裂/排采最优方案。不仅可以为多煤层区煤层气开发工程设计提供依据，而且能够为探索一套高效的多煤层区煤层气开采理论与技术奠定基础。

第二节 研 究 现 状

一、织纳煤田煤层气地质研究现状

织纳煤田位于贵州省中西部，主要包括比德向斜、三塘向斜、阿弓向斜、珠藏向斜、关寨向斜等多个向斜单元，含煤面积约为 1016.3km²，区内煤田地质工作程度高，除煤炭预测及预查区外，煤炭勘查面积达 695.64km²，煤炭总资源量为 90.33×10⁸t。据贵州省煤田地质局 1996 年提交的"贵州省煤层气资源评价报告"，织纳煤田煤层气资源量为 7611×10⁸m³（黄文等，2013）。

比德—三塘盆地作为织纳煤田的主要组成部分，盆地面积 1692km²，预测含煤面积约 1000km²。盆地是一个复式向斜的残留高地，由比德向斜、水公河向斜、加戛背斜、三塘向斜、白泥菁向斜、阿弓向斜、珠藏向斜等构成，西缘是新寨背斜，北缘边界和毕节北东向构造带相邻，东南边界为黔南断陷。区内地势东南低、西北高。前人对该地区的煤层气地质条件进行了较多研究，涉及构造、沉积和水文等条件对煤层气成藏和富集的控制作用，以及该地区的含煤性和煤储层物性等，并划分出了不同的含气系统。

（一）构造地质

以板块构造学说为基础，结合地质力学分析，一大批学者投入到贵州及邻区的构造研究之中，取得了一些重大成果。一致认为，本区经历了加里东运动的上穹隆起，海西运动的裂谷裂陷，形成海西期—印支期沉积盆地，特别是燕山运动的强烈改造奠定了现今的构造格局（汤良杰等，2008；王钟堂，1990；徐政宇等，2010）。

但是关于燕山期构造变形特征及其演化存在较大的争议，对燕山期构造应力场、变形期次的认知分歧较大。陈学敏（1994，2008，2009）运用地质力学观点研究了黔西地区构造特征，认为燕山期欧亚板块、太平洋板块以及印度洋板块相对运动产生了正、反扭动构造复杂叠加，是黔西煤田后期改造的主要控制因素，正、反两次扭动构造与经向构造、纬向构造相互复合，联合奠定了现今复杂的构造形态；乐光禹等（1991，1994）对六盘水及邻区多组不同方向的构造带的研究认为，贵州中西部的基底交叉断裂控制盖层中方向各异的褶皱断裂带，组合为弧形、菱形和三角形等各种构造型式，该构造格局是由一种统一的区域构造应力场在复杂边界条件控制下形成的；而刘丽萍等（2010）对雪峰山西侧贵州地区燕山期构造变形研究后认为，研究区中生代先后经历 NW-SE 和 EW 两个方向应力场，发生了三幕褶皱变形、两幕逆冲和三幕走滑，形成顺序依次为近 EW 向褶皱和 EW 向走滑断层活动、NE 向褶皱和 EW 向走滑断层右行走滑、NS 向褶皱和逆冲断层；窦新钊（2012）在分析和总结前人研究的基础上，深入研究了黔西地区构造变形特征及不同区域构造发育的差异性，进而讨论了构造演化的动力学机制，得出燕山中晚期先后经历了 NE-SW 向挤压、近 NS 向挤压、NW-SE 向挤压、区域性伸展，形成了 NW 向褶皱和逆冲断层、近 EW 向褶皱和逆冲断层、NE 向褶皱和逆冲断层、部分逆断层反转为正断层和发生左行走滑运动的构造变形序列。

　　结合区域构造特征，不同学者运用构造控制理论对织纳煤田和盆地内不同井田的构造发育特征进行了系统的分析。根据含煤地层隆起幅度、煤层埋深相对大小，将煤田构造划分为 3 个大区和 8 个小区（唐显贵，2013）；五轮山井田（朱炎铭等，2008）、肥田二号井田（孙启来，2008）和大冲头井田（周国正，2009）内褶曲和断裂构造受燕山运动及后期运动的影响，具有多期次的历史，构造形迹属顺序生成和依次诱导派生，具有成生联系，初次应力作用形成主褶曲、二次应力作用形成走向主断裂和次级褶曲、三次应力作用形成倾向断裂，属华夏系构造体系。

（二）煤层气地质

　　贵州煤层气地质条件具有"一弱、两多、三高、四大"的特点，这严重制约了贵州省煤层气的勘探开发进程。对此，李兴平（2005）、陈富庆和郁钟铭（2005）从勘探程度、资金投入、地质条件、技术和经验等方面分析了该地区煤层气勘探开发失利的原因，并提出若干建议，认为贵州煤层气资源丰富，勘探开发前景依然广阔。

　　近几年，不同学者对黔西煤层气地质做了大量研究，取得了丰硕的成果。研究认为，构造和沉积格局影响和控制着晚二叠世含煤地层的发育（窦新钊等，2012；熊孟辉，2006），织纳煤田煤层裂隙系统指数、煤层压力系统指数和煤层裂隙开合系数 3 个系数分布显示煤层气富集和开采的有利区位于西南部比德向斜南段—白果寨以及西北端水公河向斜为中心的地带（Wu et al.，2014；姜玮和吴财芳，2011）；五轮山矿区的煤层气地质条件有利于煤层气赋存，该区是我国潜在的高煤级煤层气开发基地（熊孟辉和秦勇，2007；熊孟辉等，2007）；在煤层群发育区，煤层间距小、砂泥比低、整体煤岩封闭性好导致煤层之间叠加封闭，是煤层气保存的有利条件，依据含气量的波动性程度和含气量的梯度大小，可将研究区划分为 3 类煤层气系统（杨兆彪等，2011a，2011b）；蔡佳丽等（2011）、周龙刚和吴财芳（2012）、常会珍等（2012）通过压汞测试、低温氮吸附测试、扫描电镜等技术手段，分别对黔西、比德—三塘盆地、珠藏向斜的孔隙特征和渗流能力进行了系统研究；黄文等（2013）依据煤田地质钻孔、煤层气参数井获取的详实资料对煤层气资源进行了估算和预测。

研究区晚二叠世含煤地层经历了多期构造运动改造，具有复杂的构造-埋藏史、受热史和煤有机质成熟史，不同学者依据软件模拟取得了大量的成果。黔西格目底向斜上二叠统含煤地层的构造-埋深史及热演化史模拟（陶树等，2010）显示出煤层埋深在侏罗纪末，在深成变质作用下达到现今的焦煤—瘦煤阶段，并未考虑燕山中期普遍存在的构造-热事件对煤层变质的影响；针对水公河向斜上二叠统煤层，鲍园等（2012）根据实测煤的镜质组最大反射率、古地温梯度、沉积环境和地层残余厚度等资料，运用 Petromod 1D 模拟软件对 8 煤层"三史"演化过程进行研究，将地质演化史划分为 3 个阶段；窦新钊（2012）采用 BasinMod-1D 盆地模拟软件对向斜东翼煤储层埋藏史和成熟度演化史进行恢复，研究表明上二叠统煤共经历了两期沉降埋藏、两期抬升剥蚀和三期生烃作用；曹佳等（2012）在前人研究成果的基础上进行二次开发，研制了适合多层叠置条件下的煤层气藏史数值模拟软件，对向斜西翼的 1-4 钻孔进行了模拟研究，根据 16 煤累积生气量和含气量演化曲线将演化分为 3 个阶段，并指出在 9、14 煤层和 20、32 煤层之间存在两个散失通道。

此外，在煤田地质勘探过程中经常出现异常高压显示。水公河向斜五轮山井田1610 孔泥浆水与瓦斯气体从孔口逸出；阿弓向斜 2051 孔 8 天喷出煤层气 $5.6×10^4 m^3$；比德—三塘向斜 2003 孔从 1981 年 6 月至 1982 年 2 月连续喷气，最高日喷煤层气1210m^3；3202 孔从 1980 年 5 月喷至 1981 年 1 月，最高日喷煤层气量达 16100m^3；织金文家坝 1003 孔、1036 孔和 1059 孔，最大喷出煤层气量达 1290m^3/d。钻孔试验单位涌水量虽小，但在瓦斯压力作用下却发生了孔内涌气现象。近年来，矿井煤与瓦斯突出等级鉴定的结果显示，龙潭组煤层存在高压现象。在相邻勘探区内，煤炭资源勘探钻孔发生喷井的现象也屡见不鲜。据现有勘探资料统计，发生水、气井喷的钻孔在格目底向斜有 21 口，在盘关向斜有 18 口，在土城向斜有 4 口（秦勇等，2012），这些现象反映研究区内的确存在异常高压。

（三）含煤地层

盆地内出露地层为震旦系、寒武系、奥陶系、泥盆系、石炭系、二叠系、三叠系、下中侏罗统、上白垩统、古近系及第四系。其中分布范围最广地层为二叠纪地层，占总面积的 90%。除了沉积岩外，还有二叠纪基性火山岩及少量辉绿岩侵入体。

盆地内主要含煤地层为上二叠统龙潭组和长兴组。龙潭组为盆地内最主要含煤地层，地层厚度变化范围 196～320m，由南向北逐渐变薄。主要由灰黄色细砂岩、粉砂岩、粉砂质泥岩以及泥岩组成,含煤层数 9~44 层,由西北向东南延伸,灰岩层数与厚度逐渐增大,但煤层数减少,含煤性逐渐变差。

长兴组与下龙潭组为连续沉积地层,厚度变化范围 64~165m,主要由粉砂岩、细砂岩、粉砂质泥岩以及泥质灰岩组成。含煤层数 2~14 层,由西北向东南方向延伸,灰岩厚度逐渐增大,但含煤层数减少,含煤性逐渐变差。

总体而言,本区含煤地层厚度 300~450m,发育煤层约 25~57 层,煤层总厚度为 20~40m。其中:可采煤层为 3~17 层,可采煤层总厚约 9.4~23.35m,主要可采煤层埋深不超过 2000m,一般小于 1300m。

(四)煤岩储层物性

研究区煤岩类型以半亮型为主,显微煤岩组分中镜质组含量变化范围为 65.24%~78.43%。比德—三塘盆地煤级较单一,主要以无烟煤为主,其中在盆地西缘的比德向斜西翼 NW 向呈条带状分布有贫煤和瘦煤。煤灰分产率变化范围为 16.02%~32.57%,以中灰煤为主。比德向斜煤岩中灰分产率较高,硫分变化范围为 1.58%~5.23%,自西向东逐渐增高,挥发分产率变化范围为 7.35%~10.17%。比德向斜煤岩中挥发分产率较高,但总体属于超低挥发分或低挥发煤。

对研究区中部水公河向斜五轮山井田的研究结果表明,煤层以原生结构煤占优势,偶见碎裂煤~碎粒煤,煤层渗透性应远远高于黔西其他地区,与晋城地区有可比之处,可能适合煤层气地面抽采。煤层中构造裂隙较发育,主煤层中发育主次两组裂隙,相互之间交角在 80° 左右(熊孟辉等,2007;秦勇等,2008)。

据秦勇等(2008)对研究区中部水公河向斜五轮山井田煤层的研究结果,主煤层的平均孔隙率变化不大,分布于 4.79%~5.84%。煤样压汞总比表面积、中值孔径、平均孔径存在较为明显的差别。从孔径结构来看,以过渡孔为主,微孔占有较大比例,大孔和中孔的比例较低。与晋城相比,五轮山煤样的总孔容略低,但总比表面积明显较高,煤的储气能力相对略低,但吸附能力相对较强,这可能导致五轮山煤储层含气量较高,但解吸能力相对较弱。

(五)地温特征

地层温度是影响煤储层压力系统的重要因素之一。整个盆地地层温度变化随埋深的增大而升高,变化曲线离散小,与埋深相关性较强,但是盆地内地温梯度变化范围较大。

加戛背斜五轮山勘查区的地温梯度变化范围为 1.36~5.10℃/100m,平均地温梯度为 3.34℃/100m,且部分地区的地温钻孔出现非常高的地温,如勘探区中 14-3

孔地温梯度就高达 5.10℃/100m，在埋深 400m 处，地层温度就达到了 38℃。王家营勘查区平均地温梯度为 1.97℃/100m，中岭—坪山勘查区地温梯度为 2.84℃/100m，肥田勘查区地温梯度约为 2.78℃/100m。总体表明，盆地中各勘探区地温梯度均属于正常地温场（杨兆彪，2011）。

（六）多煤层发育特征

前人对多煤层尚无确切定义，这里参考有关煤层群的概念。我国许多地区煤系地层中普遍发育煤层群，如华北晚古生代盆地南带的石炭—二叠纪含煤地层、西南地区的上二叠统龙潭组等（杨起和韩德馨，1980）。煤层群是在相对稳定的构造格局和古地理环境下，有利成煤环境在同一沉积部位反复出现的结果（Bohacs and Suter，1997；Diessel et al.，2000；Hartley，1993；王定武和王运泉，1995）。煤层群的概念在煤炭安全开采相关学科多有提及（Beaton et al.，2006；Xie et al.，2011；郝雁斌，2012；吕志强等，2009；汪东生，2011），但对煤层群的确切定义尚不统一（尹中山，2009）。尹中山（2009）在研究川南煤田古叙矿区煤层气地质条件时提出煤层群（组）的概念，即含煤地层在纵向上煤层层数多，相对集中，特征明显，易于对比，且物性差异不大，层间距在 10m 以内，同时，这些煤层在横向上有一定的分布范围。杨兆彪等（2011c）认为，煤层群是以可采煤层层数多为特征，且煤层纵向间距一般较小（<50m），横向分布广泛，形成于同一聚煤地质时期。通过前人研究成果，可以将我国多煤层区总体划分为三种沉积背景。

第一种类型，海陆过渡相的三角洲-潮坪-潟湖环境。这种环境曾在我国广泛发育，煤层厚度大且稳定，同时也能发育煤层群，如晚古生代的华北盆地南带、华南黔西地区等（Wang et al.，2011；李思田等，1993）。

第二种类型，河流-滨湖三角洲-湖泊沉积环境（Hamilton and Tadros，1994；Pashin，1998），如中生代的鄂尔多斯盆地、准格尔盆地、吐哈盆地、阜新盆地、舒兰盆地以及新生代的滇东盆地群。准格尔盆地乌鲁木齐—阜康一带，西山窑组可采煤 2～35 层，可采总厚 151.94m，单层最大厚度可达 50m。

第三种类型，海陆过渡相和陆相交替发育的沉积环境。典型代表是三江—穆棱盆地群，煤层层数多，厚度薄，稳定性较好。

二、多煤层含气系统

（一）多层统一含煤层气系统

在同一构造单元同一含煤地层中，如果多个煤层处于一个统一的流体压力系统，则压力梯度基本一致，流体压力随层位降低而增高，煤层含气量呈现递增趋势。符合这一基本规律的多煤层含煤层气系统，称之为"多层统一含煤层气系统"（杨兆彪等，2011b）。

国内外不乏多层统一含煤层气系统的实例。例如，Piceance 盆地为美国煤层气开发成功的煤层气盆地，发育多个煤层，煤层群组间由于发育了海相砂岩，渗透性好，相互之间存在流体动力联系，整个下白垩统含煤地层处于一个统一的流体压力系统（Diessel，2006；林晓英，2005）。再如，阜新盆地刘家勘探区下白垩统阜新组分为三个煤层群（安震，2003），煤储层压力和实测含气量随煤层层位的降低而增高。该区阜新组主要含水层为砂砾岩层和煤层，辉绿岩岩墙十分发育，各含水层之间缺乏区域性隔水层，辉绿岩岩墙切穿含煤地层并与地表贯通，沟通了所有含水层，使得所有煤层处于同一流体动力单元，构成了多层统一含煤层气系统。在多层统一含煤层气系统中，不仅储层压力、含气量与埋深之间呈单调递增关系（在临界深度之内），而且煤层渗透率也有减小趋势（傅雪海等，2007）。当然不排除由于沉积/成煤环境变化造成含煤地层中不同煤层之间物理/化学性质差异对煤储层特性的影响，即沉积环境通过对煤物质组成的控制，在一定程度上也影响着煤储层的吸附性、含气性和其他物理特性（Pashin，2010）。

（二）多层叠置独立含煤层气系统

国内外关于多层叠置独立含煤层气系统的研究甚少，国外迄今为止尚无报道，而国内则主要集中在贵州省织纳煤田。前人依据比德—三塘盆地水公河向斜单一煤层含气性和储层压力在层位上的分布规律，认为龙潭组煤层群可能在垂向上存在三套独立含气系统，首次提出了"多层叠置独立含煤层气系统"的学术观点。同时认为三套相对独立的含煤层气系统即 1～9 煤层、10～22 煤层、23～35 煤层，分别被限定在对应的二级层序地层格架内，是沉积-水文-构造条件耦合控气作用的产物（秦勇等，2008）。随后以层序地层学为主线，耦合分析比德—三塘盆地层序地层结构与煤层含气性和物性之间的关系，区分出多层叠置独立和多层统一两类含煤层气系统，认为水公河向斜及三塘向斜发育 4 套以上的多层叠置独立含煤层气系统，珠藏向斜发育 4 套独立叠置含煤层气系统，阿弓向斜和比德向斜发育多层统一含煤层气系统，垂向上独立含煤层气系统与三级层序相对应（杨兆彪，2011）。另外有学者研究发现，老厂矿区龙潭组第三段由 4 个含煤层气系统组成，各系统间相互独立，其岩性分段具备完整的生储盖层，含煤地层与上覆、下伏含水层之间缺乏水力联系，形成了多层叠置独立含煤层气系统（李伍等，2010）。含煤地层的沉积条件奠定了"多层叠置独立含煤层气系统"的储层物性基础，层序地层格架特点限定了含煤层气单元间含气性的连通性。含煤岩系中低渗透岩层的分布对"多层叠置独立含煤层气系统"的形成具有分划性的阻隔作用,这种分划性隔水阻气层的发育受控于沉积环境(沈玉林等,2012)。

三、水力压裂技术

(一)水力压裂机理

水力压裂是煤层气井增产的一项重要措施,已成为煤层气开发的重要手段(付玉等,2003;郭军峰等,2011;张亚蒲等,2006)。水力压裂机理主要针对裂缝起裂和裂缝延伸两个方面展开研究。水力压裂的造缝机理在于高压液体以大于煤层滤失的速度劈开煤层,并将支撑剂带入其中,在煤层中形成导流能力较高的人造裂缝(王洪勋,1987)。其中,裂缝起裂受诸多因素的控制,主要取决于注入速度、时间效应、岩石的非均质性规模效应和井筒在应力场中所处的应力状态。裂缝延伸方面的研究则主要依据线弹性断裂力学的理论来进行计算、模拟和预测。

(二)压裂模型及模拟实验

水力压裂自1947年在美国首次试验成功后,作为油气增产的主要措施之一,目前已经被广泛应用于石油天然气工业(杨亚东等,2011)、煤层气页岩气勘探开发(唐颖,2010)、煤矿井下瓦斯抽采(艾灿标等,2010;吕有厂,2010;王国鸿和徐赞,2010;张志勇,2010)、深部地层原地应力测定(葛洪魁等,1998)、地热资源开发、核废料储存等领域。自20世纪50年代以来,人们通过对实际情况进行不同程度的简化,建立了多种模型来描述水力压裂裂缝的几何形态和延伸规律。20世纪60年代和70年代发展了多种二维模型,80年代中后期又出现了拟三维模型和全三维模型。

1. 二维模型

20世纪80年代以前,国内外水力压裂的施工设计都是基于裂缝的二维数学模型,最常用的是KGD、PKN和Penny模型。在二维数学模型中,假设裂缝的高度在裂缝延伸的过程中保持不变,变量为裂缝长度和裂缝宽度。

KGD模型(图1-1)由Christianovich等于1955年提出(杨秀夫等,1997)。KGD模型(Meyer,1990)认为,地层发生线弹性应力-应变,压裂层与上下遮挡层在交界处发生滑移,裂缝横断面为矩形,侧面形状为椭圆。缝内流体在裂缝内流动存在流动滞后现象,裂缝尖端附近存在不含流体的小块区域,该部分不承受流体压力,因此,裂缝端部的应力为有限且等于岩石的抗张强度,裂缝在尖端处光滑闭合。该模型适用于长时间水力压裂作业，并假设缝高不变，仅在水平面上考虑岩石刚度，通过计算垂直方向上各个宽度不同的细窄矩形缝内流动阻力来确定扩展方向的液体压力梯度，得出缝长和缝高的变化规律。

1961 年，Perkins 和 Kern（1961）提出了 PKN 模型（图 1-2）；然后，Nordgren（1972）、Williams（1970）等人对 PKN 模型进行了重大的改进和完善。PKN 模型认为，地层岩石弹性应变发生在垂直剖面内，生产层与遮挡层不存在界面滑移，裂缝在交界处光滑闭合，裂缝断面为椭圆形状，缝内液体流动压降取决于椭圆缝内的流动阻力（Perkins 和 Kern，1961）。该模型适用于低滤失系数地层和短时间的施工设计。

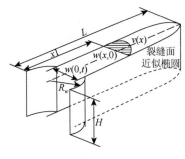 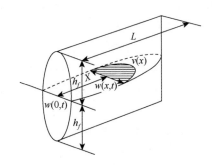

　　图 1-1　KGD 模型示意图　　　　　　图 1-2　PKN 模型示意图

二维模型受当时认识水平的限制，认为裂缝不会穿透上下遮挡层，只会在产层范围内延伸，裂缝缝高即为产层厚度，保持恒定不变，二维模型主要计算缝长方向上缝宽分布。

2. 三维模型

三维模型包括拟三维模型与全三维模型两种。

Eekelen（1982）综合 KGD、PKN 模型提出了拟三维模型。后来 Advani 和 Lee（1982）和 Settari 以及 Cleary（1984）在此基础上提出了裂缝自相似扩展的假说，发展了 PKNC、KZGD 自相似综合模型，并用有限差分法进行了求解。Palmer 和 Carrol（1983）提出了一个比较完善的拟三维模型，考虑了地层垂向上各层中的最小水平地应力差异，但没有考虑各层间岩石的弹性模量和断裂韧度的差异。

拟三维模型就是同时考虑裂缝的三维延伸和裂缝中流体的一维（二维）流动问题，相比于二维模型更接近实际。它假设裂缝是按照椭圆形状向前延伸的，且多半是垂直缝，并且考虑了压裂过程中裂缝高度的变化。模拟裂缝形态的方法有两种：一是采用裂缝延伸准则引入裂缝高度参量；二是将两种二维模型混合起来，用 KGD 模型解决垂向延伸问题，用 PKN 模型解决横向延伸问题（杜春志，2008）。

求解过程中用分开的垂向剖面计算出裂缝的垂向高度增长，然后把求得的高度增长用于广义模型来解决裂缝的横向扩展问题，从而得到一个近似于三维的模型（Eekelen，1982）。Advani 和 Lee（1982）用有限元方法计算垂向线性裂缝在层状介质中的扩展。Cleary 基于 PKN 模型建立了一个拟三维模型，他和 Settari 用有限元差分法求解由上述模型建立的边界耦合积分方程和液体水平流动。拟三维模型的优点在于它能够反映裂缝的三维状态，计算速度快，所用时间少，不足之处是大都采用二维弹性理论推导裂缝的宽度方程，并且假设裂缝内的流体为一维流动。

全三维模型是根据平衡裂缝的线弹性方程和裂缝平面内的三维流体流动发展起来的，起于 20 世纪 70 年代末，在 80 年代获得了很大发展。1983 年，Cleary 首次提出了全三维裂缝扩展模型，认为缝内压裂液在平行于壁面方向上作二维流动（Cleary and Lam，1983）。之后 Abou-Sayed、Lam 对 Cleary 全三维模型做了一些改进，考虑了三维地应力分布状态下压裂液向地层的滤失，支撑剂在缝内的二维运输以及热传导（Clifton and Abou-Sayed，1979；Geertsma and Deklerk，1962）。全三维模型取消了拟三维模型中裂缝长度要大于裂缝高度以及压裂液在缝内作一维流动的假设，可以描述具有变弹性性质和滤失特性的多层井段以及由地应力剖面决定的复杂裂缝几何形态与几何尺寸。

国内对全三维模型的研究较少，中国石油大学（北京）陈勉等（1995）建立了非均匀条件下全三维水力压裂理论模型，考虑了弯曲裂缝中流体流动的曲率效应，提出了全三维水力压裂延伸模型中缝宽方程的计算方法。1989 年，中国石油勘探开发研究院孙聚晨、杜长安等和美国德州大学合作进行了全三维水力压裂程序的研究和编程工作，是我国目前具有的为数不多的全三维水力压裂软件之一。

随着煤层气井水力压裂技术的不断发展，许多学者纷纷对压裂模型进行了改进，使之能够适应煤层气井水力压裂分析，如低渗透煤岩体水力压裂裂纹断裂扩展以及固液耦合作用数学模型（申晋等，1997）、裂缝参数与应力场、装药量及压裂孔径之间的关系模型（赵宝虎等，1999）、煤层压裂施工压力以及井深与破压梯度的关系模型（郝艳丽等，2001）、煤体压裂本构方程和破碎块度分布公式（靳钟铭等，2002）、"T"型裂缝系统数学模型（吴晓东等，2006）、基于动态滤失系数的压力曲线分析模型（徐刚等，2011）、有限导流能力裂缝模型（李俊乾等，2012）、煤体埋深、瓦斯压力和水力破裂压力三者耦合模型（林柏泉等，2012）、水力压裂综合滤失系数计算方法及高煤级煤储层水力压裂的裂缝扩展模型（张小东等，2013）、拟三维裂缝延伸模型（程远方等，2013a）、网状裂缝系统的缝内临界净压力计算模型（李玉伟等，2013）等。

3. 实验室模拟实验

水力压裂是一个十分复杂的物理过程。鉴于水力压裂所产生的裂缝实际形态难于直接观察，人们往往只能通过建立在各种假设和简化条件基础上的数值模拟模型来间接进行分析。因此，水力压裂实验室模拟实验是认识裂缝扩展规律现行最直接、最有效的方法。通过模拟地层条件下的压裂实验，可以对裂缝扩展的实际物理过程进行监测（Yan et al.，2011；Zhao and Lai，2011；郭建春等，2007；魏锦平等，2005；闫相祯等，2009），并对形成的裂缝进行直接观察。而且在实验室进行压裂模拟还可以将影响裂缝扩展的各种因素分离，进行参数研究。这对正确认识裂缝扩展规律、改进数值模型、指导生产实践都有极其重要的意义。

对于裂隙岩体水-岩相互作用的实验研究，最初是从单裂隙内的水力特征研究开始的。1941 年，Lomize 做了平行板光滑裂隙渗流实验。后来，许多学者进行了裂隙渗流实验，其中最著名的是将裂隙描述成平行光滑板模型的立方定律（速宝玉等，1994）。但它没有考虑到裂隙粗糙度对渗流的影响，计算结果常常与实际情况相差较大。

鉴于天然岩体裂缝均为粗糙裂缝，很难满足平行板裂隙的假设，Lomize（1951）、Amadei 和 Illangasekare（1994）及速宝玉等（1995）又进行了仿天然裂缝的实验研究，对立方定律提出了各种各样的修正，如考虑岩石节理的地质属性，以节理渗流实验资料为基础提出的广义立方定律，将平行板模型和沟槽流模型有机结合起来，并引入了归一化节理开度，建立起节理透水性与盈利状态的关系，它适用于一般岩石节理的水力特性分析（周创兵和熊文林，1996）；将等效的水力裂缝宽度与力学缝宽联系起来提出了 JRC（节理粗糙度系数）修正法（Barton et al.，1985）；根据人工、天然光滑和粗糙裂隙的实验结果提出了经验公式（耿克勤等，1996）$q=A·E_n$，其中，q 为流量，A 为标准流量系数，E_n 为缝宽。

法国石油学院（Bouteca，1984）利用有机玻璃作为压裂材料，直接观察裂缝扩展过程。通过高速度照相机拍摄裂缝扩展过程，发现均质材料的水力裂缝形态近似为椭圆，但裂缝穿过材料性质不同的隔层及不同地应力层时是不适合的。当裂缝与界面相交时可能有四种情况：裂缝可能穿过、停留（止裂）、拐弯或者转向（Thiercelin et al.，1985）；当产层与隔层之间的地应力差达到某值时，裂缝的垂向延伸将受到截止（Warpinski et al.，1982）；在界面处存在一个临界界面剪切强度，低于此值，裂缝将沿界面产生滑动，不会穿过界面，反之则可能穿过界面（Anderson，1981；Teufel and Clack，1984）。

在国内也做了一系列实验，通过相似理论中的方程分析法将压裂控制方程无因次化，导出了对水力压裂模拟实验具有指导意义的相似准则与相似比例系数（柳贡慧等，2000）；采用土体材料，研究了试件水力劈裂破坏的必要条件；利用水泥砂浆相似材料试件的三轴水力压裂实验，探讨了水力压裂的机理（王国庆等，2006；谢兴华，2004）；采用地应力场控制下水压致裂方法，通过型煤块试件，研究了水压裂缝扩展的控制参数（邓广哲等，2002）；研究了射孔方式对压裂压力及裂缝形态的影响（王祖文等，2005）；研究表明，随机裂缝和地应力共同控制了水力压裂裂缝的几何特征和延伸规律（Zhou et al.，2010）；采用大尺寸真三轴模拟实验系统模拟地层条件，对立方体水泥砂浆试件代替岩体进行水力压裂实验，研究了岩体水力压裂裂缝的走向及裂缝宽度的影响因素（陈勉等，2000）；利用花岗岩岩体，通过对注水孔周围电位的变化进行测量，确定了裂缝扩展方向与水压致裂应力测量的水平最大主应力方向一致（李宏和张伯崇，2006）；通过岩石三维应力控制压裂实验，得出了裂缝长度、条数、方向与应力场、装药量及压裂孔径之间的关系（赵宝虎等，1999）；对煤岩进行真三轴水力压裂，研究水平裂缝、垂直裂缝和复杂裂缝之间的转换条件，证实了煤岩应力状态主导水力裂缝走向，煤岩内部天然裂缝和割理对水力压裂形态有显著影响（程远方等，2013b）；研制了煤层气井三维压裂优化设计软件（Guo et al.，2001；郭大立等，2001），模拟了三维裂缝在空间的延展，其模型考虑了煤层、上下遮挡层之间的地应力和岩石力学参数变化对裂缝形态的影响，认为盖层与产层之间主应力差是控制裂缝延伸的主要因素。

（三）压裂裂缝类型

水力压裂裂缝是由于大量压裂液的注入导致井底压力升高，当压力大于井壁附近的地应力和地层岩石抗张强度时，在井底附近地层开始产生裂缝（图1-3）。

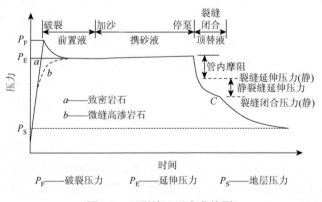

图 1-3 压裂施工压力曲线图

水力压裂裂缝的方向存在着随机性，扩展方向受地应力、局部地层构造和煤层割理共同作用（单学军等，2005）；压裂裂缝几何形态与压裂过程中压力随时间的变化规律密切相关（赵益忠等，2007）；水力裂缝的起裂方位由水平主应力特征决定，在井壁处最初产生多条裂缝，随着裂缝的延伸，最终在垂直于最小水平主应力方向形成一条裂缝，并且裂缝的转向仅存在于近井筒区域（Gale et al.，2007）；

不同地应力场控制下的封闭型裂隙扩展受注水渗透压力的作用规律影响（邓广哲等，2004）。

　　许多学者针对水力压裂裂缝特征进行了大量的物理模拟和数值模拟，如高压水作用下煤层裂缝的扩展延伸过程（杜春志等，2008）、水平井与最大地应力方位差异及水平主应力大小差异对压裂裂缝的影响（史明义等，2008）、随机裂缝和地应力对水力压裂裂缝的几何特征和延伸规律的控制（Zhou et al.，2010）、起裂压力和起裂位置与地应力方位及大小的关系（唐书恒等，2011）、定向水力压裂过程中煤体的裂隙发展分布规律模拟（徐幼平等，2011）、起裂压力与最小水平主应力的线性正相关、最大缝长和最大缝宽与最小水平主应力和煤岩弹性模量的负相关关系（王晓锋，2011）、不同对多裂缝在近井筒区域的汇合相连概率与延伸方向的影响（魏宏超等，2012）等。

　　煤层及其顶底板围岩的物理力学性质是影响压裂效果的重要因素。首先，与常规油气储层比较，煤岩的抗张强度低得多，因此煤层压裂临界转变深度更浅，更易于产生垂直缝（Du et al.，2008；乌效鸣，1995）。其次，我国煤层的顶底板一般为泥岩、炭质泥岩，其抗拉强度明显大于煤层，因此，可将其作为裂缝垂向延伸的阻挡层，但与煤层交界处连续性弱，并在交界面产生相对分离滑移，形成恒高矩形截面缝，即 KGD 裂缝模型（乌效鸣和屠厚泽，1995）。同时，形成裂缝的关键因素还包括地应力及其分布和岩层力学的固有特性，压裂液的性质和注入方式也对裂缝形成有一定影响（李同林，1997）。另外，不排除射孔方式对压裂压力及裂缝形态的影响（王祖文等，2005）。

　　常规储层中，水力压裂裂缝总是沿着垂直于最小主应力方向延伸，形成的裂缝形态一般可分为水平缝和垂直缝两种（王洪勋，1987；王仲茂和胡江明，1994）；煤层气井水力压裂作用下所形成的裂缝形态复杂（程益华等，2006；李相臣和康毅力，2008；乌效鸣和屠厚泽，1995；席先武等，2000），除了水平缝、垂直缝等简单裂缝外，还有多分支裂缝、"T"型缝、"工"型缝等形态复杂的裂缝（图 1-4），且裂缝受煤岩不均质性影响，往往并不平直；对于"T"型及"工"型等复杂裂缝的成因，有学者给出了初步解释，由于煤储层与顶底板岩性物性差异较大，在煤层与顶底板之间形成"遮挡层"，使裂缝沿弱面处的低应力方向延伸，且煤层与顶底板物性差异越大，这种裂缝越容易形成（冯晴等，2011；吴晓东等，2006）；水力裂缝在垂直非连续体扩展时，流体首先会沿着界面渗透，形成"T"型缝，但在界面上渗透一定距离之后，水力裂缝会突破界面沿着原方向继续扩展（Renshaw and Pollard，1995）；水力裂缝与地层界面相交停止扩展后，裂缝存在一个临界长度，裂缝超过临界长度后，将沿地层界面转向扩展或穿过地层界面进入隔层内（赵海峰等，2009）。通过对华北地区特别是沁水盆地煤层气井压裂裂缝的实际监测，证实了煤层气井水力压裂裂缝形态的复杂性（单学军等，2005；郝艳丽等，2001；侯景龙等，2011），认为裂缝的形态主要表现为：水平缝、垂直缝、先水平后垂直缝、两翼不对称缝（一翼为垂直缝，一翼为水平缝）等，且常出现多裂缝，裂缝方位没有明显的方向性。

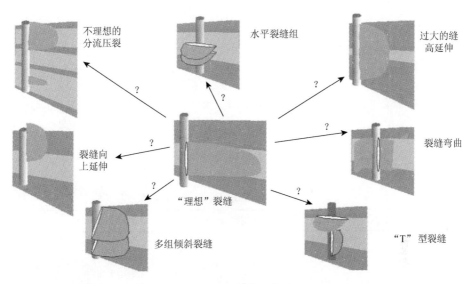

图 1-4 压裂裂缝类型

大多数学者认为，对于生成垂直缝和水平缝存在一个临界深度。实际监测认为，煤储层不像常规油气田一样存在一个水平缝向垂直缝过渡的临界深度界限，裂缝形态的随机性很大（郝艳丽等，2001）。不同构造部位水平缝和垂直缝转化的临界深度不同（倪小明等，2008），埋深大于 800m 的煤层由于垂向应力多大于两个水平主应力，比较容易形成以垂直缝为主的裂缝系统（李安启等，2004）。李同林（1994）、乌效鸣等（1997）得出了求解转换深度的公式，李志刚等（2000）对临界深度的计算公式进行了修正。

研究认为，水平主应力差足够大时，井壁在不需要外压的情况下即可破裂，压裂液注入后，由于井壁及天然裂缝端破裂压力存在差异，水力压裂裂缝会沿着井壁最小主应力和天然裂隙起裂压力二者中较小的方位起裂（唐书恒等，2011）。

尽管人们提出了大量水力压裂的裂缝模型，但是模型不能完全真实地描述煤层水力压裂裂缝的起裂和延伸过程，而且由于煤储层的高度的不均质性，导致很多情况下模型完全失效。中国、美国、澳大利亚等曾利用采煤矿井的开采条件，通过巷道挖掘，观察到部分裂缝的形态，其观察结果证实这些人工水力裂缝是比较复杂的，并非单一的水平或垂直裂缝（吴晓东等，2006），甚至认为压裂不可能产生水平裂缝（程益华等，2006）。

　　基于二维裂缝模型的压裂分析技术是由 Nolte and Smith（1981）最初提出的，后经 Nolte（1986，1991）和 Ayoub 等（1992）发展完善，成为压裂泵注过程中的经典分析技术。这种分析技术利用双对数坐标系下曲线的斜率推断裂缝延伸类型（图 1-5、表 1-1）。

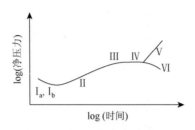

图 1-5　净压力与时间双对数曲线

表 1-1　双对数曲线解释裂缝延伸类型

延伸类型	双对数斜率	解释结果
I$_a$	$-1/4 \sim -1/3$	KGD 模型
I$_b$	$-1/3 \sim -3/16$	Radil 模型
II	$1/8 \sim 1/5$	PKN 模型
III	在 II 基础上下降	控制缝高延伸 应力敏感裂缝
IV	0	高度延伸通过尖点 裂缝扩张 "T"型裂缝
V	≥ 1	受限延伸
VI	在 IV 段后变为负值	缝高延伸失控

（四）压裂裂缝监测技术

　　对压裂裂缝几何形态的测量是压裂作业的一项重要工作，监测水力压裂裂缝的目的是为了测量和评估水力压裂裂缝的延伸情况，检测结果可用于评价压裂效果、合理安排后续井位、选择施工规模和施工参数等。测量和评估地下水力裂缝的方法分为直接监测技术和间接监测技术（Albright and Pearson，1982）（表 1-2）。就目前发展水平来看，人们对裂缝的认识水平还落后于地层的改造增产能力。近年来，这方面的研究特点是采用不同的监测方法进行广泛比较，同时使用几种不同方法来提高解释的准确性。实际应用中，由于测试复杂程度、解释精确程度及价格等因素影响，国内现行的煤层气井压裂裂缝的监测主要利用大地电位法、微地震法及井温测试法。

表 1-2 压裂裂缝监测技术（马新仿和张士诚，2002；王香增，2006）

类型	诊断方法	缝长	缝高	缝宽	方位	倾角	体积
间接监测	净压分析	?	?	?			?
	试井分析	?		?			
	产量分析	?		?			
	模型计算	?					
直接的近井地带技术	放射性示踪法		?	?	?	?	
	井温测井		√				
	井眼成像测井				?	?	
	井下电视		?				
	井径测井				?		
	井-地电位法	?			√		
直接的远井地带技术	微地震	√	?		√	?	
	周围井井下倾斜	√	√	?	?	?	?
	地面测斜	?	?		√	√	√
	施工井倾斜仪	?	√	√			
	大功率充电电位法	?			√		
	交叉偶极声波测井		?		?		

注：√——可信 ? ——比较可信。

1. 微地震法

微地震法压裂裂缝监测是目前较准确、及时且信息最丰富的储层压裂裂缝监测手段。通过观测、分析压裂过程中产生的微地震事件，可监测压裂产生裂缝的方位、长度、高度及产状。实时微地震监测还可以及时指导压裂施工，适时调整压裂参数；对压裂的范围，裂缝发育的方向、大小进行追踪和定位，客观评价压裂工程的效果，对下一步生产开发提供有效的指导。

其原理是：处于稳定状态下的地层，受到生产活动的干扰时，岩石中原来存在的或新产生的裂缝周围地区就会出现应力集中、应变能增高。当外力增加到一定程度时，原有裂缝的缺陷地区就会发生微观屈服或变形、裂缝扩展，从而使应力松弛，储藏的能量一部分以弹性波的形式释放出来，产生小的地震（微地震）。微地震将产生一系列向四周传播的微震波，通过对地面接收到的微震波信号进行处理，就可确定微震震源位置，进而计算出裂缝的延伸方位、长度、裂缝高度等压裂裂缝评价参数（单大为等，2006；唐颖等，2011）。

2. 大地电位法

大地电位法是监测裂缝走向的主要方法。它是根据压裂液相对于地层是一个良导体，压裂后，在压裂液的流动方向形成一条低电阻带，通过测试得到这个低电阻带就可以知道裂缝的方向和长度。

李国富等（2006）通过对大地电位法压裂裂缝监测技术存在的问题和技术难点的剖析，将单向充电改为正反向充电，有效地消除了自然电位对测量结果的影响，而且首次采用先进的多采集站同步扫描采集技术，同时采用测量电位梯度的方法，有效地提高了测量精度。为了提高确定压裂裂缝长度的精度，创立了径向电位梯度剖面测量方法，实现利用电位梯度剖面陡变确定压裂裂缝前端位置，取得了较好的效果。

3. 井温测井法

井温测井是评价压裂裂缝高度的最常用的技术。压裂前进行一次温度测井确定地层的温度梯度，压裂后进行一次或多次测井，根据压裂作业后进行的关井测井曲线的高温或低温异常来确定裂缝高度。

注入的压裂液与被压裂地层的温度存在差异，现场使用的压裂液一般比地层温度低。在压裂过程中，低温压裂液被压入裂缝，压裂区域以上通过非稳态的辐射热传导方式进行热交换从而降温，而在裂缝面上，通过先行流动进行热交换。由于线性流动热传导交换比辐射热交换的速度快，因此，被压开地层的升温相对慢。施工后温度将以不同的速度恢复，通过分析引起温度的异常从而确定裂缝范围（单大为等，2006）。

单学军等（2005）认为，压裂的煤层一般较浅，压裂液的温度与地层温度相差不大时，井温解释方法无法判断裂缝高度。美国圣胡安盆地的煤层压裂中使用了同位素示踪剂测井方法，这种方法不受地温限制，测试比较准确。由于同位素对人体和环境存在污染，因此在国内没有使用。

（五）压裂裂缝延伸规律的控制因素

通常，水力压裂的裂缝长度需要根据目的层的物性特征和产能要求进行设计（张林等，2008）。为了能更合理地进行压裂设计，许多学者对影响水力压裂裂缝的其他因素进行了研究，主要包括：压裂目的层的物理岩石力学性质（弹性模量、泊松比、断裂韧性）（Wei et al.，2011；罗天雨等，2007；吴晓东等，2006）、目的层的结构及压裂施工参数等对裂缝的形成、延伸及扩展类型产生的影响（宋毅等，2008；朱宝存等，2009）。还有一些学者主要研究了储层岩石力学（弹性模量、泊松比、断裂韧性）性质、储层盖层与底层之间应力变化、界面胶结状况及作业参数等对压裂裂缝高度、剖面的影响（陈治喜等，1997；冯晴等，2011；张平等，1997）。

1. 地应力

由岩石力学可知,地壳中任意一点受三个相互垂直地应力影响,即垂向主应力(σ_z)和两个互相垂直的水平主应力(σ_x、σ_y,假设 $\sigma_x > \sigma_y$)。水力压裂时所需要的破裂压力和破裂方向与这三个应力直接相关,水力压裂裂缝总是沿阻力最小的路径发展,也就是在垂直于最小主应力的平面上产生和延伸。因此,油气井压裂时,在储层中出现何种类型的裂缝,取决于油层中垂直主应力和水平主应力相对大小,即在 $\sigma_x > \sigma_z > \sigma_y$ 这种情况下,压裂会生成垂直裂缝;在 $\sigma_x > \sigma_y > \sigma_z$ 的情况,压裂生成水平裂缝;在 $\sigma_x > \sigma_y \approx \sigma_z$ 时,压裂时有可能生成水平或垂直裂缝(王仲茂和胡江明,1994)(图 1-6)。

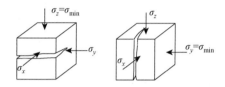

图 1-6　裂缝类型与地应力的关系

在众多影响裂缝产生、扩展的因素中,地应力是最具决定性的(李同林,1997)。通过拟三维模型模拟发现,随着地应力差值的增加,裂缝的长度和高度随之减少,而裂缝的宽度却随之增加(张志全等,2001);非平面裂缝几何形状诸如多条裂缝、"T"型缝和转向缝取决于井筒在地应力场中的方向(关龙义等,2012)。

2. 沉积作用

不同的沉积环境生成了不同的沉积岩,因而不同的沉积岩层的地应力大小及比例也是不同的。当地层埋藏深度改变时,地应力的大小随之做了相应改变,但地应力的相对大小关系没有改变。这表明,地应力的相对比例关系与现今地层埋藏深度之间没有规律性,但与地层生成的年代和沉积环境有关,这种相对大小的关系一旦在沉积环境形成后,不会因为埋藏深度的变化而改变,因此也可以推论,当得知某一油层地应力关系后,就可以准确确立不同油田同一油层压裂时生成何种裂缝(王仲茂和胡江明,1994)。

张林等(2008)通过对鄂尔多斯盆地大牛地气田石河子组分析得出,石河子组属于河流相沉积,河道走向与裂缝延伸方向呈垂直关系,在压裂过程中通过微地震监测、压裂效果分析、压力恢复试井解释、压裂压力拟合等手段,验证了河道砂体跨度对压裂裂缝缝长的限制作用,证实了沉积作用对水力压裂裂缝缝长的影响。

3. 天然裂缝

天然裂缝存在时，压裂液进入目的层中，由于压裂液首先进入天然裂缝中，同时也向储层中滤失，但裂缝中的液体压力始终比附近储层压力高，当裂缝中压裂液的压力高于裂缝的闭合压力时，天然裂缝被张开延伸形成了人工裂缝（王仲茂和胡江明，1994）。水力裂缝延伸时，沿程的天然裂缝会改变水力裂缝的传播方向，从而使裂缝的连接性能变差，产生多条水力裂缝（罗天雨等，2007）。在射孔边缘的天然裂缝，虽然在方位上对裂缝连接极为不利，但仍可能成为水力压裂裂缝的最初通道，直接改变裂缝的延伸方向，使得裂缝自然连接的过程变缓或失败。天然裂隙降低了煤岩的抗张强度，使压裂裂缝的起裂和延伸脱离井筒周围局部地应力的影响，破裂压力随主应力差减小而增大，天然裂缝与最大主应力的夹角在30°左右时，破裂压力最小，大于 30°时，破裂压力随夹角的增大而增大（朱宝存等，2009）。

4. 压裂施工工艺

压裂效果不仅与目的层的物性有关，而且与压裂参数直接有关。因此，在压裂前要根据施工井的具体情况做出压裂设计，指导现场施工。

（1）施工排量

根据造缝机理，压开地层是因为压裂液在井底憋起的高压造成的。因此，选择施工排量时，必须首先考虑的是所选排量要大于地层吸收量，否则无法憋起高压。实践表明，当滤失系数一定时，欲压开一定大小的裂缝，采用较高的施工排量可减少所需的压裂液用量，并且施工排量大时，可提高液体效率，亦有助于减少压裂液用量。排量越大，产生的射孔孔眼摩阻和井筒摩阻越高。但施工排量过大，极有可能因高度过高而造成裂缝穿层，特别是当产层与含水层之间的遮挡层不够坚密，厚度不够大时，穿层会引起压裂失败，导致生产井作废。在现场，选择施工排量时，在设备允许的条件下尽量选用大排量，并且在注入前置液和低含砂浓度液体时，开始采用较大的注入排量，继而采用较小的排量，其优点是可以形成最终支撑的裂缝高度，可以在注入前置液时在裂缝的顶端和底部实现液体滤失控制，减少脱砂的可能性（周新国，2009）。随着施工排量的增加，裂缝的长度、宽度、高度均随之增加，但裂缝的长度和高度增加较快。

（2）压裂液类型

研究认为，随着压裂液黏度的增加，裂缝的半翼缝长和效率增加，裂缝宽度减少，但压裂液效率增加缓慢（徐刚等，2011）；随着压裂液黏稠系数的增加，裂缝的高度逐渐增加，而裂缝长度和裂缝宽度保持不变（张志全等，2001）；活性水压裂对煤岩、裂缝内导流能力的伤害小，同时不易形成裂缝壁面表皮，但由于其黏度低，造缝能力差，裂缝的扩展受天然裂缝影响较大，易形成多裂缝网格，造成有效支撑缝长短，难以实现目的煤层对压裂缝长和导流的需求（王欣等，2009）。采用冻胶体系的压裂液压裂，因其黏度高，造缝能力强，水力压裂可以穿过天然裂缝继续延伸，容易形成以一条主裂缝联结而成的复杂裂缝系统，但煤层低温，破胶困难，残胶对裂缝导流能力伤害大，同样会影响裂缝长度。

（六）相似材料

相似材料就是用一种或多种材料根据相似原理做成相似模型，要求其材料、形状和载荷均须遵循一定的规律。通过对相似模型上应力、应变的观测来认识与判断原型上所发生的力学现象和应力-应变的变化规律，以便为岩土工程设计和施工方案的选择提供依据。这种形象直观的岩体介质物理力学特性研究方法，不仅可以研究工程的正常受力状态，还可以研究工程的极限荷载及破坏形态。相比于计算机数值模拟，其结果更为直观形象（张宁等，2009）。

国内外很多学者或科研单位自 20 世纪 60 年代起，就开始在地质力学模型试验中使用相似材料，取得了大批研究成果（张宁等，2009），如采用石英砂、石膏和水泥来模拟灰岩（左保成等，2004）；意大利等国家的科研单位曾用环氧树脂、重晶石粉和甘油配制相似材料（李晓红等，2007），用重晶石粉、胶膜铁粉和松香酒精溶液搅拌混合制成相似材料（韩伯鲤等，1997）；用磁铁矿精矿粉、河砂、石膏研制出了性能稳定、价格低廉的 NIOS 地质力学模型材料（马芳平等，2004）；用煤粉、水泥和石膏配制煤岩的相似材料，用于拟三轴水力压裂实验（蔺海晓和杜春志，2011）。

（七）水力压裂优化技术

水力压裂技术是煤层气开发所采用的一种主要技术方法。由于我国煤储层的渗透率较低，水力压裂的质量直接关系到煤层气的产量，因此，需要针对不同的地质条件，对煤层气水力压裂进行优化设计。水力压裂设计研究是从 20 世纪 80 年代中后期开始的，主要包括压裂参数设计、压裂数学模型设计（Prats et al.，1962；Raymond and Binder，1967）。随着水力压裂工艺在煤层气井生产实践的大量实施，许多学者对煤层气井水力压裂的工艺技术优化进行了研究（李安启等，2004；徐刚等，2011）。

（八）水力压裂其他方面的研究

许多学者在压裂液与支撑剂的优选（焦中华和倪小明，2011；刘贵宾，2007；

陶涛等，2011；宋景远，1996；汪永利等，2002；张高群和刘通义，1999；赵阳升和杨栋，2001）、压裂方式的改进以及适应条件等其他方面进行了相关的研究（戴林，2012；韩金轩等，2012；刘红磊等，2011；王红霞等，2003；王杏尊等，2001；夏彬伟等，2013；尹清奎等，2012；袁志亮和孟小红，2007；张金成和王小剑，2004；张鹏，2011）。研究认为，煤层对压裂液吸附的强度可用吸附速率和润湿接触角两个指标度量（陈进等，2008）；煤层气压裂与常规油井压裂施工工艺的不同之处，包括压裂施工入井排量、施工规模、压裂液体系以及裂缝支撑剂几个方面（刘伯修，2011）；变频脉冲式煤层注水技术可以实现脉冲高压水压裂、沟通煤层裂隙，在煤层内部形成新的相互关联孔隙-裂隙网（赵振保，2008）；"虚拟储层"能否破裂在于"虚拟储层"段与煤储层间的孔眼摩阻的差值能否满足"虚拟储层"与煤层的抗拉强度的差值（倪小明等，2010a）；定向水力压裂增透技术影响裂隙定向扩展（郭峰，2011）；李全贵等（2013）提出了"双频-双压"压裂工艺。

四、煤层气排采技术

（一）合层排采技术

煤层气排采技术的落后和经验的缺乏是制约我国煤层气发展的技术瓶颈（孙茂远和范志强，2007）。由于煤层厚度等因素的制约，对单一煤层排采煤层气，产能往往较低，经济效益也较差。对多煤层发育地区实施分层压裂、合层排采工艺技术是降低煤层气开发成本、提高产能的重要举措之一（倪小明等，2010b）。

合层排采在常规油气藏方面应用较为广泛，国内外学者对此进行了较多的研究。这些研究多集中在分层合采油气井产能（Lefkovits et al.，1961；王晓冬和刘慈群，1999；徐献芝等，1999）、高低压双气层无窜流特征（胡勇等，2009；朱华银等，2003）、各分层产能确定（陈世加等，1998；王跃文等，2005；王学忠和谭河清，2008）及合采层间干扰（鲜波等，2007）等。然而煤层气藏的合层排采与常规油气藏有所不同：一是煤层气主要以吸附态储存在煤储层中，故煤层气的产出与煤层水的产出关系密切；二是较小的压力变化会使煤储层的渗透率发生较大的变化，影响煤层气井产能；三是煤粉也极大影响煤层气井产能。煤层气藏多层合采与单层开采具有相似的产能形式，但多层合采的产能除与压差有关外，与各煤储层分层的渗透率与厚度的乘积（地层系数）也有密切关系。因此，煤层气藏的特殊性决定了其不能简单地搬用常规油气藏的合层排采方法。

国内外煤层气工作者对煤层气井的排采控制方式进行了卓有成效的研究，提出了单一煤层垂直井排采、多煤层合层压裂排采、多煤层分层压裂合层排采、多分支水平井排采等多项工艺技术等。可以采用数值模拟、数学建模、实验室分析等方法对不同情况下的排采工作制度、产能、排采过程中渗透率的变化进行研究（Aminian and Ameri，2009；Clarkson et al.，2007；康永尚等，2007；李金海等，2009；张明山，2009）。数值模拟结果表明，各煤分层的渗透率、初始地层压力及初始含气饱和度对合采的产能有重要的影响，各煤分层厚度及储层解吸特征对合采的影响较小。各煤储层分层渗透率越接近，各储层分层压力下降速度越相似，各储层分层可同时达到产气高峰；初始含气量越高，则产气峰值亦高，累积产能也越高，多层排采时，最下面煤层初始含气饱和度越高，则累积产能越高（邵长金等，2012）。

煤层气井合层排采与单层排采的相同点在于，产气过程及排采设备相同，不同点在于，压力系统管理的差异及储层特征差异性引起产气时间的差异（李国彪和李国富，2012）。是否能合层排采，主要受到上下围岩性质、两层煤的临储压差、煤储层供液能力差异、压力梯度、煤层间隔距离、原始渗透率及压裂后渗透率等因素的影响（胡爱梅等，2004；孟召平等，2010；倪小明等，2010b）。煤层气井合层排采的基本要求是：各煤层处于不同排采阶段时，地层的供液能力能保持较好的一致性，控制机理是当由于某一层煤的产气导致供液能力发生变化时，能否通过调整排采工作制度达到两层煤中压力平稳传递的效果。若供液能力强的一层煤产气导致供液能力减弱，此种情况可通过调整排采工作制度来保证不会让储层发生大的激励；若供液能力弱的一层煤先产气，此种情况无法通过调整排采工作制度使储层不发生大的激励，无法进行合层排采（李国彪和李国富，2012）。

近年来，煤层气多层合采的方式在我国阜新盆地及沁水盆地等煤层气热点地区进行了相关的试验研究。根据国内学者的研究分析，沁水盆地寿阳区块的 3 号和 9 号煤层、樊庄地区的 3 号和 15 号煤层、潘庄地区的 3 号和 15 号煤层及延川南地区的 2 号和 10 号煤层等均具有合层排采的可行性（倪小明等，2010b；王振云等，2013；武玺，2013；谢学恒等，2011）。

数值模拟研究认为，沁水盆地 3、15 煤以及 K_2 灰岩联合生产是最优的生产方案（张先敏和同登科，2007）。若 3、15 煤产气液面高度相差不大（一般不超过50m）或下部煤层产气液面高度大于上部煤层产气液面高度、储层压力梯度相差不大（一般不超过 0.5MPa/100m）、供液能力相差不大（一般不超过 15m³/d）、渗透性相差不大，则适合进行分层压裂合层排采（李国彪和李国富，2012）。除此之外，还应考虑 3 煤和 15 煤上下围岩的力学性质、压裂后的两层煤渗透率是否处于同一数量级，以决定该地区是否适合进行合层排采（倪小明等，2010b）。柳林地区合层排采山西组煤层时，层间矛盾小，产能效果好，合层排采太原组煤层（8+9煤）和合层排采山西组与太原组煤层（3+4+5 煤与 8+9 煤）时层间矛盾严重，产能效果差。研究认为，煤层物性特征和顶底板水文地质条件是引发柳林地区煤层气开发层间矛盾的主要因素，其中 8 煤顶板复杂的水文地质条件是引发该区层间矛盾的主要因素（孟艳军等，2013）。在对延川南地区 2 煤和 10 煤分压合采的可行性研究时发现，储层压力与压力梯度、解吸能力、层间距、上下围岩岩石性质、水文地质条件、原始渗透率及压裂后渗透率等是分压合采提高煤层气单井产能的控制条件。在储层压力差<1.2MPa、储层压力梯度相差不大、临界解吸压力差<1.2MPa、层间距≥10m、围岩为砂岩或泥岩、产液量差异≤5m³/d、原始渗透率及压裂后渗透率在同一数量级的区域适合合层排采（谢学恒等，2011）。

在研究多煤层地区煤层气开发模式时，提出在"多层叠置独立含煤层气系统"下实行递进开发的煤层气开采模式，即在垂向上，根据含煤地层含气性垂向分布规律，划分独立含煤层气系统，进而根据储层压力和临界解吸压力大小制定递进开发方案（傅雪海等，2013；梁文庆，2013）。在多煤层区域，采用"加密射孔+封堵球多级压裂"的方法，使煤层之间的"虚拟储层"破裂，通过控制排量的大小控制压裂裂缝的形态，进而对煤储层进行改造，使多煤层区域获得较好的产能（倪小明等，2010a）。而对于那些煤层多而薄、埋深较浅，碎裂煤较为发育的地区采取分层分段压裂、多煤层合采的方法，同样能够取得理想的产能（袁明进等，2012）。

（二）层间干扰

合层排采过程中，由于层间矛盾问题的制约，往往达不到理想的产能效果。层间矛盾问题普遍存在于常规油气的开发过程中（耿丽慧，2007；李秀美等，2006；刘成川等，1996；熊燕莉等，2005；钟兵等，2005）。常规油气藏领域一般认为，多储层条件下将所有产层全部射开，实施单井多层合采的方式，以及在同一井场相同层位加密生产井是实现高效开发的有效手段。合层开采方式可以大幅提高油藏的动用储量，然而由于合层开采过程中高低渗透层的生产相互干扰，会导致合采过程中存在层间干扰。层间干扰的产生应具备以下几方面条件（张士奇等，1996）：一是多层合采；二是井段足够大；三是压力系统不统一；四是各层间流体产出量差别大。压力系统不统一的多层合采必然产生层间干扰，而各层的物性差异对层间干扰起着不可忽视的作用（张士奇等，1996），储层非均质性是导致层间干扰现象产生的内在因素，高渗透层渗流通道大、启动压力大，流体渗流相对较易、较快；而低渗透层由于渗流通道小、启动压力低，流体渗流相对较难、较慢。

油气领域专家对油气藏开采层间干扰现象进行了大量研究（王晓东和刘慈群，1999；卫秀芬和李树铁，1998；吴胜和等，2003；钟兵等，2005），取得了一系列的成果（胡勇等，2009；李大建等，2012；熊钰等，2010），例如，认为开发初期主要是稀油高渗透层干扰稠油中低渗透层；中含水期主要是高压高含水层干扰中低压含水层；高含水期初期主要是高压特含水、高含水层干扰低压高含水、中低含水层，特高含水期层间干扰转变为特高含水韵律层干扰高含水及中低含水韵律层（于会利等，2006）；当层间压力系数接近时，层间干扰主要因储层物性的差异而产生（鲜波等，2007）；而气层间压力差异是影响合采可行与否的主要因素，气层物性变差和提高气井产量可降低倒灌气量（王都伟等，2009）；影响层间干扰的主要因素中，影响最大的是平均渗透率，依次是压差、黏度、井距、渗透率级差（王峙博等，2012）；储层本身性质的非均质性是引起压力不均衡的主要原因（曾庆恒等，2012）；低渗透油田合采其渗透率级差引起的层间干扰相对较小，层间流压差是影响各产层产量的主要因素（牛彩云等，2013）等。

借鉴油气田的分层合层排采技术，国内外学者对于煤层气合层排采也做了相关的研究（Clarkson，2009；Clarkson et al.，2007；倪小明等，2010b；邵先杰等，2013），例如，建立煤储层双重孔隙多孔介质三维气、水两相耦合流动数学模型，确定了沁水盆地煤层和含水层最优排采组合方案（张先敏和同登科，2007）；发现产气液面高度、储层压力梯度、供液能力和渗透率的差异是影响两层煤合层排采的主控因素（李国彪和李国富，2012）；各煤分层的渗透率、初始地层压力、初始含气饱和度对合采的产能有重要影响，而煤分层厚度、解吸特性对合采的影响较小（邵长金等，2012）；煤层物性特征和煤层顶底板水文地质条件因素是合层排采层间矛盾产生的主要原因（孟艳军等，2013）；中高煤阶单层开采、煤储层低渗透率和严重的层间干扰是造成单井产量低、指数递减、指数双曲线复合递减和指数调和复合递减类型的主要原因，而煤储层不同的渗透率和压力系统是造成层间干扰的主要因素，且当煤储层渗透率和压力此消彼长且程度相当，或差异都不大时，适合合采（王彩凤等，2013）。

综上所述，合层开发煤层气时，相关矛盾层位的常规物性（如煤层厚度、煤体结构、煤层埋深、含气量、渗透率、孔隙度、地应力、储层压力和临界解吸压力等）差异会产生一定程度的影响，水文地质条件差异产生的影响要更为突出（Bourdet et al.，1983；Clarkson，2009；Clarkson et al.，2007；尹志军等，2006；张培河等，2011）。多煤层煤层气开发中层间矛盾的主要影响因素可归结为以下几个方面（孟艳军等，2013）。

1. 储层非均质性

储层非均质性主要包括储层宏观非均质性和储层微观非均质性。储层宏观非均质性主要包括层间非均质性和平面非均质性。层间非均质性又包括储集层中孔隙、裂缝和孔洞以及这3种情况的组合和层间渗透率级差；平面非均质性则包括储层厚度、储层物性参数等（Bourdet et al.，1983；许建红等，2007；尹志军等，2006）。储层微观非均质性主要是指储层微观孔隙结构的非均质性，一般包括孔隙和喉道的大小、几何形状、分布状况及其相互间的关系等（Bourdet et al.，1983；陈永生，1993；尹志军等，2006）。

合层开采过程中，各层纵向上不连通的多层气藏在井筒内连通，层间非均质性在合采过程中表现出严重的层间矛盾，影响着开采速度和采收率。而储层的非均质性与储层之间的平均渗透率、渗透级差、流体平均黏度、层数、单层厚度、井距、压力系数及供给区域的差异等参数具有极大的关系（王峤博等，2012；熊燕莉等，2005）。

2. 储层压力

储层压力是地层能量的表征，也是煤层气产出的动力。压力系统不协调是产生层间矛盾的根本原因。如果合采层中压力系统不统一，各产层间就会相互制约，甚至产生层间倒灌现象；特别是储层压力差异较大时，层间干扰就会十分突出。若上部储层储层压力小于下部储层储层压力时，上部储层的产能受下部储层的抑制；上下储层压力接近时，各储层产能状况较好；上部储层储层压力大于下部储层储层压力时，下部储层的产能受上部储层抑制（鲜波等，2007）。

当各产层压力梯度差别较大时，其他条件相同情况下进行合层排采时，压力传递速度差别较大，无论煤层气井处于哪个排采阶段，势必造成供液能力差异明显，高压力梯度储层发生速敏的可能性大，影响储层渗透率，最终影响产气量。

3. 供液能力

如果不同产层的供液能力差异悬殊，为了使动液面下降，势必加大排水量，这样就造成低产水层流体流动速率加大，发生严重的速敏效应，储层遭受严重伤害，供气能力大大降低。再加上强供液能力产层的水又多来自其顶底板含水层，产层自身的流体压力并没有显著降低，就造成了高供液能力产层压力没有得到充分降低，同时又造成了邻近低供液能力产层的伤害。特别是出现上部煤层产气时，当液面高度大于下部、下部的供液能力又远远高于上部情形时，将更加不可采用合层排采。

其他条件相同的情况下，若两层煤储层的供液能力差别大，在饱和水阶段，会影响两层煤中压力传递速度进而影响其传递半径。当进入气、水两相流阶段，压力传递速度差异引起产气速度差异，渗透率变化差异大，产气不稳定因素增加，影响产气量（李国彪和李国富，2012）。

对于围岩封闭性好、补给能力弱的煤层，富水性通常较弱，合层排采这类煤层通常不会出现严重的层间矛盾。但多数情况下，煤层顶底板往往与富水性较强的砂岩或灰岩含水层有不同程度的水力联系，会导致煤层富水性的差异。因此，对于水文地质条件差异较大的煤层，在其他条件相近时，供液能力就差别很大，煤层中压力传递速度差异明显，产气速度差异明显，可能造成某一层煤不能产气或很少产气，最终失去合层排采的意义。当各层间产水量差异很大时，还会引发水锁、气锁等效应，破坏压力传播平衡，加剧层间干扰。

我国华北石炭系煤田水文地质条件普遍比较复杂，太原组灰岩水和奥陶系灰岩水往往比较活跃（唐书恒等，2003），如果压裂施工中煤层不慎与含水岩层沟通，就可能引发层间矛盾。

4. 渗透率

煤层渗透率是用来衡量煤层气开采难易程度的关键性参数。煤层渗透率的大小直接决定孔、裂隙中煤层气流动的快慢（Wu et al.，2013）。当渗透率大时，在同等排采时间内，煤层气流量就大；当补给能力相同时，压力传递就快；当合层排采煤储层渗透率差别大时，在相同的排采时间内，煤层气流量差异就大；在补给能力相同时，压力传递差异大，从而影响产气量，引发层间矛盾问题（孟艳军等，2013）。

各产层的渗透率如果差别太大，在排采过程中低渗储层裂缝内流体的流速将远远高于高渗储层，发生严重速敏；同时压力传递距离有限、压降漏斗范围有限，供气能力低，不适合合层排采（胡爱梅等，2004）。

储层之间渗透率级差越大，则两层之间干扰越强烈。渗透率大的储层抑制渗透率小的储层，导致渗透率小的储层产能差，甚至无产能（鲜波等，2007）。层间干扰程度随渗透率级差增大而增大，在渗透率级差增大到一定程度时，流体沿高渗层"单层突进"，低渗层则被"屏蔽"，从而严重影响采收率（Weber，1986）。高渗透层的渗透率越高，相对于低渗透层的渗透率差异越大，对低渗透层的屏蔽作用也就越大，层间干扰程度越强（吴胜和等，2003）。而层间干扰对采收率影响最大的参数是平均渗透率（王峙博等，2012）。

5. 煤层含气量和含气饱和度

煤层含气量和含气饱和度是影响煤层气井产气能力和产气时间的重要因素（倪小明等，2010d）。如果合层排采的各煤层在含气量和含气饱和度方面差别不大，层间干扰现象就基本不会发生；反之，就会导致各层产气能力、产气时间等明显差异，从而引发层间矛盾问题。

（三）煤层气井产能的影响因素

煤层气井产能主要来自2个方面的制约，一个是开采技术工艺，另一个则是地质条件。针对地质条件，前人研究成果表明，影响煤层气井产量的主要因素有：构造条件、煤层厚度、煤层埋深、煤储层压力、气含量、渗透率及水文地质条件等（Mckee，1986；甘华军等，2010；连会青等，2013；秦建义等，2008；宋岩等，2005；陶树等，2011；叶建平等，2011）。

通过 Comet3 数值模拟软件进行历史拟合、产能预测和敏感性分析发现，含气量、储层压力是关键因素，煤厚、渗透率、孔隙度是次等影响因素，兰氏体积、兰氏压力、吸附时间的影响较小（邹明俊等，2010）；通过数学方法研究认为渗透率、供给半径对煤层气井水产量的影响较大，而兰格缪尔体积常数、渗透率、供给半径和井底流压对煤层气井气产量影响较大（罗山强等，1997）。煤储层压力异常是影响参数实验井煤层气产出主要的原因，其中解吸压力与储层压力的比值越高，煤层气的产能越大（马东民和殷屈娟，2002）。分子扩散系数对煤层气产能影响较小，割理渗透率对煤层气产能影响较大（杜志敏等，2007）。高煤级煤储层应力渗透率敏感性强，煤基质收缩能力弱，在排水降压开发煤层气的过程中，有效应力的负效应大于煤基质收缩的正效应，煤储层渗透率将逐渐降低，随着排采的进行，产能逐渐衰减，后期不可能再出现产能高峰；同时，高煤级煤储层束缚水饱和度大，排水降压困难，水相和气水两相渗流区域狭窄，气、水两相渗流时各相有效渗透率及束缚水下气相渗透率均较低（傅雪海等，2004）。在产水量相对较小的地区，水平最小主应力、原始渗透率的大小对产能影响最大。产水量相对较大的地区，原始储层渗透率、排液能力对产能影响最大，而其他参数对产能的影响不大（倪小明等，2009），同时还认为碎裂煤对产能的贡献最大，原生结构煤次之，构造煤几乎不可被改造（倪小明等，2010c）；而相近的产水量条件下，水的矿化度、碳酸氢根离子浓度越高，煤层气井的气产量越高，当产出水矿化度低于1000mg/L、碳酸氢根离子浓度低于600mg/L 时，基本不产气（李忠城等，2011）。构造演化控制煤层气的整个成藏过程，后期构造形态对煤层气的运移和保存至关重要，褶曲两翼及向斜核部含气量高，背斜核部及开放性断层附近含气量低（赵少磊等，2012）。

套压、动液面深度和井底压力等排采参数对煤层气产能具有直接及间接影响（张艳玉等，2012）。如果排采速率过大，井筒液面下降太快，会使有潜力的煤层气井排采半径缩短，发生速敏效应，支撑剂颗粒镶嵌煤层，裂缝闭合现象来临较快，渗透率迅速降低，进而造成单井产气量低（李金海等，2009）；而逐级降压的工作制度能扩大气井压降漏斗的体积，使煤层气解吸范围增大，从而增加煤层气井的累积采气量（康永尚等，2007）。煤储层渗透率、地下水流体势、排水降压效果及气水分异现象影响着煤层气井间产水量和产气量（刘世奇等，2013）。

目前，国内煤层气开发过程中，气井产能普遍较低，许多学者对于有效预测气井产能做了相关研究。如油藏工程中的物质平衡方法（杨川东和桑宇，2000）、煤层气产能预测的随机动态模型（杨永国和秦勇，2001）、三维煤层气垂直井网的非平衡吸附拟稳态条件下的气-水两相流动数学模型（张先敏和同登科，2009）、煤层气产能潜力评价模糊数学评价模型（孟艳军等，2010）、煤层气井动态产能拟合和预测的时间序列 BP 神经网络模型和月产/累产比值模型（吕玉民等，2011）、无因次产气曲线（田炜等，2012）等。

（四）煤层气排采优化

随着煤层气开发技术的发展，"分层压裂、合采工艺"对于提高单井利用率、加快开发速度、提高油气开发整体效益将起到重要的作用（黎昌华，2000）。国内煤层气井大多数采用直井排采。直井排采特征表现为，排采初期受加砂压裂改造影响，在近井地带形成以最大主应力方向为长轴，最小主应力方向为短轴的椭圆形高导流优势裂缝带，渗透率明显提高，产量持续上升，达到第一个产气高峰；随着排采时间的逐渐增加，远处的煤储层压力逐步降低，甲烷气体逐渐解吸出来，形成第二个产气高峰（李梦溪等，2011）。许多学者从不同的方面对煤层气排采技术的优化进行了研究，如过快的排采制度，使煤层气井筒附近煤储层在短时间内受到较为严重的伤害，煤层气渗透率急剧降低，阻碍煤储层降压漏斗的扩展，煤层气无法大规模解吸，因而无法形成长期稳定的单井规格产量（赵群等，2008）；排采的速率过大会使裂缝所受有效应力快速增加，进而快速闭合，大大降低渗透率，压降不能传递得更远，煤层气井控制半径变小，流体携带大量的煤粉和支撑剂堆积在临井地带堵塞裂缝，发生速敏效应；间歇式排采更加剧了速敏效应的发生（李金海等，2009）；而直井排采分为四个阶段，分别为排水阶段、控压产气阶段、稳产阶段、衰竭阶段，需采用"连续、渐变、长期"的排采控制原则和"五段三压"法排采工艺（李梦溪等，2011；秦义等，2011）。合理的排采制度应为：排水降压期，可适当加大排量，以动液面和地层压力稳定下降为目标；产气量上升期，应适当降低排采速度，以产气量稳定上升为目标；稳产期，应稳定排量，以保证压降漏斗持续、稳定扩展和延长稳产时间为目标；递减期，应适当控制排量，以减缓递减速度为目标（郭大立等，2012；郭晖等，2012；邵先杰等，2013；司庆红等，2012）。

五、煤层气储层数值模拟

（一）国外煤层气储层数值模拟

在国外，煤层气数值模拟软件的研究工作最初是为了控制瓦斯灾害，解决煤矿安全生产问题。1964 年，Lindine 等提出了第一个预测生产矿井瓦斯涌出量的经验模型；1968 年，Airey 建立了一维、单孔隙、气相的产量预测解析模型；1972 年，Price 等提出了二维、单孔隙、气-水两相综合性产量预测的数学模型和有限差分的数值模型，并开发了相应的计算机软件 INTERCOMP-1（张群，2003）。随着人们逐渐认识到煤层气是一种清洁能源，且 1973 年爆发了石油禁运的能源危机，在美国掀起了煤层气地面垂直井开发试验的热潮（张群，2003）。

随着煤层气开发的持续，人们意识到，需要有一个有效的工具来进行生产井气、水产量数据的历史拟合，以便客观分析储层参数，为有效开采煤层气提供科学依据。煤层气工作者借鉴油气藏数值模拟的理论、技术和方法，在煤层气领域展开了煤层气数值模拟工作方面的研究（张群，2003）。

1981 年，由美国天然气研究所（GRI）主持开始了煤层气产量模拟器与数学模型开发项目。该项目中，Pavone 和 Schwerer 基于双孔隙、拟稳态、非平衡吸附模型建立了描述煤储层中气、水两相流动的偏微分方程组，并开发了相应的计算机软件 ARRAYS。该软件可模拟未压裂、压裂的单个煤层气井和多个煤层气井。1983 年，Ertekin 和 King 开发了类似于 ARRAYS 模型的单井模型 PSU-1，该模型与 ARRAYS 模型组合形成了 GRUSSP 软件包，被推广应用；1984 年，Remner 把 PSU-1 模型升级为 PSU-2 模型；1987 年，Sung 开发了 PSU-4 模型，包括了有限导流裂缝、水平钻孔和生产煤矿工作面；1987 年，在美国天然气研究所的支持下，ICF Lwein Energy 开发了专门用于煤层气藏模拟的双孔隙、二维、气-水两相模型 COMET（TM），并推出了微机版的 COMETPC 模型；1989 年，美国天然气研究所（GPI）与国际先进能源公司（ARI）在 COMETPC 模型的基础上开发出了 COMETPC-3D 模型，它是一个功能强大、三维、气-水两相流的计算机模型，可模拟多井、多层和压裂井，考虑了重力效应、溶解气、孔隙压缩系数、煤基质收缩系数以及应力对渗透率的影响；1993 年，S.A. Holditch & Associates，Inc.（ASH）独立开发了另一个可模拟煤层气和非常规气的储层模拟器 COALGAS，其煤层气模拟特性与 GRUSSP 和 COMET 模拟器类似；1998 年，ARI 公司又推出新产品 COMET2，2000 年 9 月升级到 COMET2.10 版本；2005 年，ARI 公司推出了最新的产品 COMET3，COMET3 是所有 COMET 系列模拟软件中最先进的软件，该软件为三孔隙、双渗透和多种气体共同吸附的模型（张群，2003），COMET3 能精确地模拟储层在低煤阶煤基质孔隙里面的自由气和水，COMET3 也能模拟注入多组分气体强化开采煤层气的情况；2001 年，Scott 等提出了三孔隙双渗透模型，该模型比双孔隙单渗透模型更符合实际情况；2003 年，美国 Schlumberger 公司的 ECLIPSE（2003A）软件也有煤层气数值模拟选项，ECLIPSE（2003A）是三维、双重介质、气-水两相、非平衡拟稳态吸附模型，该软件考虑了单一气体吸附的情况，没有考虑煤基质收缩和有效应力对煤储层割理孔隙度和渗透率的影响。

目前，已有 50 余个各煤层气产量预测的数学模型问世，但是形成计算机软件的不多，其中有 ARRAYS（WELL1D、WELL2D）、PSU（PSU-1、PSU-2、PSU-3、PSU-4）、GRUSSP、COMET、COMETPC、COMETPC-3D、COMET2 和 COALGAS。

真正得到推广应用的可能只有 GRUSSP、COMET 系列软件和 COALGAS 软件，其中 COMET3D 软件的应用最广泛（张群，2003）。

（二）国内煤层气储层数值模拟

1992 年，我国开始煤层气数值模拟方面的工作，目前正处于急待发展的阶段。1994 年，原地质矿产部华北石油地质局与清华大学合作，联合开发了煤层气数值模拟软件 CMS，实现了我国煤层气数值模拟软件的零突破。但是该软件模型采用二维、单层，对于我国复杂构造条件下多煤层储层而言，其功能和适用性局限明显。随后，一些学者进行了煤层气数值模拟理论研究（李斌，1986；刘建军，1999；骆祖江，1997；岳晓燕，1998），也开发出来相关的软件（郎兆新，1997；骆祖江，1997），但由于功能、算法不完善、操作界面等原因，国内至今没有一个煤层气数值模拟软件在实际工作中得到推广应用。

第三节　存在问题

综上所述，尽管前人在煤层气相关基础地质和压裂/排采方面做了大量的研究，但主要是以单煤层为研究对象，针对多煤层独立叠置含气系统的特殊的成藏地质条件，以及对单井高效煤层气压裂/排采开发模式缺乏系统研究，主要存在如下问题需要深入探讨。

1）多煤层区层域上各含气系统的煤储层物性特征及主控因素需进一步深入研究。目前只是基于多旋回理论和层序地层格架特征对不同含气系统进行初步划分，而各含气系统煤储层含气性特征、吸附/解吸特征、储层压力特征、渗透性特征如何变化，其主控地质因素又有哪些，这些参数对煤层气井压裂/排采具有怎样的影响等，这些问题需要进一步系统分析。

2）对多煤层独立叠置含煤层气系统条件下煤层气压裂技术优化尚未研究。煤层群发育的地区，实施分层压裂、合层排采工艺技术是降低煤层气勘探开发成本、提高产气量的重要举措之一（倪小明，2010b）。前人只是针对单煤层水力压裂机理及工艺参数进行了大量研究，而多煤层区各系统之间压裂方式如何选取，水力压裂后裂缝延伸和形态如何，以及压裂施工参数（射孔方式、泵注压力，压裂液量等）和煤体内部因素（煤体结构，煤储层渗透率，孔裂隙发育等）如何影响压裂效果，如何优化这些参数等，这些问题尚不清楚。

3）不同含气系统煤层气地质特征对煤层气排采的控制作用需要深入探讨。在多煤层区进行煤层气排采时，不同含气系统之间必然存在干扰现象，导致气井产能降低。甚至由于煤层气地质特征不同，部分含气系统可能无开采价值，也就无需压裂/排采。不同含气系统煤层气排采过程中干扰机理如何产生，如何利用不同含气系统的产能贡献，建立有序高效的开发模式，这些问题是影响多煤层区煤层气高效开采的关键所在。

第四节　研　究　方　案

一、研究思路与目标

　　针对贵州省西部织纳煤田具有的多煤层煤储层特征的特殊性，运用层序地层学、构造地质学、煤层气地质学、煤层气开发地质学、岩石力学、渗流力学、弹性力学、断裂力学、数学地质、数值模拟技术等多个学科的理论与方法，以少普井田和文家坝井田为研究对象，在综合大量煤田地质勘探资料、煤层气试井资料和煤层气井生产资料的基础上，结合实验室测试分析和数值模拟结果，对"多煤层区单井煤层气压裂/排采模式"这一科学问题展开研究。重点研究多煤层条件下独立含气系统与统一含气系统的煤储层及其物性特征、多煤层煤储层压裂方式及工艺参数的优化，探讨不同含气系统煤层气排采的层间干扰机理，依据各系统产气潜力及产能贡献，厘定多煤层区煤层气单井压裂/排采次序，建立单井高效有序开采模式，为本区乃至具有相似煤层气成藏特征地区的煤层气开发提供依据。

二、研究内容

　　1）不同含气系统煤层气地质特征及其主要控制因素分析。结合大量煤田地质勘探资料、煤层气勘探资料、煤层气试井资料、生产资料以及实验室物理模拟结果，分析不同含气系统中煤储层特征、煤岩力学特征、含气性特征、储层压力特征、吸附解吸特征及渗透性特征，对比不同含气系统之间的地质特征差异，阐明各系统中煤层气地质特征的层域变化规律以及主要控制因素。

　　2）各含气系统煤储层压裂方式及工艺参数优选。依据现有煤层气井压裂资料以及实验数据，结合物理实验模拟和数值模拟，研究多煤层区压裂施工参数和煤体内部因素对压裂效果的影响，确定影响多煤层水力压裂效果的主控因素，利用多煤层煤层气井压裂数值模型，采用 Meyer 等水力压裂模拟软件，模拟水力压裂后的裂缝形态及延伸展布状态。基于上述多煤层区水力压裂的研究成果，合理优选不同含气系统水力压裂方式及工艺参数。

　　3）不同含气系统煤层气排采时的相互干扰机理及排采优化。依据煤层气试井排采资料以及各含气系统中煤层气地质特征主要控制因素，采用物理模拟和数值模拟方法，重点分析层间干扰的主要影响因素，包括各含气系统的煤储层渗透率、储层压力、临界解吸压力、煤层厚度以及层间距等，阐明各系统间的相互干扰机理，分析系统间干扰程度。结合各系统的产气潜力和产能贡献，制定合理的排采方式（合层排采或分层排采），优化排采次序。

4）综合上述成果，建立多煤层区煤层气单井有序高效开采模式。

三、拟解决的关键问题

1）以黔西织纳煤田多煤层发育区为研究对象，以含气系统为研究单元，分析不同含气系统中的煤层气地质特征，阐明其主要控制因素，揭示煤层气地质参数对煤层气井压裂/排采的影响作用。

2）利用物理实验模拟和数值模拟，研究多煤层区压裂施工参数和地质因素对压裂效果的影响，确定影响多煤层水力压裂效果的主控因素。

3）利用数值模拟手段，结合系统间的产气潜力和产能贡献，分析系统间（层间）干扰的主控因素，阐明系统间干扰机理及干扰程度，优化煤层气排采次序。

四、研究流程与技术方法

为完成预期目标，本书的技术路线如图 1-7 所示，具体研究流程如下。

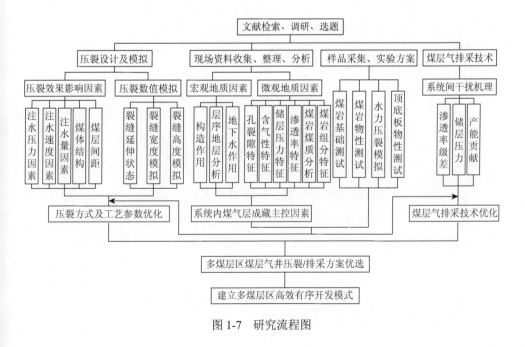

图 1-7 研究流程图

第一阶段，文献分析，勘探资料收集整理，现场调研采样。

广泛查阅国内外前人相关研究文献，分析研究历史、现状、发展趋势及存在问题。收集研究区煤田/煤层气地质勘探资料和前人研究报告，初步整理，提炼其中的煤层气地质信息。在此基础上，设计研究方案。

开展地面、钻孔、矿井等现场的地质调查，观测编录典型钻孔柱状剖面，全面收集研究区煤田地质勘探资料、煤层气试井资料和生产资料。进行野外踏勘，有选择地跟踪煤层气井生产情况。系统采集垂向上不同含气系统的主要煤层样品。

资料整理与初步分析。编制研究区煤层气地质基础图件，结合区域性资料，编制分析性图件，初步分析煤层含气性、渗透性以及顶底板岩性等煤层气地质背景条件，掌握多煤层区煤层气地质条件的特殊性。

第二阶段，样品分析测试，煤层气地质特征分析。

样品基础性质测试。包括煤工业分析、元素分析、镜质组反射率测定、煤岩显微组分定量分析、气体组分分析等，了解煤物质组成和气体组分。

样品物性和物质结构分析。包括煤和岩石的压汞/液氮、煤的等温吸附实验、煤和岩石的电镜/光学显微镜、力学性质测定、NMR 分析，了解样品的力学性质、孔裂隙发育特征、吸附解吸特征以及渗流特征。

第三阶段，物理模拟实验和数值模拟。

采用相似材料模拟不同的煤岩物性，考虑煤岩组分、煤体结构、顶底板岩性、地应力状态以及孔裂隙特征等五种因素条件下的物理实验压裂模拟，分析研究煤岩物理性质、孔裂隙、顶底板、地应力状态等因素对裂缝形态以及裂缝延伸状态的影响。结合煤层气井压裂资料，利用多煤层水力压裂数值模型，采用 Meyer 等压裂数值模拟软件，模拟各含气系统水力压裂裂缝状态及延伸情况，提出合理的水力压裂方式及工艺参数优化措施。

利用 COMET3 数模软件，进行煤层气井排采数值模拟，分析各含气系统的煤储层渗透率、储层压力、临界解吸压力、层间距以及煤层厚度等参数对气井产能的影响，查明各系统产能贡献，阐明系统间干扰机理。

第四阶段，优化煤层气井压裂/排采工艺，建立煤层气单井高效有序的开采模式。

基于对不同含气系统内水力压裂工艺参数及系统间干扰机理研究，依据各含气系统产能贡献，优化煤层气单井压裂/排采次序，制定合理的多煤层区压裂/排采方案，建立适合多煤层地区的煤层气单井有序高效的开采模式。

第二章 黔西织纳煤田煤层气地质背景

第一节 地理及交通位置

织纳煤田位于贵州省中西部，是中国规模最大的无烟煤赋存区之一。东以小箐、林歹、平坝一线为界，南以安顺、普定、播洞、郎树根一线为界，西以董地、治昆一线为界，北以马场、安化、沙窝、治昆一线为界，分属织金县、纳雍县、黔西县、大方县、清镇市、平坝县、安顺西秀区、普定县、六枝特区、修文县、息烽县管辖。其地理坐标位于 $105°02'25''\sim106°32'44''E$，$26°14'58''\sim26°58'30''N$，面积 8891$km^2$。

区内地势西北高、东南低，最高点为纳雍马鬃岭，海拔 2331.8m，最低点为鸭池河，海拔 800m 左右，一般标高 1300~1400m。本区属长江水系，主要河流为三岔河、六冲河，流向由西向东，在织金龙场东北汇合后称鸭池河，向北东汇入乌江。区内河流河谷深切，石灰岩广泛分布，岩溶发育，地表石漠化严重。

织纳煤田内交通以公路为主。北部有贵阳至毕节高等级公路，东部有清镇经站街、卫城至毕节的国道321线，站街经流长至织金的省道306线，中部有安顺经织金至大方的省道210线，西部有水城经纳雍至毕节的省道213线通过。各县市至乡镇皆有简易公路相通。同时，贵昆铁路在煤田东南侧通过，隆黄铁路由南至北经普定、织金穿过煤田（图2-1）。

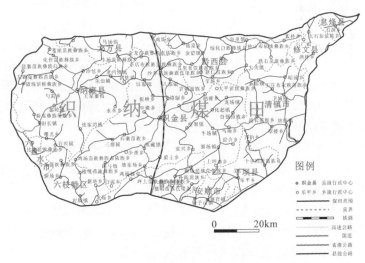

图 2-1 织纳煤田交通位置图（详见书后彩图）

第二节　区　域　构　造

　　织纳煤田位于扬子板块中的川滇黔盆地的黔北断拱的西南边缘（图 2-2），范围主要包括织金复背斜，是"黔中古陆"或称"黔中隆起"的核心组成部分。

　　Ⅰ-扬子板块，Ⅱ-华南板块，Ⅰ₁-雪峰隆起，Ⅰ₂-川滇黔盆地，Ⅱ₁-右江褶皱带
　　Ⅰ₂ₐ-黔北断拱，Ⅰ₂ᵦ-黔南断陷，Ⅰ₂ᴄ-六盘水断陷，Ⅰ₂ᴅ-四川盆缘坳阳

图 2-2　贵州省构造单元分布略图（据徐彬彬和向明德，2003）

　　黔中隆起是扬子板块内部在古生代发育的一个隆起构造，其演化受构造运动的控制，大致演化经历了 5 个时期：初始于郁南运动，定型发展于都匀运动，鼎盛发育在广西运动，衰退与消亡在紫云运动与东吴运动。

　　孕育期（中晚寒武世）：晚寒武世的郁南运动是黔中隆起形成的开始，郁南运动使得贵州大部分地区表现为水下隆起和海盆变浅，大面积沉积娄山关群白云岩，在毕节—镇宁以西抬升为古陆剥蚀区。

　　发展期（奥陶纪）：早奥陶世海侵范围扩大，中奥陶世黔中隆起进入发展期，都匀运动造成黔中隆起由南至北抬升，沉积海盆的主体位于遵义—毕节一线以北的地区，黔南海盆萎缩在贵阳以南、平塘以北、丹寨以西。

　　鼎盛期（志留纪）：中志留世开始的广西运动使黔中隆起进入鼎盛时期，沉积海盆限于贵阳—赫章一线以南，而以北大部分地区与川南一起连成一体形成上扬子古陆。

　　衰退期（泥盆—石炭纪—早二叠世）：紫云运动开始，黔中隆起进入衰退期，虽然在紫云运动之后石炭纪海盆有短暂萎缩，但之后海侵范围不断扩大。

　　消亡期：东吴运动之后，黔中隆起已经被上扬子海盆完全淹没，黔中隆起相对独立的构造演化趋于结束，与上扬子地区的构造演化融为一体，东吴运动和峨眉山玄武岩的喷发造成的西高东低的构造古地理格局，改变了黔中隆起控制东西走向的沉积古地理格架，而变为近南北走向的沉积古地理格局，使黔中隆起与上扬子地区的构造演化彻底融为一体，标志着黔中隆起演化的彻底结束。

　　黔中及其邻区自中元古代以来经历了六个构造发展阶段，在每一个发展阶段均发生了一次或多次的构造运动（表 2-1）。

表 2-1　黔中隆起及周缘地区构造运动简表

构造阶段	地层		构造运动范围	构造运动	构造运动表现和影响范围	年龄/Ma
第四纪～新近纪	第四系	Q	全区	喜山运动Ⅱ	全区更新统、全新统均角度不整合于老地层之上	1.8
	新近系	N		喜山运动Ⅰ	新近系角度不整合于老地层之上，古近系褶皱强烈，断裂活动明显	23.0
喜山～燕山阶段	古近系	E		燕山运动Ⅱ	形成叠加褶皱，早期断层再次活动	65.5
	白垩系	K₂	全区	燕山运动Ⅰ	遍及全区，是一次强烈的褶皱断裂运动。在黔中发生短暂抬升	99.6
		K₁	黔中及邻区黔中、黔北、黔西			145.5
	侏罗系	J		印支运动	黔中、黔北、黔西有平缓的褶皱；黔南、黔西南晚三叠世由海相向陆相过渡，海水从此退出贵州	228.0
印支～海西阶段	三叠系	T₃	黔南　黔中、北、西			
		T₂		东吴运动	遍及全区、整体隆起，局部地区剥蚀强烈。西北有断裂活动，并有强烈的玄武岩喷发和辉绿岩入侵	260.4
		T₁				
	二叠系	P₃	全区　　局部			
		P₂	黔南　黔中黔西北	黔桂运动	除黔西、黔南部分地区为连续沉积外，广大地区上升剥蚀，有微弱褶皱	270.6
		P₁		紫云运动	黔西、黔南地区为连续沉积，黔中、黔西北、黔南北部有平缓褶皱	359.2
	石炭系	C₂	黔西　黔西北			
		C₁	黔西　黔中			
	泥盆系	D₃	全区	广西运动	遍及全区，黔东南有相当强烈的褶皱断裂运动，黔东有超基性岩侵入，黔南、中、西和西北有褶皱和强烈的断裂	416.0
		D₂				
		D₁				

续表

构造阶段	地层		构造运动范围		构造运动	构造运动表现和影响范围	年龄/Ma
加里东～南华阶段	志留系	S_2	黔北	黔中、黔南	都匀运动	黔北、黔东北为连续沉积，黔中、南、西北有轻微褶皱，断裂活动明显	443.7
		S_1					
	奥陶系	O	全区	威宁西部	云贵运动	除威宁西部有轻微褶皱外，几乎全区为连续沉积	488.3
	寒武系	∈	滇黔边境	全区	郁南运动	除黔东南一隅外，全区上升剥蚀，并有轻微褶皱，断裂活动明显	542.0
	震旦系	Z	全区		澄江运动	普遍间断	680.0
	南华系	Z_{1n}	全区				
		Z_{1f}	滇黔边境		三江运动	仅在三江、黎平一带见及，为短暂间断	
		Z_{1c}	滇黔边境	黔中、黔东	雪峰运动	黔东武陵山区有较强烈的褶皱运动，黔桂边境为连续沉积	
雪峰阶段	板溪群	Pt_3	全区		武陵运动	是一次强烈的褶皱运动，并有区域变质和岩浆侵入	1000.0
武陵阶段	梵净山群	Pt_2					

注：引自贵州省煤田地质局内部报告。

发生在中元古代末的武陵运动是一次强烈的构造运动，由此奠定了扬子古板块的结晶基地，而雪峰运动在黔中地区以上升运动为特点。从震旦纪—古生代，黔中及其邻区以频繁的升降运动为主，都匀运动是早古生代最为强烈的构造运动，使得贵阳—黄平一线以南的广大地区上升为古陆。志留纪末的广西运动是黔中及其邻区古生代最为强烈的构造运动，这次运动使得黔中广大地区上升为古陆并缺失上志留统或更多地层。其构造活动与变形强度自南东向北西减弱，主要在麻江—凯里—镇远一线以东形成 NNE 向平缓褶皱（如麻江 NNE 向平缓背斜），此线以西褶皱作用不明显。紫云运动是泥盆纪末至早石炭世早期发生的一次差异抬升运动，沿普定—贵阳—凯里一线以北上升为古陆，与都匀运动构成翘翘板式的差异隆升。

中二叠世末的东吴运动，将南北向差异隆升转为东西向差异隆升，大体沿遵义—安顺一线为海陆分界，西南为陆相沉积与海陆交互相沉积并形成"西部煤海"，此线东南为浅海台地相沉积。发生在晚三叠世的印支运动使得黔中地区由海变陆，由此进入新的发展阶段。发生在晚侏罗—早白垩世的燕山运动主幕是黔中地区最为重要的褶皱造山运动，形成了区域性的 SN、NNE 向褶皱，并对早期构造进行强烈地改造，由此奠定了本区现存的基本构造格架。白垩纪末的晚燕山运动以近横跨或大角度叠加，对早期构造进行改造，以形成左行平移断层与"S"形褶皱为特点。

织纳煤田基底刚性大，导致煤田中褶皱宽缓且延伸距离短，以短轴式褶皱为主，走向主要为 NE 向。西缘有少量 NW 向隔档式褶皱发育，东缘发育 SN 向隔槽式褶皱（站街向斜）。断裂发育，北部发育 EW 向的马场断层和纳雍断层，纳雍断裂以南地区 NE 向走滑断层较发育。褶皱和断裂均是重要的控煤构造，属褶断型控煤，断裂改造严重破坏了含煤地层赋存的连续性。

一、主要褶曲

三塘向斜：走向 N10°～50°E，长度 80km，北端轴部地层为侏罗系，南端轴部地层为关岭组，中部向斜轴抬升，出露石炭系地层。向斜轴被断层切割成四段。东南翼地层倾角陡，局部倒转，西北翼地层倾角缓，一般 10°～20°，但发育次一级褶皱及伴生断裂，对含煤地层破坏亦较大。

补郎向斜：走向 N30°～50°E，长度 55km。轴部在普定一带沉陷最深，长兴组上覆地层厚度大于 2000m，向斜轴部在猫场西受织金—猫场拱褶带影响，向上抬升，寒武系地层大片出露。在猫场西北，轴部逐渐沉陷，晚二叠世含煤地层再现，向斜轴交于断层，轴部破坏，为断层所取代（龙场幅），六广幅的莫老坝向斜应属补郎向斜的北延部分，长度 12.5km，轴部为关岭组地层。翼部出露煤系地层，断层破坏严重。

阿弓向斜：走向 N40°E，长度 63km，位于织金郭家屋基、大冲头、文家坝、戴家田、八步一带。西北翼地层局部倒转，文家坝轴部抬升，向斜轴被 5 条 NEE 向断层错断。该向斜形成于燕山早期，被燕山晚期 NEE 向断层切割数段错开。向斜深埋，煤系地层保存完整，为煤田内重要赋煤单元。

珠藏向斜：走向 N45°～60°E，长度 45km，位于织金老牛寨、珠藏、河坝一带。珠藏向斜以北扬起，中部被 F_2 断层切割，两翼次级构造发育。该向斜形成于燕山早期，被燕山晚期和喜山期构造叠加改造。珠藏向斜以北隆起，含煤地层大部分被剥蚀，南段保存较好。

水公河向斜：走向 N20°～25°W，长度 22km，位于纳雍茅草坡、水公河、化董一带。轴线略呈"S"形展布，两端分别被 F_{21}、SF_1 断层截接。该向斜形成于燕山早期，受紫云—垭都断裂控制，两端被燕山期 NE 向断层截接。向斜深埋，含煤地层保存完好，为煤田内重要的赋煤单元。

二、主干断裂

煤田北部有纳雍—瓮安断裂，南部有贵阳—镇远断裂，西部有垭都—紫云断裂，东部有遵义断裂，织纳煤田就位于这四条区域性断裂的夹持之间。除遵义断裂外（形成较晚），其余三条断裂都对沉积相的类型、沉积地层厚度及煤变质程度等产生了较大影响。煤田内部断层也十分发育，但各处断层发育程度很不均一，在区域性大断层附近内部断层最为发育。断层主要为走向断层，发育方向主要为 NE、EW、NW 及近 SN 向，以高角度断裂为主，东部推覆构造发育。

垭都—紫云断裂：该断裂带在整个滇黔桂地区是一条重要的深大断裂，走向北西，斜跨贵州西部并向北西延伸到云南，向南东延伸到广西，延长 800 多公里。在贵州省内断裂带长约 350km，总体走向 300°～310°，主体倾向 SW，从北西端威宁向南东延伸，经水城、六枝、镇宁、紫云抵罗甸，在紫云、桑郎附近被 NE 向的南盘江断裂错断。

贵阳—镇远断裂：作为黔中隆起与黔南坳陷的分界断裂，东西两端分别截止于铜仁—三都大断裂和垭都—紫云大断裂，长达 400 余公里。断裂带主要由一组 NEE-NE 向断层并列而成，单条断层长 15～80km，常见断层破碎带宽 10～20m，最大可达 100m，倾向 S 或 N，倾角 60°～80°，局部较缓，总体为逆冲—走滑性质的逆断层，具有多期活动的特点。

纳雍—瓮安断裂：作为黔中隆起内部的一条古老断裂，为二级构造单元梨子冲向斜带与织金凸起之间的分界断裂，其平行于南侧的贵阳—镇远断裂，东西两端分别截止于石阡—余庆断裂和垭都—紫云断裂。该断裂带主要由一组 NEE 向分支小断裂并列而成，断续状延伸，自纳雍县西向东延伸至息烽后往南偏转，之后继续向东延伸至余庆县，全长约 200km，其间多处被 NE 向、NNE 向断层切错，形成由单条长 15～80km 的断层断续产出构成的断层带。单条断层断面倾向 S 或 N，舒缓波状，倾角 50°～70°，局部 30°～40°，总体以压性、压扭性质的逆断层为主，正断层次之，常见断层破碎带宽 10～20m，最大可达 100m。

中小型断层：这类断层在织纳煤田分布广，发育条数多，延伸距离短，有些构成次级构造单元的分界。从这些小断层展布方向来看，NE 向最为发育，约占 85%；其次为 NW 向、NS 向和 EW 向。这些断裂绝大多数在主燕山期形成，在区域自东向西的区域应力场挤压作用下，形成近 NS 向逆断层和 EW 向正断层，由于受到隆起的阻隔及纳雍—瓮安断裂、垭都—紫云断裂的限制，在煤田中部应力场逐渐变为自 SE 向 NW 挤压，在形成 NE 向褶皱的同时还伴随形成大量 NNE 及 NE 向逆断层，形成少量 NW 向正断层。由于受到 NW 向区域断裂垭都—紫云断裂的影响，在织纳煤田西部边界靠近垭都—紫云断裂带还形成了一系列轴面向 NE 倾斜的 NW 向褶皱。

第三节　区 域 地 层

织纳煤田内出露地层有上震旦统、寒武系、下奥陶统、中上泥盆统、石炭系、二叠系、三叠系、下中侏罗统、上白垩统、古近系及第四系。缺失中上奥陶统、志留系、下泥盆统、上侏罗统、下白垩统及新近系地层。其中，二叠系及三叠系地层分布范围最广，占总面积的90%以上。下寒武统牛蹄塘组，下石炭统旧司组，下二叠统梁山组，上二叠统龙潭组和长兴组，上三叠统火把冲组、把南组和二桥组，古近系上坝组，新近系翁哨组等均发育了煤层，但是除上二叠统龙潭组、长兴组外，其余含煤地层仅含有劣质煤线和薄煤。因此，上二叠统是研究区最主要的含煤地层，分布广泛，发育完好，是煤层气勘探主要目的层。各时代地层特征简述如下。

一、石炭系

石炭系地层分布于各大背斜的翼部（背斜轴多被断层破坏）。根据岩性、岩相和古生物群的不同，分为上下两统。

下石炭统：包括汤粑沟组、祥摆组、旧司组、上司组，厚度0～58m。

上石炭统：包括大埔组、黄龙组、马平组，厚度0～329m。

二、二叠系

区内二叠系地层出露齐全，包括下统马平组中上段，中统梁山组、栖霞组及茅口组，上统峨眉山玄武岩组、龙潭组及长兴组。二叠系地层的分布面积仅小于三叠系，下统地层多出露于背斜轴部，上统多出露于向斜两翼。梁山组、峨眉山玄武岩组、龙潭组皆与下伏地层假整合接触，长兴组与三叠系地层整合接触。

下二叠统：包括马平组中上段，岩性为浅灰色厚层状灰岩、白云质灰岩。

中二叠统：包括梁山组、栖霞组和茅口组。

根据含煤情况，梁山组可分上中下三部分，下部为滨海相黏土岩、页岩、石英砂岩等，底部有时夹不稳定的劣质煤线；中部为浅海相、滨海相炭质黏土岩、页岩、泥质粉砂岩及石英砂岩等，有时夹不稳定的煤线，是主要含煤段。炭质黏土岩中富含腕足类、瓣鳃类化石，炭质页岩中常见根叶化石碎片；上部由浅海相石英砂岩、泥质岩、硅质岩组成，泥质岩中含海百合茎、腕足类化石，厚度 20～67m。

栖霞组整合于梁山组之上。主要由一套灰、灰黑色中厚层至块状石灰岩、燧石结核灰岩、含泥质灰岩等组成，夹少量白云质斑块灰岩。含蟆科化石，珊瑚化石特别丰富。厚 118m。

茅口组由灰岩、白云质灰岩、燧石灰岩、硅质灰岩、硅质灰岩、白云岩等组成，分为一、二两段，厚 140～475m。

一段：灰色厚层块状灰岩夹白云岩，灰岩中常含白云质斑块（豹皮状），含蟆科化石，珊瑚化石丰富。厚 40～251m。

二段：岩性和厚度变化均大，厚度 0～283m，以其底部的硅质岩最为稳定。下部以燧石灰岩为主，上部为浅灰、灰白色生物灰岩，顶部常有一层硅质岩或硅质灰岩。

上二叠统：包括峨眉山玄武岩组、龙潭组、长兴组。

峨眉山玄武岩组玄武岩厚度变化较大，最大厚度在纳雍补作和织金、地贵一带，厚度 300 余 m；在珠藏—百兴—纳雍区域内厚度大于200m，向周边地区有减薄之势；在以那架—织金—龙场一线的东北缺失，或呈孤岛状分布。在百兴向斜西翼比德普查勘探区之吴家大山一带，槽探揭露的玄武岩中见一套含煤地层，煤系厚度10m 左右，含煤一层，位于煤系地层底部。

龙潭组主要由灰、灰黄色细砂岩、粉砂岩、粉砂质泥岩和泥岩组成，中夹灰岩、硅质灰岩、燧石灰岩 1～15 层，含煤 9～44 层。本组富含动物和植物化石，西部以植物化石为主，东部则以动物化石居多。垂向上，植物化石多产于上段。主要化石有：腕足类、双壳类、植物化石以及腹足类、三叶虫等。厚 196～320m。

长兴组仅分布于本煤田东部（龙场—乐坪一线以东），为燧石灰岩与粉砂岩、泥岩互层，顶部为硅质岩、硅质泥岩及钙质泥岩，含煤 0～1 层。富含动物化石和少量植物化石，主要有：蟆，头足类、腕足类、双壳类和腹足类等。厚 79～93m。

三、三叠系

煤田内三叠系地层分布广泛、发育良好、多出露于向斜轴部。根据岩性、岩相和古生物群的不同，分为上中下三统。

下三叠统：包括飞仙关组、夜郎组、大冶组和永宁镇组。飞仙关组、夜郎组地层厚度比较稳定，一般厚度 500～600m，夜郎组有向西增厚之势。大冶组偏薄，厚 450m 左右。

永宁镇组厚度为 443~758m，一般厚度 550m 左右。根据岩性，该组地层分上下两段。

一段：又叫"下灰岩段"。灰色薄至厚层状石灰岩、白云质灰岩及蠕虫状灰岩，常具鲕状构造，风化面具刀砍状溶沟。底部为薄层状泥灰岩。厚度 165~386m，一般厚 250m 左右。

二段：厚 200~481m，一般厚 300m 左右，根据岩性可分三个亚段。

一亚段：西部为灰、黄绿色泥岩、钙质泥岩夹薄层泥灰岩、泥质白云岩；东部相变为浅灰、灰白色厚层块状中细粒白云岩，风化面呈刀砍状、砂糖状。

二亚段：又叫"上灰岩段"。以灰色中至厚层状石灰岩为主，具蠕虫状构造、缝合线构造。上部含白云质成分。平坝、安顺一带为白云质灰岩，有时夹溶塌角砾岩。

三亚段：即白云岩、溶塌角砾岩段。下部以黄灰、浅灰色中至厚层状白云岩为主，上部以溶塌角砾岩为主。角砾岩砾径大小不一、形状各异，多孔洞及蜂窝状构造，东部偶夹玻屑凝灰岩。永宁镇组地层厚度为 443~758m，一般厚度 550m 左右。

中三叠统：包括关岭组、法郎组，厚度 0~892m。

关岭组地层的岩性在煤田西部地区以灰岩为主，夹泥质岩较多，在煤田东部以白云岩为主，泥质岩减少。该组地层厚度近 800m。

法郎组为灰色中至厚层状灰岩夹灰色薄至中厚层状泥灰岩或白云岩。厚度 0~92m。

上三叠统：包括三桥组、二桥组，厚度 0~168.3m。

四、侏罗系

岩石以泥岩、页岩为主，底部为灰黑色炭质页岩、灰绿色页岩夹砂岩。

五、白垩系

区内白垩系只见上统，上白垩统地层与下伏地层呈不整合接触。岩性为砾岩、砾岩夹含砾砂岩透镜体或砾岩夹黏土岩。砾石成分为石灰岩、白云岩及少许硅质岩，砾径一般为 7~10cm，最大达 40cm，浑圆至半棱角状，分选差，胶结物以钙质为主，少量砂泥质，普遍含有铁质，是炎热干燥气候条件下形成的山间河湖相磨拉石建造。地层厚度在修文小箐向斜大于 150m，六广大于 100m，大关小于 2m，全区厚度 0~150m。

六、古近系

沉积地层厚度达 170m。岩石以暗紫色厚层块状角砾岩为主。角砾岩和含砾粉砂岩、细砂岩组成一个韵律，共四个韵律层。砾石成分以灰岩、砂岩为主，玄武岩、燧石、泥岩、石英和方解石次之，砾径一般 2～3cm，多数呈棱角状，少数为卵石，顺层排列，成层清晰。胶结物由泥质、砂质、钙质和铁质构成，基底式胶结。该套地层未发现化石。与下伏地层呈明显角度不整合接触。

七、第四系

地层发育不良，分布零散，地层厚度和分布面积小。沉积物类型以残积、坡积、冲积、崩积物为主，其次有湖沼、洞穴、冰川等沉积物。厚度 0～87m，一般数米。

第四节　含煤地层及煤层

织纳煤田主要可采含煤层段为上二叠统龙潭组和长兴组（图 2-3），含煤 3～69 层，一般 30 余层，以支塘向斜层数最多，由西北往东南层数逐渐减少。东部一般少于 20 层，中部 35 层左右，西部一般大于 40 层。含煤总厚 1.33～54.68m，含煤系数 1.4%～13.6%，煤层总层数由东向西增多，煤层总厚度由东向西增厚。可采煤层 1～17 层，可采煤层总厚度 1.97～23.55m，可采系数 0.7%～6.4%（图 2-4）。西部比德—坪山一带为富煤中心，可采层数达 17 层，可采厚度 20m 以上；纳雍、织金、珠藏、岩脚等大片中部地区，可采层数一般 5～9 层，可采厚度 10m 左右；东部安顺、平坝、清镇一带，可采层数不足 5 层，可采厚度小于 5m；煤田东北隅修文六广、洒坪一带可采层数仅 1 层。

一、龙潭组含煤性

区内龙潭组含煤 3～54 层，含可采煤层 1～12 层，可采厚度 1.33～12.9m。可采厚度最大区位于多拱、坪山一带，可采厚度在 10m 以上，可采煤层均在 7 层以上。织金、纳雍大部分地区可采厚度均在 5～10m 之间，可采煤层均在 5～7 层，可采面积约占全煤田面积的 55%。煤田西北部以支塘北翼、乐治向斜、化乐—百兴—鸡场一带、东部龙场—牛场—补郎一线以东，可采厚度低于 5m，可采层数 3 层以内，煤田东北隅可采层数 1 层（图 2-5）。

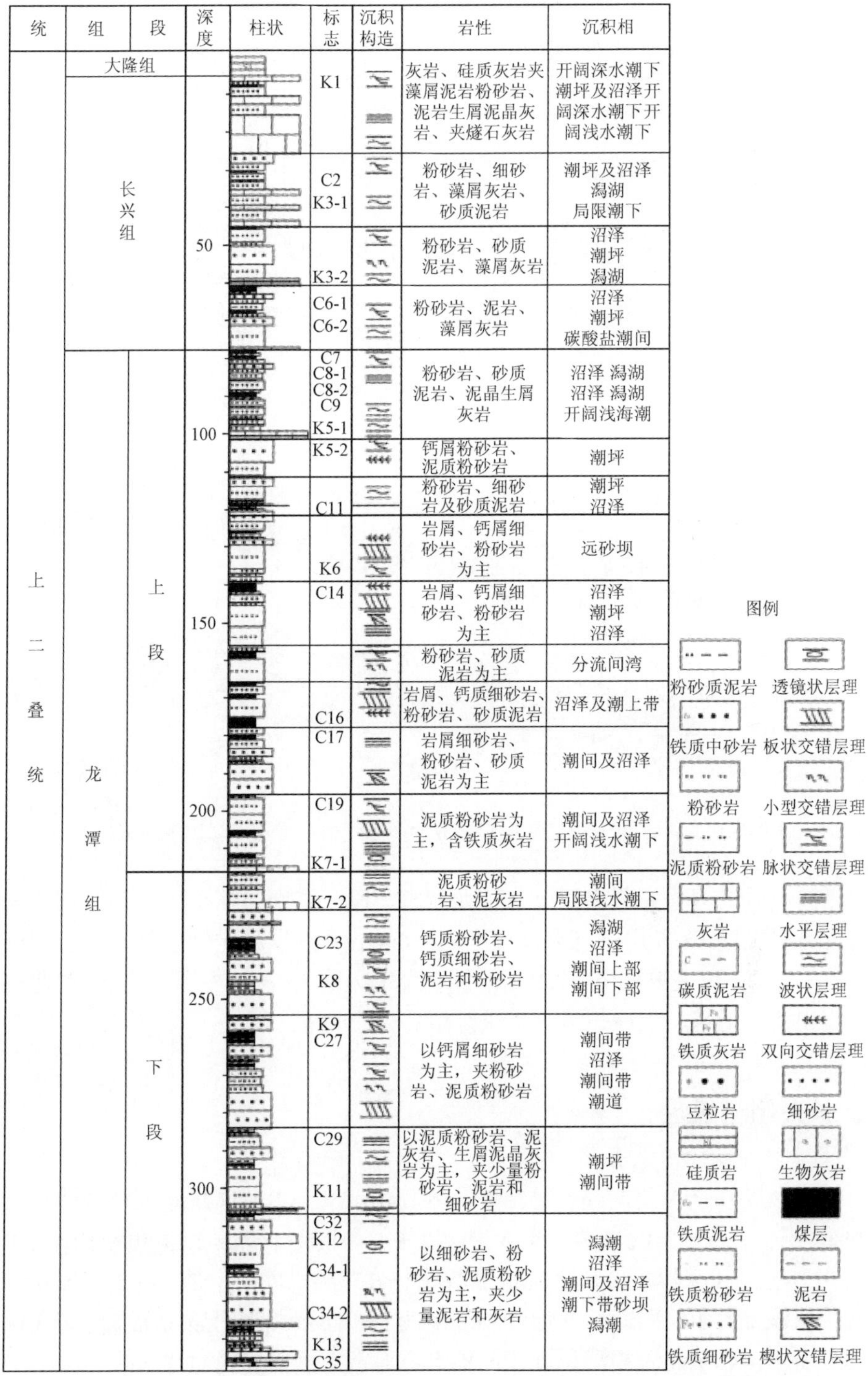

统	组	段	深度	柱状	标志	沉积构造	岩性	沉积相
上二叠统	大隆组				K1		灰岩、硅质灰岩夹藻屑泥岩粉砂岩、泥岩生屑泥晶灰岩、夹燧石灰岩	开阔深水潮下潮坪及沼泽开阔深水潮下开阔浅水潮下
	长兴组		50		C2 / K3-1		粉砂岩、细砂岩、藻屑灰岩、砂质泥岩	潮坪及沼泽潟湖局限潮下
					K3-2		粉砂岩、砂质泥岩、藻屑灰岩	沼泽潮坪潟湖
					C6-1 / C6-2		粉砂岩、泥岩、藻屑灰岩	沼泽潮坪碳酸盐潮间
	龙潭组	上段	100		C7 / C8-1 / C8-2 / C9 / K5-1		粉砂岩、砂质泥岩、泥晶生屑灰岩	沼泽 潟湖沼泽 潟湖开阔浅海潮
					K5-2		钙屑粉砂岩、泥质粉砂岩	潮坪
					C11		粉砂岩、细砂岩及砂质泥岩	潮坪沼泽
					K6		岩屑、钙屑细砂岩、粉砂岩为主	远砂坝
			150		C14		岩屑、钙屑细砂岩、粉砂岩为主	沼泽潮坪沼泽
							粉砂岩、砂质泥岩为主	分流间湾
					C16		岩屑、钙质细砂岩、粉砂岩、砂质泥岩	沼泽及潮上带
					C17		岩屑细砂岩、粉砂岩、砂质泥岩为主	潮间及沼泽
			200		C19		泥质粉砂岩为主，含铁质灰岩	潮间及沼泽开阔浅水潮下
					K7-1			
		下段			K7-2		泥质粉砂岩、泥灰岩	潮间局限浅水潮下
					C23 / K8		钙质粉砂岩、钙质细砂岩、泥岩和粉砂岩	潟湖沼泽潮间上部潮间下部
			250		K9 / C27		以钙屑细砂岩为主，夹粉砂岩、泥质粉砂岩	潮间带沼泽潮间带潮道
					C29 / K11		以泥质粉砂岩、泥灰岩、生屑泥晶灰岩为主，夹少量粉砂岩、泥岩和细砂岩	潮坪潮间带
			300		C32 / K12 / C34-1		以细砂岩、粉砂岩、泥质粉砂岩为主，夹少量泥岩和灰岩	潟潮沼泽潮间及沼泽潮下带砂坝潟潮
					C34-2			
					K13 / C35			

图例

粉砂质泥岩	透镜状层理		
铁质中砂岩	板状交错层理		
粉砂岩	小型交错层理		
泥质粉砂岩	脉状交错层理		
灰岩	水平层理		
碳酸泥岩	波状层理		
铁质灰岩	双向交错层理		
豆粒岩	细砂岩		
硅质岩	生物灰岩		
铁质泥岩	煤层		
铁质粉砂岩	泥岩		
铁质细砂岩	楔状交错层理		

图 2-3 织纳煤田上二叠统含煤地层综合柱状图（引自贵州省煤田地质局内部报告）

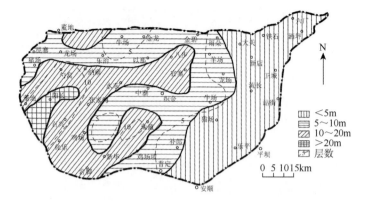

图 2-4　织纳煤田上二叠统可采煤层厚度和层数分布图（引自贵州省煤田地质局内部报告）

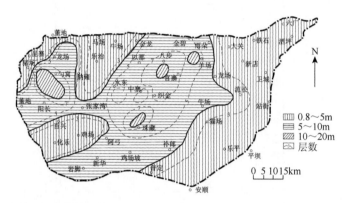

图 2-5　织纳煤田龙潭组可采煤层厚度和层数分布图（引自贵州省煤田地质局内部报告）

纵向上看，可采煤层主要分布于龙潭组上段，特别是煤田中部和东部地区，一般含可采煤层 1～6 层，可采厚度 2.04～6.88m，煤层稳定性较好。下段含可采煤层 0～6 层，可采厚度 0～7.16m，仅发育于斑鸠山—大猫场—流长一线北西地区；煤田南东地带，下段一般无可采煤层。

二、长兴组含煤性

该组含煤 0～15 层，煤层总厚 0～16.1m，一般 3.0～11.0m，含煤系数 0%～12.9%，织金、普定一线以东少于 5 层。以中岭、百兴一带煤层厚度最大，含可采煤层 0～8 层，可采厚度 0～10.1m，富煤带仍在中岭、坪山一带，可采厚度在 10m 左右。从该带向东、向北，含煤性均逐渐变差，向东尤为明显，至金碧—龙场—猫场—轿子山以东向海相沉积过渡的地带，通常无可采煤层。

纵向上看，可采煤层只发育于长兴组下段的中下部，其中 6 号煤层发育最好，普遍可采，长兴组下段顶部仅局部含薄煤 1 层且不可采，长兴组上段（大隆层）不含煤。

本区可采煤层有 2 号、5 号、6 号、7 号、14 号、16 号、17 号、20 号、21 号、23 号、27 号、30 号、32 号、33 号、34 号、35 号 16 层。其中 6 号、16 号、27 号为主要可采煤层，2 号、5 号、7 号、17 号、21 号、23 号、30 号 7 层可采范围较大、集中连片性好，其他煤层分布范围小，即使在一个井田范围内也仅局部可采。

可采煤层夹矸多为 0~1 层，属简单结构。27 号及少部分地区的 6 号煤层夹矸多为 2 层，少数 3 层。14 号、33 号、34 号煤层夹矸常达 3 层以上，其厚度一般数厘米，厚度变化和分布规律不明显，龙潭组下段夹矸层数多一些，夹矸岩性多为泥岩和高岭石泥岩。

主要可采煤层特征：6 号煤层全层厚 0~6.50m，一般 3m 左右，可采厚度 0~6.04m，以中厚煤层为主、厚煤层次之。可采区分布于羊场—牛场—蔡官一线以西，纳雍、织金、岩脚等中部大片地区，厚度 2.0m 左右，厚煤区分布在煤田西部的五指山背斜南翼、百兴向斜和勺窝—阿弓一带三处，可采厚度在 3.50m 以上，沙井—珠藏—补郎一线以西多为中厚煤区，厚度在 1.30~3.10m 之间，西厚东薄，至新店、流长、平坝一带出现沉积缺失尖灭现象。夹矸层数 0~6 层，一般 0~2 层的占 90%以上，多于 3 层夹矸的极少。夹矸厚度 0.02~0.72m，一般 0.2m 左右。往西部煤层分叉合并频繁，坐拱多达 6 个分煤层，以支塘向斜东段达 10 层，煤分层间距 1~9m，可采煤分层 2~5 层。煤层直接顶板为泥岩、砂质泥岩或灰岩，间接顶板为粉砂或泥质粉砂岩，底板为泥岩、粉砂岩或细砂岩，单煤层区底板砂岩薄些，分叉区底板砂岩厚些。16 号煤层全层厚 0~3.72m，一般 2m 左右，可采厚度 0~2.18m，属中厚煤层，厚度变化较小。煤田中部及南部的纳雍、织金、安顺一带多为中厚煤区，可采厚度在 1.30~2.18m，薄煤层分布在纳雍、百兴一带及八步以北、新华以东；不可采区分布于纳雍西南部、龙场、猫场东部，从东往西为薄—厚—薄的变化趋势。除不可采区有零点外，可采区也常有零点分布。夹矸 0~6 层，0~1 层夹矸占 80%以上，少数 2~3 层。夹矸厚度 0.02~0.73m，一般厚度 0.10~0.30m。煤层顶板为泥岩或炭质泥岩，间接顶板为粉砂岩夹菱铁质粉砂岩薄层，底板为泥岩或粉砂岩。27 号煤层全层厚 0~3.50m，可采厚度 0~2.90m，一般 1~2m，属薄至中厚煤层。可采区主要分布于煤田中部纳雍、金龙、新店、新华的呈 NE 向的弧形圈以内（圈内的百兴—三塘一带不可采），中厚煤层分布于阿弓、八步、关寨等向斜的大冲头、戴家田、龙场一带，煤田西北部，新店—补郎—新华一线以东不可采，煤田东北隅出现沉积缺失尖灭。煤层夹矸 0~7 层，一般 1~3 层，0~2 层者占四分之二，三层及三层以上夹矸占四分之一。顶板为泥岩或粉砂岩，间接顶板为粉砂岩、粉砂质泥岩、泥质灰岩（标九），底板为泥岩，间接底板为粉砂岩。

第五节　岩　浆　活　动

东吴运动期（早、晚二叠世之间）的峨眉山玄武岩，构成了晚二叠世含煤地层的沉积基底，影响到聚煤期古地理格局。在黔西—滇东地区，峨眉山玄武岩厚度总体上由北向南、由西向东逐渐递减，最大厚度超过 1600m（图 2-6）。峨眉山玄武岩厚度的分布造成晚二叠世聚煤期古地形西高东低，是导致沉积环境从西向东由陆相向海陆交互相过渡的分布格局的重要因素之一。由此，导致了黔西上二叠统由东向西的超覆式沉积，主要煤层层位由东向西逐渐升高，煤层层数和厚度随之变化，煤层总厚大于 30m 的富煤区分布于盘县、水城、纳雍之间，形成于上、下三角洲平原过渡地带。

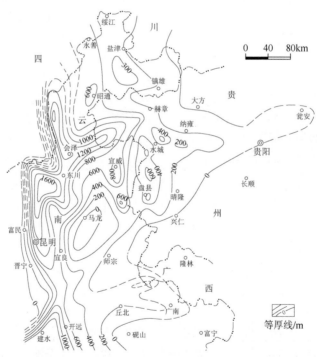

图 2-6　滇黔桂地区二叠纪玄武岩分布厚度等值线图（据中国石油地质志，1992）

织纳煤田基本上都为大陆溢流拉斑玄武岩及分异的辉绿岩组合，包括玄武质熔岩、玄武质火山碎屑岩、辉绿岩。峨眉山玄武岩产于中二叠统茅口组上部和上二叠统下部，岩床（墙）状辉绿岩侵入层位为上泥盆统代化组至中二叠统茅口组。玄武质熔岩具拉斑玄武结构、斑状结构、间隐结构、玻基斑状结构、交织结构等，具杏仁状、气孔状构造。玄武质火山碎屑岩局部见履带式构造、似流动构造和细层理构造。玄武岩假整合于茅口灰岩之上，其上与含煤岩系间呈假整合接触，辉绿岩呈岩床、岩墙状产出。

本区岩性组合是形成于地壳裂谷阶段非造山的幔源火成岩。幔源岩浆的喷溢和侵入受离散构造控制，与区域性大断裂相关。从其主要分布于紫云—垭都断裂带及开阳断层和下甘何断裂带上看，似乎与 NW 和 NE 两个方向的裂隙作用有关，辉绿岩床（墙）则与广西裂谷有关。

一般玄武岩分布区的上二叠统煤系在各方向均发育较好，似乎与玄武岩对煤系沉积的填平补齐、提供良好聚煤环境及间歇性喷发导致多煤层发育等有关系。

第六节　水文地质特征

织纳煤田地下水主要为大气降水补给，在可溶岩出露区，大气降水通过落水洞、漏斗等岩溶负地形迅速灌入地下，补给地下水；在非可溶岩出露区，大气降水则通过岩石的细小裂隙或孔隙渗入地下，补给地下水。地下水的径流、排泄受岩性、构造及地形地貌的控制。在可溶岩地区，地下水多以管道及暗河的形式集中径流，遇地形适宜处排出地面；在非可溶岩地区，地下水多沿裂隙、孔隙呈脉状流及分散流的形式短距离径流，以下降泉、散流的方式排泄到地表。

三叠系下统永宁镇组一段、飞仙关组四段、飞仙关组二段属可溶岩类；二叠系长兴组、大隆组、龙潭组及三叠系下统飞仙关组一段、三段、五段属非可溶岩类。除此之外，还有滑坡体、第四系松散岩类零星出露（表 2-2）。

表 2-2　地层水文地质特征表

地层名称	地层代号	厚度/m	岩性	水文地质特征
第四系	Q	0～152	坡积、残积层	泉流量 0.112～0.21L/s，孔隙水。水质类型：HCO_3-Ca
坡体	H	12～202	砂泥岩、灰岩	孔隙水、裂隙水发育，径流模数 5.348L/（s·km²）（五月份），水质类型：HCO_3-Ca，富水性较强
永宁组一段	T_1yn^1	大于 155	灰岩	岩溶发育，含岩溶裂隙水，岩溶管道水。单泉流量 0.01～4.683L/s，径流模数 6.73L/（s·km²）（五月份）富水性强
飞仙关组五段	T_1f^5	118～162	粉砂岩、泥岩、夹泥灰岩	岩溶不发育，含裂隙水。径流模数 1.88L/（s·km²）（五月份），水质类型：HCO_3-Ca，富水性较弱，相对隔水层
飞仙关组四段	T_1f^4	67～75	灰岩、泥质灰岩	岩溶发育，含岩溶裂隙水，岩溶管道水。单泉流量 0.321～2.5L/s，径流模数 3.69L/（s·km²）（五月份），水质类型：$HCO_3\cdot SO_4$-Ca，富水性强
飞仙关组三段	T_1f^3	115～180	砂岩、砂泥岩夹灰岩	含裂隙水，径流模数 0.5L/（s·km²）（五月份），水质类型：HCO_3-Ca，富水性较弱（隔水层）

地层名称	地层代号	厚度/m	岩性	水文地质特征
飞仙关组二段	T_1f^2	70～102	灰岩夹泥灰岩	岩溶发育，含岩溶裂隙水，岩溶管道水。单泉流量 0.102～37.969L/s，径流模数 16.10L/（s·km²）（五月份），水质类型：HCO_3-Ca，富水性强
飞仙关组一段	T_1f^1	170～220	粉砂岩夹泥岩	裂隙水，流量小，总流量 0.18～1.35L/s，径流模数枯季 0.03L/（s·km²），雨季 0.5L/（s·km²），水质类型：SO_4-Ca，富水性弱（隔水层）
长兴组、大隆组龙潭组	P_2c+d P_2l	15～29 277～350	砂泥岩 砂岩、砂泥岩、泥岩、煤	裂隙水，径流模数枯季 0.33L/（s·km²），雨季 2.06L/（s·km²），单泉流量小，径流模数 1.6L/（s·km²）（五月份），水质类型：SO_4-Ca·K+Na·Mg，富水性弱
峨眉山玄武岩组	$P_2\beta$	252～401	玄武岩	裂隙不发育，未发现泉点，富水性弱（隔水层）

钻孔抽水流量仅 0.00125～0.73546L/s，单位涌水量 0.000012487～0.03416L/（s·m），渗透系数 0.000117～0.7829m/d，整套地层均为相对隔水层。各煤层与富水性强的灰岩及地表水之间均赋存有一定厚度的相对隔水层，与强含水层和地表水未构成充水通道，各自形成一个封闭的独立系统。

煤系上部和下部存在良好的隔水层，围岩内发育的节理裂隙多被方解石或其他矿物充填，大多不导水，不存在垂向越流渗透。

由于含煤地层大多数为塑、柔性岩石，大部分断层为挤压性断层，断裂破碎带发育宽度小，且被泥质物充填，断层附近节理发育，多被方解石充填，钻孔揭穿断层时水位、消耗量未发生明显变化。地表断层带上泉水出露较少，流量小。总体来讲，断层的富水性弱，导水性差。

综上所述，研究区大隆长兴组、龙潭组为煤矿床直接充水含水层，大部分煤矿床位于最低侵蚀面以上。本区水文地质类型属以大气降水为主要补给来源的裂隙水充水矿床，水文地质复杂程度为简单—中等类型。

第三章 多层统一含气系统煤层气地质条件

贵州省煤层气地质条件具有"一弱、两多、三高、四大"的特点，其中织纳煤田作为贵州煤层气勘探开发程度较高的地区，包含两种含煤层气系统，分别为多层统一含煤层气系统与多层独立叠置含煤层气系统（杨兆彪，2011）。本章以阿弓向斜文家坝井田为例，介绍多层统一含煤层气系统的地质构造、煤层、含气性及水文地质条件等基础地质特征，分析区内煤储层物性以及能量特征，为后续研究奠定基础。

第一节 文家坝井田地质概括

一、含煤地层

井田内发育上二叠统大隆组、长兴组和龙潭组含煤地层，大隆组与长兴组仅含一劣质薄煤层或灰质泥岩，龙潭组为主要含煤地层。龙潭组以泥岩～细粒碎屑岩为主，含少量碳酸盐岩和煤层，为浅海至滨海平原沼泽相的海陆交互相含煤岩系，厚253.98～316.25m，一般288m左右，从钻孔揭露厚度来看，呈现出井田西部由北向南增厚，井田中部由中心向外围增厚，井田东部由北向南增厚的变化规律。其中，海相地层约占41%，硅质岩与碳酸盐岩含量为5.3%～11.0%，且具有明显的由西向东增大之势。含煤24～38层，一般32层，其中可采煤层7层，为6号、7号、14号、16号、23号、27号、30号煤层（表3-1、图3-1）。

表3-1 文家坝井田各煤层基础数据表

煤层	煤厚/m			煤层结构	结构稳定性	顶板岩性	底板岩性
	最小	最大	平均				
6	1.38	5.00	2.61	简单	稳定	粉砂岩	泥岩
7	0.24	1.67	1.06	简单	较稳定	砂质泥岩	泥岩
14	0.37	3.10	1.10	复杂	不稳定	泥岩	砂质泥岩
16	0.94	2.85	1.93	简单	稳定	泥岩	泥岩
23	0.28	2.27	1.22	较简单	不稳定	砂质泥岩	泥岩
27	0.69	3.42	1.68	复杂	较稳定	泥岩	泥岩
30	0.67	2.55	1.43	简单	稳定	泥岩	砂质泥岩

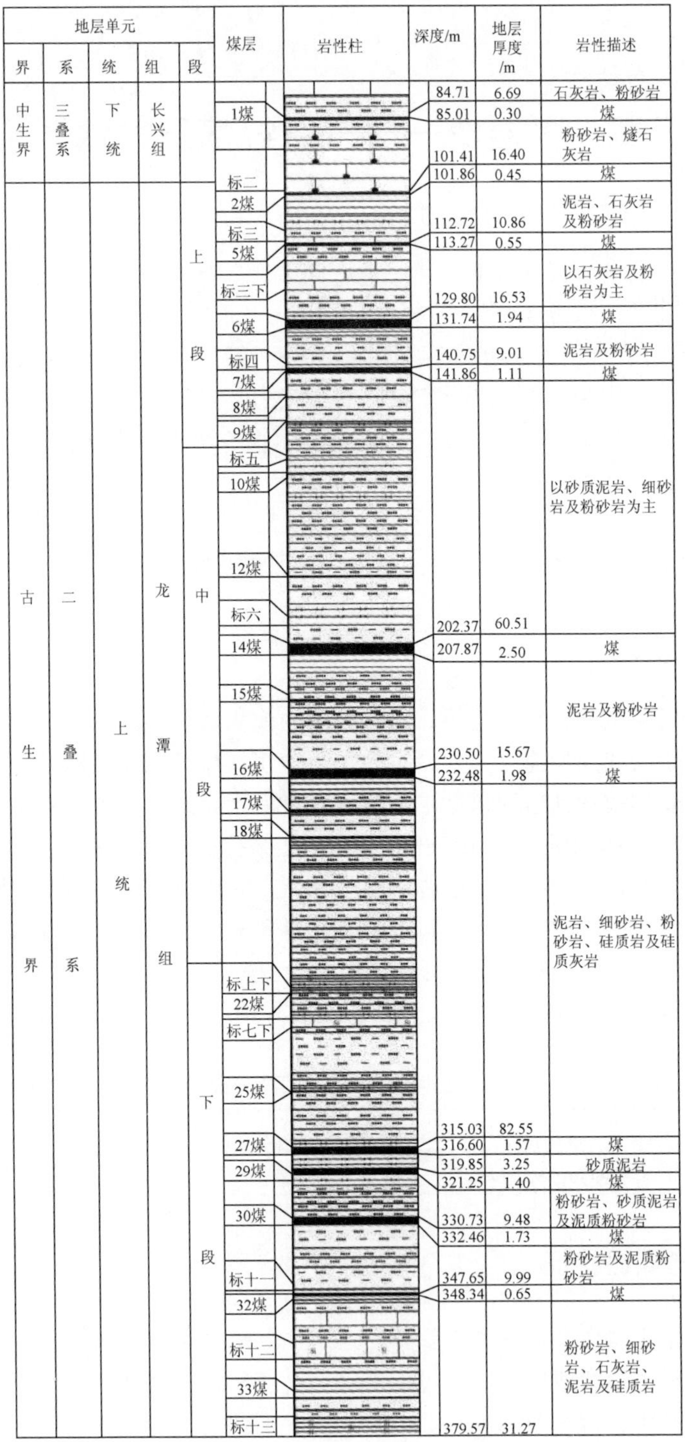

地层单元					煤层	岩性柱	深度/m	地层厚度/m	岩性描述
界	系	统	组	段					
中生界	三叠系	下统	长兴组		1煤		84.71	6.69	石灰岩、粉砂岩
							85.01	0.30	煤
									粉砂岩、燧石灰岩
					标二		101.41	16.40	
							101.86	0.45	煤
古生界	二叠系	上统	龙潭组	上段	2煤		112.72	10.86	泥岩、石灰岩及粉砂岩
					标三		113.27	0.55	煤
					5煤				以石灰岩及粉砂岩为主
					标三下		129.80	16.53	
					6煤		131.74	1.94	煤
					标四		140.75	9.01	泥岩及粉砂岩
					7煤		141.86	1.11	煤
					8煤				
					9煤				
				中段	标五				以砂质泥岩、细砂岩及粉砂岩为主
					10煤				
					12煤				
					标六		202.37	60.51	
					14煤		207.87	2.50	煤
					15煤				泥岩及粉砂岩
				下段			230.50	15.67	
					16煤		232.48	1.98	煤
					17煤				
					18煤				泥岩、细砂岩、粉砂岩、硅质岩及硅质灰岩
					标上下				
					22煤				
					标七下				
					25煤				
					27煤		315.03	82.55	煤
					29煤		316.60	1.57	砂质泥岩
							319.85	3.25	煤
					30煤		321.25	1.40	粉砂岩、砂质泥岩及泥质粉砂岩
							330.73	9.48	
							332.46	1.73	粉砂岩及泥质粉砂岩
					标十一		347.65	9.99	煤
					32煤		348.34	0.65	
					标十二				粉砂岩、细砂岩、石灰岩、泥岩及硅质岩
					33煤				
					标十三		379.57	31.27	

图 3-1 文家坝井田综合柱状图

二、煤层分布特征

龙潭组 6 号、16 号、27 号和 30 号煤层可采性最佳，全区分布稳定，其储量之和占井田总储量的 77.27%。

6 号煤层为区内最上一层可采煤层。煤层稳定，结构简单，全区可采，厚度在 1.38~5.00m，平均为 2.61m（表 3-1），以中厚煤层为主，沿走向和倾向虽有厚薄的变异，但变化不大。煤层结构简单，一般以单一煤层和含一层夹矸为主，夹矸厚度 0~1.90m，平均 0.10m。夹矸呈透镜状和条带状分布，局部有分叉现象。煤层直接顶板是灰色泥质岩，含少量镜煤条带，厚 0.9m。间接顶板为灰至深灰色砂质岩，底部局部产动物化石。煤层底板为浅灰色团块状泥岩，厚 0.7m 左右。

16 号煤层全区可采，煤层稳定，结构较简单，厚度在 0.94~2.85m 之间，平均为 1.93m（表 3-1）。煤层顶板为含镜煤条带的灰色泥岩，厚度一般 1m 左右，稳定。底板为浅灰色团块状的泥岩，厚度平均 0.5m 左右，下伏砂质岩含完整植物化石。煤层大部分无夹矸，少部分含 1 层夹矸，个别为 2 层夹矸。夹矸厚度 0~0.40m，一般为 0.08m。

27 号煤层较稳定，煤层结构复杂，全区大部可采。以中厚煤层为主，厚度为 0.69~3.42m，平均 1.68m（表 3-1）。煤层直接顶板为深色泥质岩，厚度为 0.6m。间接顶板为层纹状砂质岩，厚度 9m。直接底板为团块状泥岩，含植物化石，厚度 0.5m 左右。含夹矸 2~3 层，厚度 0~1.06m，一般 0.17m。夹矸层大多数小于 0.20m，少部分在 0.20~0.30m。

30 号煤层稳定，结构简单，全区基本可采，厚度在 0.67~2.55m，平均为 1.43m（表 3-1）。以中厚煤层为主，占 60%，薄煤层次之，占 35%。煤层厚度变化不大。煤层直接顶板为灰色泥岩，厚度在 0.5m 左右。间接顶板为玄武岩屑细砂岩，厚度在 9m 左右。煤层底板为浅灰色团块状含植物根部化石的泥岩，厚度在 0.5m 左右。含夹矸 1 层，厚 0~0.46m，平均为 0.10m。煤层沿走向和倾向变化不大，夹矸将煤层二分，上分层厚度均大于下分层厚度。

三、煤质与煤级特征

井田可采煤层以条带状亮煤为主，暗煤次之，含少量呈细条带及线理状的镜煤和极少数呈透镜状或似层状的丝炭。煤岩类型主要以半亮~半暗型为主，其次为光亮~半亮型。煤岩显微组分以镜质组为主，含量在 65.58%~75.80%，其中 23 号煤层镜质组含量最高为 75.80%，其次为 16 号煤层。7 号煤层惰质组含量最高为 21.42%。总体上看，镜质组含量随着层位的降低呈波动式变化（图 3-2）。矿物以黏土类为主，普遍呈斑点状、条带状、细晶状分散分布，含量 3.54%～7.29%。硫化物以结核状、团块状、粒状分散分布为主，其次为不规则状分布，少量呈脉状充填裂隙内。碳酸盐矿物的方解石呈脉状充填裂隙内，少量充填在有机物腔孔内，石英呈微细粒状分散或不规则状分布（表 3-2）。

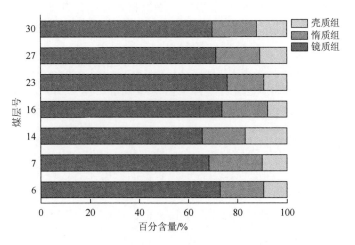

图 3-2　研究区显微组分随层位变化

表 3-2　文家坝井田龙潭组煤岩特征

煤层	显微组分/%			宏观煤岩类型	矿物/%				
	镜质组	惰质组	壳质组		黏土	硫化物	碳酸盐	氧化物	小计
6	72.82	17.63	9.55	半暗～半亮	4.92	1.31	0.75	0.68	7.66
7	68.39	21.42	10.19	半暗～半亮	4.25	1.69	0.65	2.24	8.83
14	65.58	17.41	17.01	半暗～半亮	7.29	6.30	0.51	3.01	17.11
16	73.59	18.37	8.04	光亮～半亮	3.54	1.74	0.56	0.93	6.77
23	75.80	14.71	9.49	光亮～半亮	4.06	3.52	0.55	0.78	8.91
27	71.19	17.67	11.14	半暗～半亮	6.57	1.95	0.43	2.19	11.14
30	69.80	17.83	12.37	半暗～半亮	5.14	2.42	0.59	1.38	9.53

　　文家坝井田煤中，镜质组油浸最大反射率波动幅度不大，介于 2.98%～3.60%，平均为 3.27%，均属于无烟煤。精煤挥发分产率在 4.62%～5.74%，平均为 5.17%。碳含量为 92.76%～93.74%，平均为 93.19%。氢含量为 2.91%～3.25%，平均 3.09%。区内煤级较为单一，无论在纵向上还是在横向上，煤化程度变化都不大，但是各项指标显示出随着煤层层位的降低，煤化程度增高的趋势，符合希尔特定律（表 3-3）。

表 3-3　主要煤层煤化程度指标

煤层	精煤指标				$R_{o, max}$/%
	V_{daf}/%	C_{daf}/%	H_{daf}/%	$Q_{b, daf}$/（MJ/kg）	
6	5.74	92.76	3.25	35.64	2.987
7	5.69	93.02	3.18	35.59	2.981
14	5.53	92.77	3.15	35.49	3.199
16	5.17	93.17	3.13	35.60	3.269
23	4.76	93.24	3.06	35.56	3.344
27	4.68	93.61	2.91	35.50	3.511
30	4.62	93.74	2.95	35.55	3.595

四、井田构造特征

井田为一较简单的不对称向斜构造，发育主要褶皱阿弓向斜，北西翼陡，南东翼缓，轴向沿北东方向平缓倾伏（图 3-3）。次级褶皱不发育，由 F_4 断层引起的牵引褶皱多发育在含煤地层中、下部，由于冲刷和剥蚀的作用，多被破坏并被第四系所掩盖。

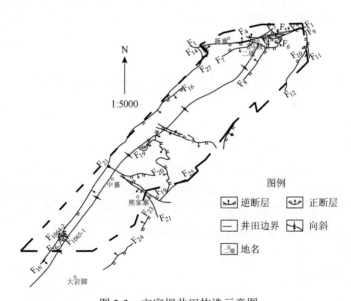

图 3-3　文家坝井田构造示意图

井田内主要断层多位于边缘部位。小断层较发育，对煤层破坏不大。井田内共发现 40 条断层，落差或地层断距大于 20m 的 8 条，占断层总数的 20%，小于 20m 的断层较发育，占 80%，特别是小于 10m 的断层较多，占 58%。按走向可将井田断层大致分为三组：走向 NNE 向的平移正断层和逆断层（F₄、F₃₁、F₃₀、F₁₀₀₆₋₁、₁₀₀₆₋₂）；走向 NNE 向的逆断层和正断层（F₁₆、F₂₆、F₂₄、F₁₀₆₄₋₂、F₁₀₆₅₋₂）；走向 NW—SE 向的横向逆断层和正断层（F₂₂、F₂₇）。

五、水文地质条件

文家坝井田属于织金矿区，矿区水文地质类型属于裂隙与溶隙充水矿床，水文地质条件简单。地表水和地下水主要靠大气降水补给，地下水运动显示出交替强烈，循环浅，径流短，局部集中排泄的特点，这种特点在矿区下三叠统碳酸盐岩类的地层中尤为明显。矿区内富水性中等至强的岩层包括下三叠统的永宁镇组灰岩，飞仙关组中部灰岩及下二叠统的茅口组灰岩。3 个含水段之间都有相对隔水层，其地下水径流、排泄自成系统，而且地下水伏流规模较大，3 个含水段中地下水与地表水互补频繁。茅口组灰岩在矿区内分布面积最大，地下水补给条件好，无论是岩溶发育程度、补给条件还是富水性等，均为最好的岩层。

井田内根据岩性组合、岩层富水性和可采煤层赋存空间等因素，可划分为 9 个含水段。其中，直接充水含水段是大隆组、长兴组以及龙潭组地层组成的复合含水段，其上部岩性是碳酸盐岩与碎屑岩互层，中部是碎屑岩，下部是碎屑岩夹薄层碳酸盐岩。间接充水含水段是茅口组碳酸盐岩及飞仙关组二段泥灰岩。

第二节　多层统一含气系统煤储层物性特征

含煤层气系统包括一套煤层及其形成的煤层气，并具有很好的侧向及垂向保存条件，具有统一的流体压力系统，使得煤层气富集。多层统一含气系统，垂向上独立含煤层气系统少于 4 套，或者仅发育 1 套，垂向大范围煤层属于一套含气系统，含气量曲线波动简单。本书依据前人研究成果，认为文家坝井田为典型的多层统一含气系统（杨兆彪，2011），在此基础上分析了研究区统一含气系统煤储层煤岩力学性质、孔渗性、含气性以及吸附性。

一、煤岩力学性质

煤层及顶底板的力学性质是影响储层改造的重要因素，两者之间力学性质的差异影响着煤储层压裂工艺及效果。本书共采集了 9 口钻孔中的 160 余件煤样以及顶底板岩石样品在自然干燥状态下的单轴压缩力学实验数据（表 3-4）。

表 3-4　文家坝井田煤岩力学性质实验测试结果汇总表

层位	岩石类型	抗压强度/MPa	抗拉强度/MPa	弹性模量/GPa	泊松比
6 号煤层顶板	灰岩	127.4	3.2	-	-
	细砂岩	53.1	1.6	-	-
6 号煤层底板	细砂岩	44.0	1.48	20	0.32
	粉砂岩	14.2	-	-	-
	灰岩	132.2	4.5	51.8	0.17
7 号煤底板	粉砂岩	49.8	2.7	-	-
	细砂岩	98.0	4.3	54.6	0.20
	泥岩	10	-	-	-
14 号煤层顶板	粉砂岩	144.9	3.0	-	-
	细砂岩	52.1	2.7	-	-
	泥岩	84.5	3.6	-	-
14 号煤层底板	粉砂岩	61.4	2.9	-	-
	细砂岩	71.4	2.0	-	-
	泥岩	37.7	-	-	-
16 号煤层顶板	粉砂岩	67.2	1.5	37.4	0.24
	泥岩	43.2	1.7	-	-
	细砂岩	77.6	3.5	-	-
16 号煤	煤	10.9	-	1.1	
16 号煤层底板	粉砂岩	85.6	2.1	87.8	0.28
	细砂岩	169.2	4.3	-	0.23
17 号煤层顶板	粉砂岩	142.1	7.9	52.7	0.21
17 号煤层底板	粉砂岩	166.6	3.3	-	-
	泥岩	64.7	-	-	-
23 号煤层顶板	灰岩	160.4	5.6	100.8	0.30
	粉砂岩	125.1	3.1	-	-
23 号煤层底板	粉砂岩	87.5	2.4	72.6	0.24
27 号煤层顶板	粉砂岩	90.2	3.3	-	-
	泥岩	112.9	1.8	-	-
27 号煤层底板	粉砂岩	102.3	2.5	81.9	0.24
	泥岩	61.2	2.6	-	-
	细砂岩	102.9	3.9	-	-
30 号煤层底板	粉砂岩	74.3	2.6	61.5	0.33
	细砂岩	83.5	3.4	-	-
	灰岩	109.9	4.5		0.25

　　井田煤层顶底板岩性主要以粉砂岩和细砂岩为主，其次为灰岩和泥岩。不同岩性的岩石力学性质差异较大，单轴抗压强度和抗拉强度以灰岩最大，平均值分别为132.5MPa和4.5MPa；粉砂岩次之，平均值分别为88.9MPa和3.2MPa；细砂岩与粉砂岩力学性质相差不大，平均值为83.5MPa和3.02MPa；泥岩较小，平均值分别为59.2MPa和1.7MPa。由于钻孔未测试煤样的力学参数，只对井田采集的16号煤进行了自然状态下的单轴力学实验，16号煤的抗压强度平均值为10.9MPa。无论顶底板岩性如何，均比煤层抗压强度大，其中粉砂岩、细砂岩以及泥岩的单轴抗压强度分别为煤的7倍、11.3倍和4倍以上，说明井田顶底板抗压强度强于煤层，符合垂直井水力压裂的基本条件，在控制好压裂规模和施工排量的前提下，能够很好地将压裂裂缝控制在煤层中，防止裂缝沟通顶底板含水层，提高压裂效率。

　　为了进一步研究垂向上不同煤层力学性质特征，采用长春市朝阳试验仪器有限公司引进的岩石力学三轴应力测试系统，对采集来的部分煤样（6#、23#）进行了常规三轴力学实验，实验结果见表3-5。

表3-5　煤样三轴压缩实验结果

名称	编号	长度/mm	直径/mm	围压/MPa	弹性模量/GPa	泊松比	纵向抗压强度/MPa	备注
XHG 6#煤	1	38.7	23.0	2.0	2.89	0.21	64.0	含层状黄铁矿
	2	30.0	23.0	4.0	3.09	0.23	60.7	
YX 23#煤	1	50.0	23.3	2.0	2.84	0.27	36.7	
	2	51.4	23.5	5.0	3.05	0.26	54.3	

　　由图3-4可知，三轴实验中YX煤样随着围压的增大，峰值应变有增大的趋

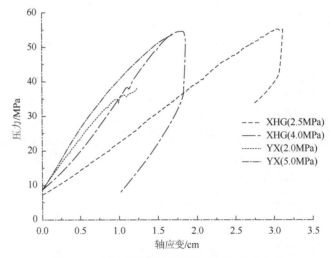

图3-4　研究区煤样不同围压下应力-应变曲线

势，符合一般规律。但 XHG 煤样却随着围压的增大而减小，其主要原因在于煤样中含有大量黄铁矿，降低了煤岩的弹性极限，提高了其韧性和延展性，易于变形。煤岩弹性模量随着围压的增大而增大，并且随着镜质组含量的增加而减小。镜质组含量的大小影响煤岩的刚性强度，镜质组含量越高，煤岩的刚性强度越差，抵抗弹性变形的能力越差；然而惰质组对煤岩的弹性模量影响较小，随着惰质组含量增加，煤岩的刚性强度逐渐增强；而泊松比呈现出与弹性模量相反的变化趋势。总体而言，多层统一含气系统各煤层力学性质相差不大，受黄铁矿填充影响较大。

二、煤储层孔裂隙特征

（一）裂隙特征

对文家坝井田 2 个煤矿新鲜工作面煤样观察发现，主要发育两套裂隙系统，分别为面裂隙和端裂隙。其中，6 号煤为暗煤，呈灰黑色，光泽暗淡，脆度小，参差状断口，裂隙系统发育，面割理密度 10 条/5cm，端割理密度 8 条/5cm，面割理长度最长达 5cm，被黄铁矿大量充填；23 号煤为暗煤，呈灰黑色，光泽暗淡，脆度小，粗糙断口，块状结构，裂隙较发育，面割理密度 5 条/5cm，端割理密度 7 条/5cm，无矿物填充。随着煤层层位的降低，受储层压力的影响，煤层裂隙发育程度逐渐变差，但由于浅部煤层受矿物填充比较严重，因此可以推测深部煤层渗透性能可能优于浅部煤层。

显微裂隙是沟通孔隙与宏观裂隙的桥梁，其发育程度影响储层的渗透性能（李松等，2012）。显微镜下的统计结果显示，微裂隙发育具有明显的组分选择性，主要发育于以均质镜质体为主的组分中，而以基质镜质体为主的组分中不甚发育或发育较差。同时，微裂隙的发育还受到内部成分均一性的制约，一般不切过残留的细胞腔，更不穿过其他显微组分纹层。另外，镜质组中的其他亚组分中，结构镜质体和胶质镜质体等对微裂隙发育有微弱影响，团块镜质体影响不大，但总体上这些亚组分由于含量非常少，所以对裂隙发育的影响可以忽略不计。

煤的亮度越小镜质组含量越少，显微裂隙发育程度也越差。本书对采集的样品使用美国 FEI 公司的 Quanta 250 扫描电子显微镜进行扫描电镜实验（图 3-5），发现 6 号暗煤发育两组方向相互垂直的裂隙，裂隙面较平整，其中一组为主裂隙，近乎垂直于层理方向，延伸较长，裂隙几乎闭合，宽度最大 1μm；另一组延伸止于主裂隙，裂隙宽度最大为 3μm，未被矿物质充填，可见不规则的铸模孔，裂隙连通性较好。23 号暗煤显微裂隙发育较差，仅在煤中局部构造面上产生外生裂隙，裂隙面粗糙，裂隙弯曲闭合，连通性差，角砾孔发育，局部连通性较好。

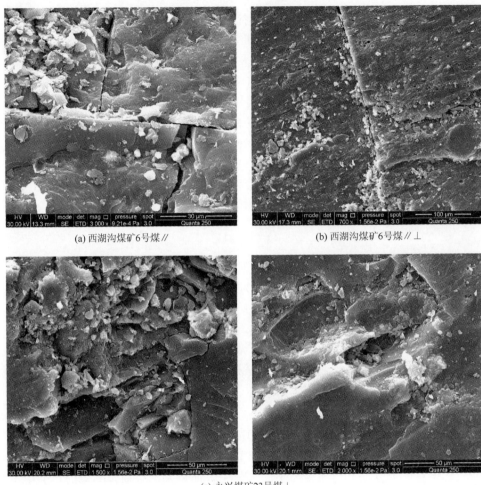

(a) 西湖沟煤矿6号煤∥

(b) 西湖沟煤矿6号煤∥⊥

(c) 永兴煤矿23号煤⊥

图 3-5　煤样扫描电镜实验结果

（二）孔隙特征

煤储层是由煤岩基质孔隙、显微孔隙和宏观裂隙组成的三元孔隙体系，其中孔隙是煤层气的主要储集空间。煤的孔隙性受控于煤级和煤的物质组成，孔隙特征影响着煤储层的储气能力、煤层气赋存状态以及煤层气从孔隙扩散运移到裂隙空间的能力（傅雪海等，2007）。查明煤层孔裂隙结构特征对进一步研究煤层气的赋存与产出机理具有重要意义。

本书采用汞侵入法（压汞法）和低温氮吸附法测定煤孔隙结构。煤中孔隙空间由有效孔隙空间和孤立孔隙空间构成，前者为气液体能进入的孔隙，后者则为全封闭型"死孔"。汞侵入法是基于毛细管现象设计的，由 Laplace 方程表示。使用压汞法仅能测得有效孔隙的孔容。

1. 基于压汞法的煤样孔隙结构

选取文家坝南段 2 个煤矿（XHG，YX）新鲜工作面的煤样品 2 个，在中国矿业大学煤层气资源与成藏过程教育部重点实验室进行压汞孔隙测试。

压汞实验前，手选纯净的煤样，统一破碎至 2mm 左右，尽可能地消除样品中矿物杂质和人为裂隙、构造裂隙对测试结果的影响。上机前将样品置于烘箱中，在 70～80℃条件下恒温干燥 12h，然后装入膨胀仪中抽真空至 $p<6.67Pa$，采用美国 Micromeritics Instrument 公司的压汞微孔测定仪进行测试。

孔隙分类采用 ХоДот（1961）对煤中孔隙结构的分类方法，将孔隙分为大孔（直径≥1000nm）、中孔（100nm≤直径≤1000nm）、过渡孔（10nm≤直径≤100nm）及微孔（直径<10nm）四种类型（表 3-6）。

表 3-6　煤孔隙结构分类　　　　　单位（直径）：nm

ХоДот（1961）	Dubinin（1966）	Gan（1972）	吴俊（1991）	杨思敬（1991）
微孔<10	微孔<2	微孔<1.2	微孔<5	微孔<10
过渡孔 10～100	过渡孔 2～20	过渡孔 1.2～30	过渡孔 5～50	过渡孔 10～50
中孔 100～1000			中孔 50～500	中孔 50～750
大孔>1000	大孔>20	大孔>1000	大孔>500～750	大孔>1000

压汞曲线形态可以用来描述煤储层孔隙连通性。开放孔会导致退汞曲线形成"滞后环"，半封闭孔则由于退汞、进汞压力相等而不具有"滞后环"。细颈瓶孔由于"瓶颈"与"瓶体"退汞压力不同，可形成"突降"型滞后环，孔隙连通性差。煤样 XHG 压汞曲线特点是，在进汞压力 0.1～100MPa 时，曲线较平缓，进汞速度较慢，且进汞曲线与退汞曲线呈平行型，滞后现象明显。进汞压力大于 100MPa 后，曲线斜率剧增，进汞速度较高，且进汞曲线与退汞曲线重合，这种类型曲线反映孔隙类型以开放孔和半开放孔为主（图 3-6）。煤样以微孔为主，呈波动式分布，大中孔发育较好（图 3-7）。煤样 YX 压汞曲线的特点是，在进汞压力 0.1～100MPa 时，曲线较平缓，进汞速度较慢，且进汞曲线与退汞曲线呈一定锐夹角，滞后现象不明显，随着压力减小，同一压力点进汞与退汞量差值越来越大；进汞压力大于 100MPa 曲线时，与煤样 XHG 相似，说明孔隙类型以半开放孔和半封闭孔为主（图 3-6）。煤样微孔孔容发育，呈单调递增分布，大中孔发育较差（图 3-7）。

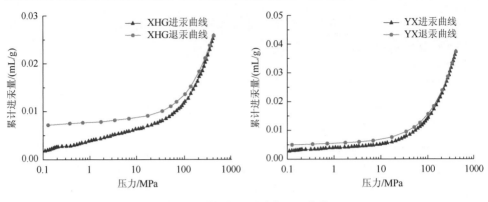

图 3-6 煤样的孔隙结构压汞曲线

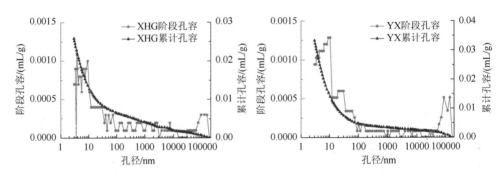

图 3-7 煤样孔容与孔径分布曲线

井田 6 号与 23 号煤样的总孔容分别为 $2.58 \times 10^{-2} cm^3/g$ 和 $3.74 \times 10^{-2} cm^3/g$，孔隙率分别为 4.2%和 4.8%（表 3-7）。两个煤样均以微孔为主，孔容比分别为 50.78%与 57.75%；大孔与过渡孔也占有较大比例，过渡孔孔容比分别为 24.03%和 27.81%，大孔孔容比分别为 15.89%和 10.43%，中孔所占比例最小。煤样各阶段孔径均连续分布，孔之间连通性较好（表 3-8、图 3-7）。孔比表面积与孔容特征稍有不同，孔比表面积主要贡献来自于微孔，微孔孔比表面积所占比例将近 90%，而大中孔孔容与孔比表面积呈相反的变化趋势，孔径越小孔比表面积越大，进一步说明孔比表面积主要受微孔含量影响（表 3-9、图 3-8）。

表 3-7 基于汞侵入法的煤样孔隙结构

| 样品 | 层位 | 总比表面积/(m²/g) | 总孔容/(mL/g) | 中值孔径/nm | | 平均孔径/nm | 孔隙率/% | 退汞率/% |
				体积法	面积法			
XHG	6	12.122	0.0258	10	4.5	8.5	4.2582	72.09
YX	23	20.091	0.0374	8.1	4.5	7.5	4.8199	86.90

表 3-8　基于汞侵入法的煤样孔径结构

样品	层位	总孔容/(cm³/g)	大孔		中孔		过渡孔		微孔	
			cm³/g	%	cm³/g	%	cm³/g	%	cm³/g	%
XHG	6	0.0258	0.0041	15.89	0.0024	9.30	0.0062	24.03	0.0131	50.78
YX	23	0.0374	0.0039	10.43	0.0015	4.01	0.0104	27.81	0.0216	57.75

表 3-9　基于汞侵入法的煤样孔比表面积

样品	层位	总比表面积/（m²/g）	大孔		中孔		过渡孔		微孔	
			m²/g	%	m²/g	%	m²/g	%	m²/g	%
XHG	6	12.122	0.004	0.03	0.037	0.31	1.198	9.88	10.883	89.78
YX	23	20.091	0.002	0.01	0.029	0.14	2.123	10.57	17.937	89.28

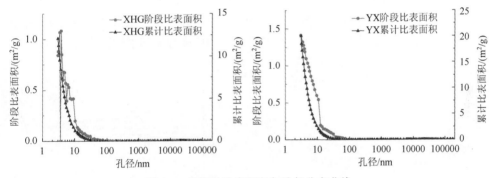

图 3-8　煤样孔比表面积与孔径分布曲线

2. 基于低温氮吸附法的煤样孔隙结构

低温氮吸附法也是分析煤岩孔隙结构分布的常用方法之一，以液氮作为吸附质的氮吸附法，可测孔隙的最小直径一般为 0.70nm，检测方法为静态氮吸附容量法。低温吸附法测定固体比表面积和孔径分布是依据气体在固体表面的吸附规律。在恒定温度下，平衡状态时，一定的气体压力对应于固体表面一定的气体吸附量，改变压力可以改变吸附量。平衡吸附量随压力变化的曲线称为吸附等温线，对吸附等温线的研究与测定不仅可以获取有关吸附剂和吸附质性质的信息，还可以计算固体的比表面积和孔径分布。

本次对井田采集的煤样进行了低温氮吸附实验，实验结果见表 3-10。与压汞实验结果相比，煤样的低温氮孔隙结构差异较大，6 号与 23 号煤样的 BJH 总孔容分别为 $12.19 \times 10^{-4} \text{cm}^3/\text{g}$ 和 $16.47 \times 10^{-4} \text{cm}^3/\text{g}$，BET 比表面积分别为 0.1873m²/g 和 2.6132m²/g，平均孔径分别为 26.41nm 和 3.94nm，其中平均孔径与 BET 比表面积的变化趋势相反，比表面积越大，孔径越小。两个煤样孔隙结构分别以过渡孔和微孔为主，23 号煤样总孔容与总比表面积均较大，表明研究区深部煤层吸附-扩散性可能优于浅部煤层。

表 3-10　煤样低温氮孔径分布

样品	层位	BJH 总孔容/ $(10^{-4} cm^3/g)$	BET 比表面积/ (m^2/g)	平均孔径/nm	不同孔径孔容/ $(10^{-4} cm^2/g)$		不同孔径孔比表面积/ (m^2/g)	
					孔径< 10nm	孔径10~ 100nm	孔径< 10nm	孔径10~ 100nm
XHG	6	12.19	0.1873	26.41	1.87	10.48	0.064	0.086
YX	23	16.47	2.6132	3.94	11.64	9.78	0.54	0.086

　　低温氮吸附解吸曲线的形状反映了微孔～过渡孔结构情况，两个煤样的低温氮吸附测试曲线如图3-9所示。6号煤吸附、解吸曲线不重合，且在开始段上升缓慢，在相对压力约0.9处急剧上升，解吸曲线在相对压力0.4～0.6出现严重的滞后环。这类孔吸附量一般较大，反映了孔隙为一端封闭的"墨水瓶"孔。23号煤吸附、解吸曲线不重合，且开始段上升缓慢，几乎呈平行状态展布，在相对压力约0.9处急剧上升。这类孔最大吸附量最大，反映了孔隙为两端开放的平行板状孔。

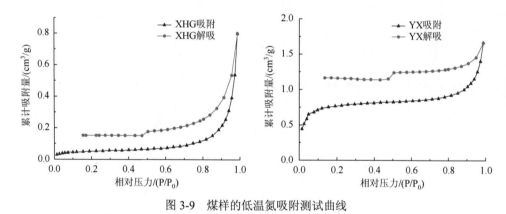

图 3-9　煤样的低温氮吸附测试曲线

　　分析低温液氮吸附曲线和BJH法计算得到各煤样的孔径分布图（图3-10）。6号

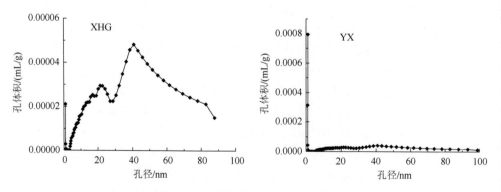

图 3-10　BJH 法计算孔径分布测试结果曲线

煤曲线具有两个峰值,第一个峰值比第二峰值小,第一个峰值位于孔半径 20nm 附近,第二峰值位于 40nm 附近,反映了微孔和过渡孔连续分布,孔连通性较好;23 号煤曲线仅仅具有一个峰值,位于孔径 1nm 附近,说明过渡孔发育较差,孔连通性较差。

三、煤储层渗透性特征

煤层渗透率是衡量煤储层渗流能力的主要参数,在煤层气资源已查明的前提下,煤层渗透性是决定煤层气资源开发成败的关键地质因素之一。大量实测资料和研究成果均已揭示出煤体结构类型对渗透率有重要的影响。根据破坏程度,煤体结构可以分为原生结构煤(I 类)、破裂煤(II 类)、碎粒煤和糜棱煤(III 类)。原生结构煤保存完好,其渗透性取决于内生和外生裂隙的发育程度,可改造性强;破裂煤天然裂隙发育,裂隙连通性好,往往具有较高的渗透率;碎粒煤与糜棱煤煤体结构松软,裂隙方向杂乱,连通性差,渗透率相对较低。

本书根据表 3-11 不同煤体结构测井曲线形态特征,对文家坝井田 2 口煤田勘探钻孔 46 层次的煤体结构测井曲线进行了解释分析。其中,净煤累计总厚度 44.56m。解释结果为:I 类有 17 个煤层,煤层累计总厚度 22.87m,占煤层总数的 37%,占净煤累计厚度的 51.32%;II 类有 19 个煤层,煤层累计总厚度 12.24m,占煤层总数的 41%,占净煤累计厚度的 27.47%;III 类有 10 个煤层,煤层累计总厚度 9.45m,占煤层总数的 22%,占净煤累计厚度的 21.21%(表 3-12、图 3-11)。

表 3-11　不同煤体结构类型的测井曲线形态特征(彭苏萍等,2008)

煤体结构	曲线形态		
	视电阻率	人工放射性伽马	自然伽马
原生结构煤(I 类)	幅值增高,界面陡直,峰顶圆滑	高幅值,峰顶一般近似水平锯齿状	低幅值异常,多呈近缓坡状
构造煤(II 类)	与 I 类相比幅值略有降低,多呈微台阶状或微波浪状	与 I 类相比幅值略有增高	幅值变化不明显
构造煤(III 类)	曲线幅值明显降低,上、下台阶状,凸形或箱型。当全层为构造煤时,多数界面呈波浪状	大多数幅值明显增高	幅值变化不明显

表 3-12　煤体结构测井解释统计表

钻孔	I 类煤层				II 类煤层				III 类煤层			
	m	%	层数	%	m	%	层数	%	m	%	层数	%
8	9.82	42.51	7	32	8.02	34.72	10	45	5.26	22.77	5	23
1006	13.05	60.81	10	42	44.22	19.66	9	38	4.19	19.52	5	20
合计	22.87	51.32	17	37	52.24	27.47	19	41	9.45	21.21	10	22

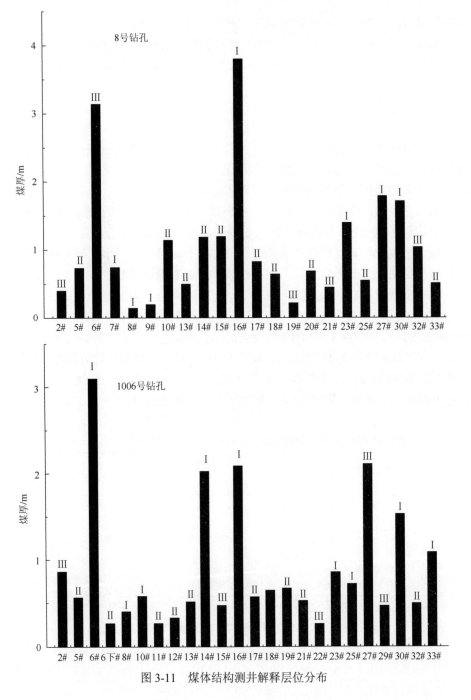

图 3-11　煤体结构测井解释层位分布

总体来看，井田内 I+II 类煤较为发育，占净煤累计厚度的 78%，其中以 I 类煤为主，煤体结构较为完整，煤层渗透率可能较高。在垂向上，同一钻孔不同煤层的煤体结构存在很大差异，同时，不同钻孔同一煤层的煤体结构也存在差异。从图 3-11 可以看出，III 类煤主要分布于浅部和深部煤层，推测处于中间层位的煤层渗透率可能好于浅部和深部煤层。

核磁共振 T_2 测试在瑞华通正非常规油气技术检测有限公司的低磁场核磁共振岩心分析仪上进行，仪器各项性能指标均达到国际先进水平。具体实验步骤和方法如下：①样品制备。首先获取直径约为 2.5cm 的煤样，并将煤样置于干燥箱中干燥至恒重为止，称煤样干重。②煤样饱和水及孔隙度测量。将煤样抽真空 12h 以上加压 5MPa 饱和标准盐水，称湿重，计算孔隙度。③饱和水煤岩样核磁共振 T_2 测试。将饱和水的煤样置于低磁场共振岩心分析仪的探头中，进行核磁共振 T_2 测试，并反演算出 T_2 弛豫时间谱。④束缚水煤样核磁共振 T_2 测试。将饱和水煤样置于离心机上做甩水处理，离心压力 1.37MPa。主要测试参数为：共振频率 2MHz，回波时间 0.13ms，恢复时间 6000ms，回波数 1024，信噪比控制在 30db 以上，T_2 谱拟合点数 64（杨兆彪，2011）。

核磁共振 T_2 谱的幅度值是一个无量纲值，分别将饱和水状态下和束缚水状态下的幅值累加，然后将饱和水状态下的累积 T_2 谱的最高幅度值设定为水饱和称重法获得的总孔隙度值，并取得二者的换算关系，然后根据这个换算关系将饱和水和离心累积 T_2 谱分别转换为饱和水累积孔隙率和束缚水累积孔隙率谱线。饱和水孔隙率和束缚水累积孔隙率之差为有效孔隙率。

根据中国石油天然气行业标准 SY/T 6490—2000，针对岩样提出的核磁渗透率模型有 SDR 模型及 Coates 模型。杨兆彪（2011）依据 Coates 模型，针对多煤层地区 7 个煤样做了可动流体孔隙度与气测渗透率的拟合，发现模型参数 $(\varphi_{nmrm}/\varphi_{nmrb})^2 \varphi_{nmr}^4$ 与渗透率均具有很好的拟合相关系数，相关系数都达到了 0.9 以上，据此提出了修正的 Coates 模型

$$K_a = A\left(\frac{\varphi_{nmrm}}{\varphi_{nmrb}}\right)^2 \varphi_{nmr}^4 + B$$

其中，φ_{nmrm} 为可动流体孔隙度，%；φ_{nmrb} 为束缚水孔隙度，%；φ_{nmr} 为总孔隙度，%；A、B 为常数，根据实测数据拟合。对于研究区煤样，其拟合常数 $A=0.0195$、$B=0.3686$，拟合相关系数 $R^2=0.9284$。

实验结果及计算数据见表 3-13 和图 3-12。从实验结果可以看出，孔隙度明显高于压汞实验所测结果，主要原因在于，压汞实验采用 2mm 的煤岩颗粒，并不能有效测试煤岩中微裂隙含量，因此其孔隙度测试值较低。6 号煤孔隙度为 6.05%，23 号煤孔隙度 5.62%，两者孔隙度相差不大，但渗透率相差一个数量级，主要原因在于 6 号煤受矿物填充严重，进行离心处理时部分矿物脱离，导致其可动流体

孔隙度较高，孔隙连通性较好，渗透性能较高。

表 3-13　核磁共振实验测试及计算结果

煤样	层位	孔隙度/%	渗透率/mD	束缚流体饱和度/%	可动流体饱和度/%	T₂c/ms
XHG	6	6.05	11.48	60.52	39.48	2.5
YX	23	5.62	1.69	79.30	20.70	1.6

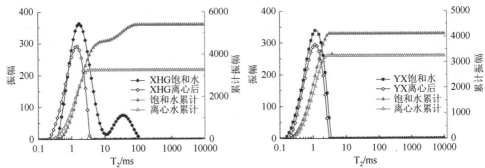

图 3-12　饱和水状态和离心后煤样核磁共振谱图

四、煤层气化学组分特征

依据搜集的文家坝井田33个钻孔煤心解吸实验统计结果（表3-14、表3-15）可知，井田各煤层的 CH_4 含量介于 $1.75\sim13.92m^3/t$，C_2H_6 含量介于 $0.60\sim7.85m^3/t$，N_2 含量介于 $0.023\sim0.51m^3/t$，CO_2 含量介于 $0\sim0.42m^3/t$。井田各煤层平均 CH_4 浓度变化不大，分布于82.13%～96.59%，除17号煤外，CH_4 组分平均浓度均在80%以上（图3-13）。井田煤层主要为无烟煤，但 C_2H_6 极度异常，其中，C_2H_6 异常的煤层可以指示地下水高度滞留的边界，同时 C_2H_6 异常的煤层与三级层序的下界煤层具有一致性，表明 C_2H_6 异常区具有煤层气成藏指示效应。

表 3-14　文家坝井田钻孔煤心含气量统计表

煤层	件数/个	CH₄/（m³/t）			C₂H₆/（m³/t）			N₂/（m³/t）			CO₂/（m³/t）		
		最小	最大	平均	最小	最大	平均	最小	最大	平均	最小	最大	平均
6	14	0.74	15.20	8.07	0	17.89	1.28	0.006	2.39	0.37	0	0.49	0.16
16	20	0.09	21.91	8.40	0	18.22	0.91	0.016	1.33	0.37	0	5.72	0.42
17	1	-	-	1.75	-	-	7.85	-	-	0.023	-	-	0
18	1	-	-	7.1	-	-	-	-	-	0.15	-	-	0.22

续表

煤层	件数/个	CH₄/（m³/t）			C₂H₆/（m³/t）			N₂/（m³/t）			CO₂/（m³/t）		
		最小	最大	平均	最小	最大	平均	最小	最大	平均	最小	最大	平均
23	1	-	-	13.92	-	-	-	-	-	0.12	-	-	0.37
24	1	-	-	6.81	-	-	-	-	-	0.51	-	-	0.23
27	25	2.02	24.89	12.34	0	19.60	0.77	0	1.08	0.29	0	0.97	0.30
30	31	2.74	25.16	12.77	0	18.64	0.60	0.004	2.53	0.41	0	0.93	0.29

表 3-15　文家坝井田钻孔煤心煤层气组分统计表

煤层	件数/个	CH₄/%			C₂H₆/%			N₂/%			CO₂/%		
		最小	最大	平均	最小	最大	平均	最小	最大	平均	最小	最大	平均
6	14	6.18	99.76	85.87	0	92.68	6.62	0.02	25.82	5.50	0	5.44	1.99
16	20	6.14	99.87	82.13	0	90.54	5.08	0.13	84.36	8.62	0	26.41	3.85
17	1	-	-	13.11	-	-	86.71	-	-	0.17	-	-	0
18	1	-	-	94.30	-	-	0	-	-	2.01	-	-	3.69
23	1	-	-	96.59	-	-	0	-	-	0.82	-	-	2.59
24	1	-	-	90.70	-	-	0	-	-	6.74	-	-	2.56
27	26	4.1	99.54	86.81	0	95.90	7.23	0.19	17.93	3.34	0	8.88	2.74
30	31	8.02	99.64	91.32	0	91.83	2.97	0.11	14.40	3.10	0	44.67	3.55

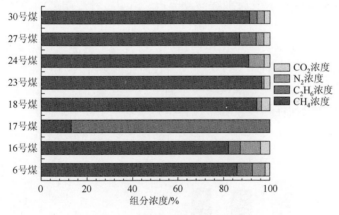

图 3-13　煤层气组分浓度分布

文家坝井田煤层甲烷浓度与埋深呈现较微弱的正相关关系，随着埋深的增加，CH₄ 浓度缓慢增加（图 3-14）。而 CH₄ 浓度与 CH₄ 含量呈两段式正相关关系，当 CH₄ 含量低于 10m³/t 时，随着 CH₄ 含量的增加，CH₄ 浓度增长幅度较大；当 CH₄ 含量高于 10m³/t 时，CH₄ 浓度均都达到了 95% 以上（图 3-15）。除 17 号煤 C₂H₆ 浓度极度异常外，在垂向上，CH₄ 浓度随着层位的降低呈"减小-增大-减小-增大"微弱的波动式变化，说明统一含气系统不同煤储层存在微弱的物性差异，但与多层叠置独立含气系统相比物性差异较小（杨兆彪，2011）。

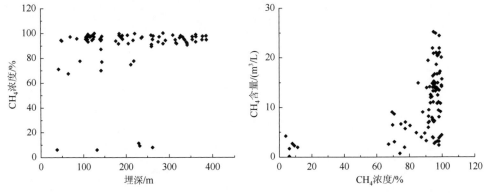

图 3-14　煤层 CH_4 浓度随埋深分布　　　图 3-15　煤层 CH_4 浓度与 CH_4 含量的关系

五、煤储层含气量特征

井田各煤层含气量，除 23 号煤层只收集到一口井的数据，并且含气量最大，达到 $14.46m^3/t$ 外，其他煤层含气量随着煤层层位的降低大体呈现单调递增的变化趋势，与 CH_4 浓度变化趋势相同（图 3-16、图 3-17）。并且煤层 CH_4 含量随埋深增加大致呈线性增加，含气量曲线波动简单，说明了各煤层之间整体封闭性较弱，沟通性较强，属于统一含气系统。就同一煤层而言（6 号，16 号，30 号煤层），CH_4 平均含量随埋深增大呈单调递增趋势，符合同一套流体压力系统中的正常规律，不同钻孔煤层所在的地层段流体联系较为畅通；27 号煤层含气量与埋深关系比较分散，说明含煤地层底部层段在垂向虽然可能属于同一套流体压力系统，但不同钻孔区之间侧向连通性较弱，流体压力系统在平面上的分异较大，即在平面不会形成很大的流体压力系统，可能是一些规模较小的流体系统（图 3-18）。

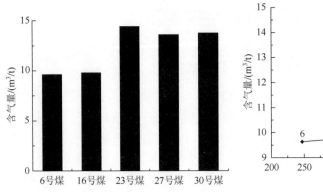

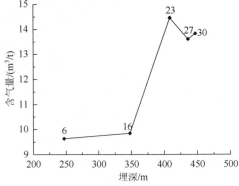

图 3-16　文家坝井田不同层位含气量分布图　　图 3-17　文家坝井田煤层 CH_4 含量垂向变化

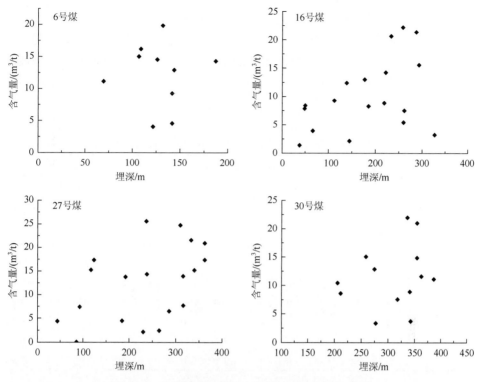

图 3-18　文家坝井田煤层含气量与埋深之间的关系

　　文家坝井田与大冲头井田均属于阿弓向斜（图 3-19），是典型的多层统一含气系统，煤储层地质条件及构造特征相似。从大冲头井田煤层含气量分布可以看出（表 3-16、图 3-20、图 3-21），2 号煤层含气量较低，其值为 4.66m³/t，主要由于

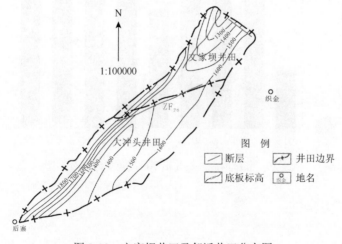

图 3-19　文家坝井田及邻近井田分布图

煤层埋深浅，闭性较差，煤层气大部分被逸散，导致含气量降低。其余各煤层含气量介于 $9.47m^3/t \sim 14.90m^3/t$，相差不大。并且，随着煤层层位的降低以及埋深的增加，含气量大体呈现单调递增的变化趋势，虽然也存在一定的波动性，但波动性很弱。与文家坝井田呈现相同的变化趋势，进一步说明各煤层之间封闭性较弱，相互沟通，属于统一含气系统。

表 3-16　邻近的大冲头井田钻孔煤心含气量统计表

煤层	件数/个	CH_4/ (m^3/t)			C_2H_6/ (m^3/t)			N_2/ (m^3/t)			CO_2/ (m^3/t)		
		最小	最大	平均	最小	最大	平均	最小	最大	平均	最小	最大	平均
2	16	0.5	13.0	4.0	0	0.2	0.01	0.08	2.4	0.5	0	0.5	0.2
6	20	2.0	16.2	8.8	0	6.7	0.5	0.03	1.4	0.5	0	2.9	0.6
7	15	1.7	31.5	7.5	0	17.8	2.4	0.03	1.3	0.5	0	1.5	0.3
9	5	1.1	18.5	10.1	-	-	-	0.05	0.5	0.2	0	0.1	0.05
16	21	1.8	19.0	8.6	-	-	-	0.06	3.4	0.6	0	1.2	0.3
23	9	0.1	24.7	9.7	0	0.3	0.03	0.02	2.8	0.7	0	0.8	0.3
25	3	3.9	23.7	13.8	-	-	-	0.01	0.2	0.2	0.3	0.4	0.32
27	15	2.4	21.3	7.9	0	25.1	2.4	0.01	1.6	0.4	0	1.3	0.5
30	15	0.7	28.5	12.8	0	16.1	1.5	0.01	0.9	0.3	0.1	1.2	0.3

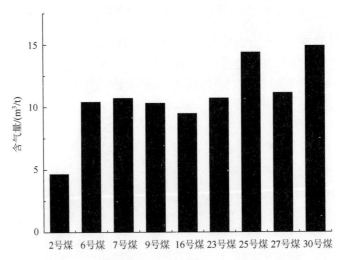

图 3-20　邻区的大冲头井田不同层位含气量分布图

六、储层压力特征

煤储层压力是指作用于煤层孔隙-裂隙空间上的流体压力，是水压和气压的综

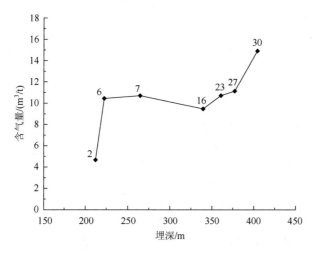

图 3-21　邻区的大冲头井田煤层 CH$_4$ 含量垂向变化图

合，也是煤储层能量的具体表现形式之一（Wu et al.，2007）。煤储层压力与煤层含气性密切相关，与吸附性（特别是临界解吸压力）之间的相对关系直接影响采气过程中排水降压的难易程度。

在开放条件下，储层压力的大小通常根据压力水头（液柱高度）与静水压力梯度之积（又称之为视储层压力）来度量，地下水水头高度是表征储层压力的直接数据（傅雪海等，2007）。其计算公式如下

$$p_{\mathrm{e}} = H_{\mathrm{h}} \cdot \mathrm{gradp_w}$$

其中，p_{e}——等效储层压力，MPa；H_{h}——水头高度，m；$\mathrm{gradp_w}$——静水压力梯度，等于 9.78kPa/m。

本书统计了文家坝井田 12 口钻孔抽水实验结果，钻孔等效储层压力的换算结果如表 3-17 所示。煤储层压力介于 0.64～1.75MPa（图 3-22），储层压力梯度介于 0.49～1.47MPa/100m，压力系数介于 0.50～1.50。随着埋深的增加，储层压力呈现单调递增的变化趋势，体现出统一含气系统各煤层之间具有一定的连通性，埋深对储层压力起主要控制作用的特点（图 3-23）。储层压力系数与煤层埋深总体呈现了先降低后增大的变化趋势，浅部含煤地层总体上处于超压状态，随着埋深的增加，含煤地层逐渐处于欠压状态。当埋深超过 200m 时，含煤地层又处于超压状态，主要由于埋深在 150m 左右的煤系地层透水性以及富水性均较弱，而超压地层主要分布在强透水性、中等富水性的煤系地层。

表 3-17　文家坝井田等效储层压力换算结果

勘探区	孔号	层位	水位标高/m	水位埋深/m	水头高度/m	视储层压力/MPa	压力系数
文家坝井田	1001	21#煤顶板	1740.45	-2.72	138.09	1.35	1.02
	1002	10#煤底板	1685.72	-7.96	131.78	1.29	1.06
	1028	K2	1538.71	-7.66	93.79	0.92	1.09
	1047	K4	1575.23	-18.48	160.59	1.57	1.13
	8	K5 顶部	1474.21	-5.25	169.95	1.66	1.03
	114	K5	1479.05	-25.53	88.82	0.87	1.40
文家坝井田	135	T_1f^1	1597.19	-35.10	105.10	1.03	1.50
	127	T_1f^1	1325.93	9.37	175.06	1.71	0.95
	132	K7	1401.40	-43.64	327.51	3.20	1.15
	132	长兴组~标五	1369.15	-11.39	126.21	1.23	1.10
	1054	大隆组~标五	1469.13	65.01	65.92	0.64	0.50
	1055	标五~标七	1506.94	68.30	87.35	0.85	0.56
	1057	标七~铝土	1458.24	7.77	179.12	1.75	0.96

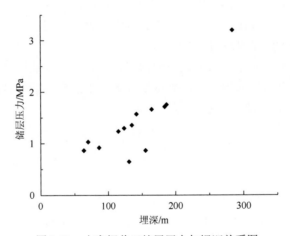

图 3-22　文家坝井田储层压力与埋深关系图

　　杨兆彪（2011）研究认为，阿弓向斜与比德向斜均属于典型的多层统一含气系统，下面以比德向斜40-1钻孔为例进一步分析统一含气系统储层压力分布特征。从图3-24可以看出，40-1钻孔煤储层压力与埋深呈正相关关系，符合一般规律，表明各煤系地层相互沟通，封闭性较差，属于同一个压力系统。同一钻孔的不同煤组的水位标高分布显示（图3-25），龙潭组不同煤组具有相同的水位标高，而飞仙关组与峨眉山玄武岩水位标高具有一定的差异，说明龙潭组煤系地层顶部与底部封闭性强，与外界无流体交换，而内部各煤层之间相互沟通，流体压力相互传递，属于多层统一含气系统。

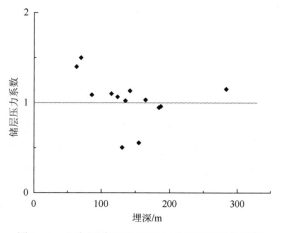

图 3-23　文家坝井田储层压力系数与埋深关系图

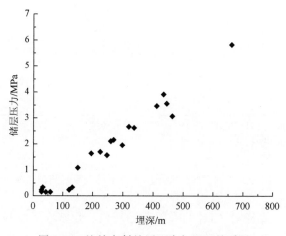

图 3-24　比德向斜储层压力与埋深关系图

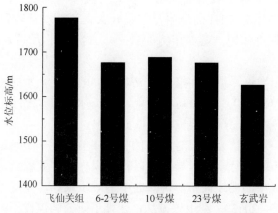

图 3-25　比德向斜不同煤系地层水位标高分布图

七、吸附性特征

煤层气主要以吸附态赋存于煤储层中，煤层气采出需要将吸附态煤层气转化为游离态。因此，煤储层的吸附解吸特征是影响煤层气开发潜力的重要因素（傅雪海等，2007；李松等，2012）。利用中国矿业大学煤层气资源与成藏过程教育部重点实验室磁悬浮重量法等温吸附仪，对 6#和 23#煤样进行了等温吸附解吸实验，实验温度为原位煤储层温度 30℃，最大压力点控制在 24MPa 左右，共测定 13 个压力点下的吸附数据。实验测试按照国标操作，等温吸附测试曲线如图 3-26 所示。

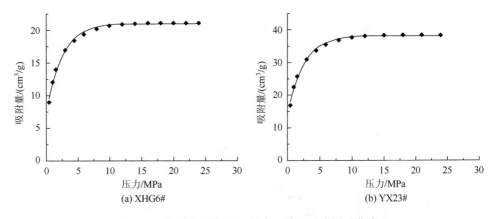

图 3-26　研究区煤样不同压力下等温吸附测试曲线

在低压阶段，煤样对 CH_4 的吸附普遍较快，反映在等温吸附曲线上，即等温吸附曲线前段斜率较大。随着压力的增大，煤样对 CH_4 的吸附趋于平衡，吸附量也趋于平衡，在等温吸附曲线上表现为等温吸附曲线后段斜率趋于零。在低压阶段，两块煤样对 CH_4 的吸附量增量较大，说明在此阶段，压力的升高对煤样的吸附具有促进作用。随着压力的进一步升高，压力对 CH_4 的吸附控制作用趋于减弱。

根据等温吸附数据，绘制并拟合出 P/V 与 P 的一次关系曲线，根据曲线的斜率和截距即可计算出兰氏常数。可以发现，兰氏体积随着煤层层位的降低有增加的趋势，但兰氏压力随着煤层层位的降低而减小。

储层条件下，通常认为储层对 CH_4 的吸附和解吸是一个可逆的过程，因此，通过对朗格缪尔方程进行一阶求导，可以得到煤样的等效解吸率，利用差分法便可以得到等效解吸率的曲线曲率，对该曲率进一步求导，便可以得到等效解吸率曲率斜率（张政等，2013）。利用该方法，计算了研究区煤样不同压力下等效解吸率曲率斜率，并绘制成图（图 3-27）。煤层气排采是一个降压解吸的过程，等效解吸率反映了储层在单位压降条件下的煤层气解吸量；等效解吸率曲率则反映了储层在压降过程中解吸量迅速变化的关键节点；等效解吸率曲率斜率同样能够反映储层在压降过程中解吸量变化的关键节点，相对于等效解吸率曲率，等效解吸率曲率斜率对节点变化的反映更为明显。

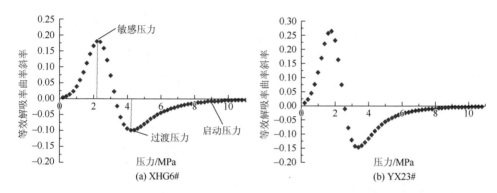

图 3-27 研究区煤样不同压力下等效解吸率曲率斜率

在储层压力较高的阶段，研究区煤样等效解吸曲率线斜率为负值，随着压力的降低，等效解吸率曲率斜率逐渐降低，此时煤层 CH_4 还未开始解吸；在压力降低到一定程度后，煤层 CH_4 开始缓慢解吸，此压力点相当于临界解吸压力，此时煤层气的解吸开始进入气-水两相流阶段；随着压力的进一步降低，等效解吸率曲率斜率开始由负值向正值转变，并最终达到正的极大值，随后煤层 CH_4 进入迅速解吸阶段，煤层 CH_4 大量解吸。由图 3-27 可以发现，6#煤样的三个关键压力均高于 23#煤样，说明煤层在合层排采时 6#煤层由于启动压力较高，煤层气开始解吸时间较 23#煤层早，及早到达稳产阶段，但二者的启动压力相差不大，解吸时间差异不明显。而 23#煤样等效解吸率曲率斜率曲线正负幅值均高于 6#煤样，说明 23#煤样在过渡解吸阶段解吸量增速较快，经历的过渡解吸阶段较短，能较快达到敏感解吸阶段，使煤层大量解吸。

第四章 多层独立含气系统煤层气地质条件

贵州省织纳煤田的水公河向斜、三塘向斜、珠藏向斜等发育了多层叠置独立含煤层气系统（杨兆彪，2011）。本章以珠藏向斜少普井田为例，分析了多层叠置独立含气系统的构造、煤层、含气性及水文地质条件等基础地质特征，查明了区内煤储层物性以及能量特征，为深入研究煤层气单井压裂/排采模式奠定了基础。

第一节 少普井田地质概括

一、含煤地层

井田内发育上二叠统大隆组（P_2d）、长兴组（P_2c）和龙潭组（P_2L）含煤地层，大隆组、长兴组含薄煤 1～3 层，黑色、灰黑色，半亮型，结构较简单，平均煤厚 0.5m，夹矸 1～3 层，分层厚度一般为 0.2 米。龙潭组含煤 30～35 层，平均总煤厚 22.4m。由各种不同粒级的碎屑岩、泥灰岩、生物碎屑灰岩、菱铁质岩及煤组成，其中可采及局部可采煤层 10 层，自上而下编号 6 号、6-1 号、7 号、16 号、17 号、20 号、21 号、23 号、27 号及 34 号煤层，平均煤厚 13.48m。6 号和 16 号煤层是全井田最主要的可采煤层，6-1 号、17 号、20 号、21 号及 34 号煤层为局部可采煤层，7 号、23 号和 27 号煤层为局部不可采煤层（图 4-1）。

二、煤层分布特征

龙潭组为研究区主要含煤地层，主要可采煤层是 6 号和 16 号煤层，全区分布稳定，其储量之和占井田总储量的 42.5%。

6 号煤层位于煤系上段中部，黑色，粉状，半暗型煤，为井田主要煤层之一。厚度变化范围 0.25～11.65m，平均煤厚 2.9m（表 4-1、图 4-2），总体上呈西南厚东北薄的变化趋势，全区分布稳定，是煤层气勘探开发的主要目标煤层。埋深介于 65～501.19m（图 4-3），由北向南逐渐加深。煤层顶板为深灰色粉砂岩，局部为黑灰色砂质泥岩，底板为灰色粉砂岩，常夹黑灰色炭质砂质泥岩。

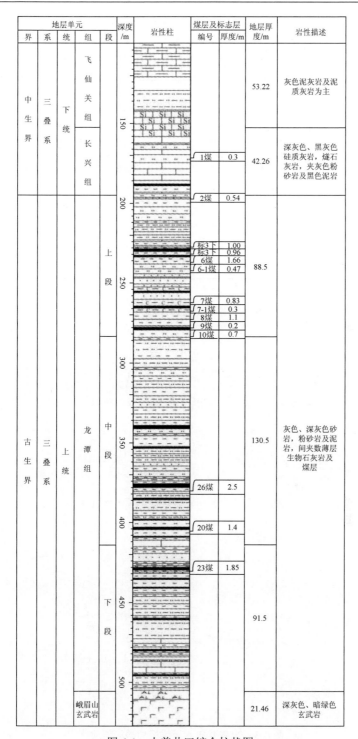

图 4-1 少普井田综合柱状图

表 4-1 少普井田各煤层基础数据表

煤层	煤厚/m			煤层结构	结构稳定性	顶板岩性	底板岩性
	最小	最大	平均				
6	0.25	11.65	2.90	较简单	稳定	粉砂岩	粉砂岩
6-1	0.15	3.60	1.00	简单	不稳定	粉砂岩	粉砂岩
7	0.54	17.61	4.70	复杂	较不稳定	砂质泥岩	粉砂岩
16	0.30	7.34	2.40	较简单	稳定	砂质泥岩	粉砂岩
17	0.24	5.25	1.10	简单	不稳定	粉砂岩	粉砂岩
20	0.10	4.73	1.20	复杂	不稳定	粉砂岩	粉砂岩
21	0.10	4.50	1.40	复杂	不稳定	粉砂岩	粉砂岩
23	0.20	9.19	2.30	较复杂	较稳定	细砂岩	粉砂岩
27	0.15	5.50	1.50	复杂	较稳定	细砂岩	砂质泥岩
34	0.20	7.75	2.20	复杂	不稳定	粉砂岩	泥岩

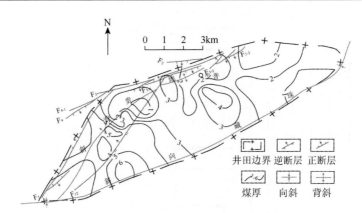

图 4-2 少普井田 6 号煤层煤厚等值线图

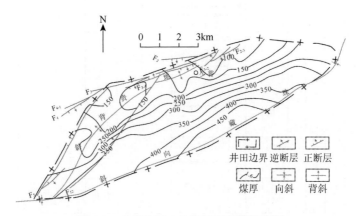

图 4-3 少普井田 6 号煤层埋深等值线图

16号煤层位于煤系地层中下部,钢灰色,块状,半亮型煤。厚度变化范围0.3~7.34m,平均2.4m(表4-1、图4-4),总体呈西南厚东北薄的变化趋势,全区分布较稳定,也是煤层气勘探开发的主要目标煤层之一。埋深介于 58.61~593.11m(图4-5),由北向南逐渐加深。煤层顶板为深灰色砂质泥岩,局部为泥质粉砂岩,底板为灰色粉砂岩。

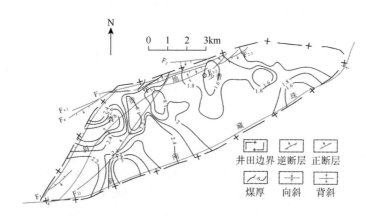

图4-4　少普井田16号煤层煤厚等值线图

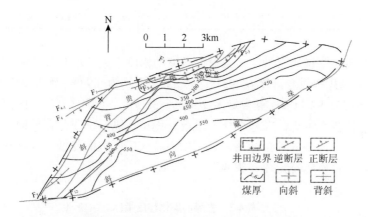

图4-5　少普井田16号煤层埋深等值线图

三、煤质与煤级特征

少普井田煤质一般较为坚硬,以半暗煤及半亮煤为主,光亮煤次之,具条带状结构,内生裂隙较发育,裂隙多被方解石或黄铁矿填充。煤岩显微组分以镜质组为主,含量在64.92%~85.18%,其中,镜质组含量以16号煤层最高,为85.18%;惰质组含量以6号煤层最高,为13.21%。总体上,镜质组含量随着层位的降低呈上升趋势。矿物以黏土类为主，多呈扁豆状、浸染状、细分散状产出，充填于丝质体的胞腔中，含量5.69%～9.30%；其次为硫化物和氧化物矿物，常见黄铁矿以浸染状、团块状和星散状为主产出，少量为微细层状和团块状。碳酸盐矿物主要是以方解石脉形式产出（表4-2）。

表4-2　少普井田龙潭组煤岩组分

煤层	显微组分/%		宏观煤岩类型	矿物/%				
	镜质组	惰质组		黏土	硫化物	碳酸盐	氧化物	小计
6	76.46	13.21	半暗型	7.55	1.33	0.27	1.15	10.30
6-1	64.92	11.73	半暗型	5.85	2.91	0.99	13.60	23.35
7	79.69	8.24	光亮型	6.53	2.86	0.38	2.30	12.07
16	85.18	6.24	半亮型	5.69	1.54	0.51	0.81	8.55
17	80.21	8.65	半亮型	7.76	0.60	0.60	2.18	11.14
20	81.50	7.50	半亮型	7.21	1.49	0.92	1.36	10.98
21	77.73	6.39	半暗型	9.30	2.21	2.13	2.22	15.86
23	84.45	4.84	半亮型	6.76	2.07	0.56	1.32	10.71
27	80.02	7.60	半亮型	7.25	2.43	1.58	1.12	12.38
34	79.11	7.05	半暗型	7.03	2.57	1.83	2.41	13.84

少普井田煤中镜质组油浸最大反射率波动幅度不大，介于2.85%～3.39%，平均为3.10%；精煤挥发分产率在5.51%～6.58%，平均为5.94%；碳含量为90.65%～93.54%，平均为92.41%；氢含量为2.94%～3.25%，平均3.10%。区内煤级较为单一，多为低级无烟煤。在整个研究区内，无论在纵向上还是在横向上，煤化程度变化都不大，但是各项指标还是显示出随着煤层层位的降低，煤化程度呈现增高的趋势，符合希尔特定律（表4-3）。

表4-3　主煤层煤化程度指标

煤层	精煤指标				$R_{o,\,max}$/%
	V_{daf}/%	C_{daf}/%	H_{daf}/%	$Q_{b,\,daf}$/（MJ/kg）	
6	6.58	92.90	3.27	35.76	2.968
6-1	6.55	92.98	3.25	35.80	2.847
7	6.24	92.94	3.24	35.82	2.947
16	5.91	93.21	3.08	35.78	3.116
17	5.91	91.45	3.14	35.67	3.116
20	5.52	93.36	3.07	35.86	3.044

续表

煤层	精煤指标				$R_{o, max}$/%
	V_{daf}/%	C_{daf}/%	H_{daf}/%	$Q_{b, daf}$/（MJ/kg）	
21	6.02	93.54	3.05	35.79	3.252
23	5.51	92.19	2.98	35.72	3.390
27	5.54	90.95	2.99	35.90	3.336
34	5.6	90.65	2.94	35.69	2.912

四、井田构造特征

少普井田位于黔西弧形构造东翼，区域性构造以 NNE 及 NE 向构造占绝对优势，一系列背向斜及冲断层沿 N30°E～N60°E 的方向大体平行排列。褶皱形态一般是背斜紧密，向斜开阔。西翼倾角多属中等，一般为 30°～40°。进阶弧形构造体系前弧内缘的褶曲大部分呈短轴状，这类褶曲的两翼倾角更为平缓，一般为 10°～20°（图 4-6）。

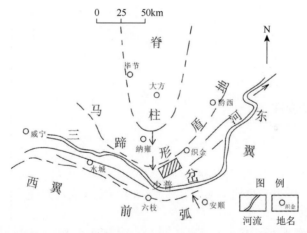

图 4-6 少普井田在黔西弧形构造体系中的位置示意图（引自贵州省煤田地质局内部报告）

本井田主要构造形迹为宽缓的地贵背斜和珠藏向斜，背斜及向斜轴部沿脊线及槽线方向均有不同程度的波状起伏。主要断裂分布于井田北部及西北侧边缘，地贵背斜北西翼受断裂破坏严重，然而井田内部断裂则少而小。鉴于本井田所处的区域构造位置，NW20°～30°的区域挤压应力是影响井田褶皱及断裂构造的主要因素（图 4-7）。一级压性构造形迹主要有：地贵背斜、珠藏向斜等。与区域压应力相对应的一级扭性（包括压扭性）构造行迹主要有：F_{12}、F_{12-1}、F_{13}、F_1、F_2（包

括 F_{2-1}、F_{2-3}）、F_3（包括 F_{3-1}、F_{3-2}、F_{3-3}、F_{3-4}）、F_4、F_6 等。区域性的压应力相对应的一级张性结构面（如与背斜轴相垂直的断层）在本区不发育。共发现大小断层 96 条，但落差大于 30m 的仅 8 条，主要分布于井田边界。井田内部除西侧 F_{12}号断层外尚未发现落差大于 30m 的断层，尤其是 11 勘探线以东，地贵背斜东南翼的大块地段（面积约 36km^2）仅见断层 16 条，其中除 F_{116}落差大于 10m 外，其余均小于 10m。

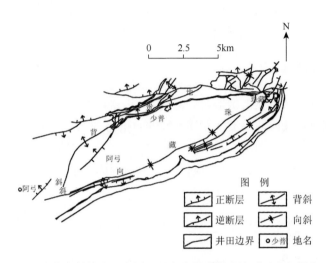

图 4-7　珠藏向斜构造示意图（引自贵州省煤田地质局内部报告）

五、水文地质条件

井田地势西北高，东南低，最高点海拔标高达 1973.87m，最低侵蚀基准面海拔标高达 1227.56m，相对高差 746.31m。由于地形坡度大，有利于地下水及地表水排泄，故井田内小型泉比较多，其水量随季节变化大，可见大气降水乃是地下水主要补给来源。

井田内主要直接充水含水层为大隆组、长兴组及标三灰岩，出露于煤系顶部一逆向陡坡上，补给条件较差，故降水下渗量小。龙潭组岩石裂隙规模小，裂隙率低，一般小于 5%，大部分闭合，钻孔抽水结果显示单位涌水量小，富水性弱。

煤系浅部小煤窑虽多，但开采规模小，水量不大，煤系上覆、下伏各含水层与煤系间均有相对隔水层相隔，断层导水性差。地表水体规模小，边界进水条件简单，煤层储量 2/3 位于当地侵蚀基面（标高 1227.56m）以上，地表水体、地下水体对采煤影响不大。总体而言，井田水文地质条件简单。

第二节　各含气系统煤储层物性特征

多层叠置独立含气系统，在垂向上至少包括 4 个独立含气系统，拥有独立的流体压力系统，彼此间被低渗透性岩层分割。杨兆彪（2011）研究认为，少普井田为典型的多层叠置独立含气系统，发育 2～6 号煤，7～16 号煤，17～30 号煤，30 号～龙潭组底部四套不同的独立含气系统。

煤储层物性研究是确定煤层气勘探和开发潜力的先决条件，不同含气系统的煤储层物性存在一定的差异，通过对各含气系统煤储层物性特征的研究，查清各含气系统煤储层孔渗性、含气性、吸附性以及煤岩力学性质，能够为该区域煤层气的勘探开发提供依据。

一、煤岩力学性质

不同含气系统煤储层物质结构的不同，其煤岩力学性质也会存在一定的差异。含煤岩系中，煤岩及其顶底板的生成和赋存环境与其他岩石相比有其特殊性，使其岩石力学性质也表现出特殊性（孟召平等，2002）。本书共获得了 23 口钻孔中的 146 余件煤样以及顶底板岩石样品的自然干燥状态下的单轴压缩力学实验数据，数据结果见表 4-4。

表 4-4　少普井田煤岩力学实验结果汇总表

层位	岩石类型	抗压强度/MPa	抗拉强度/MPa	弹性模量/GPa	泊松比
6 号煤层顶板	泥岩	50.5	1.6	-	-
6 号煤层底板	砂岩	83.9	2.5	39	0.27
7 号煤层顶板	灰岩	99.2	3.7	-	-
7 号煤	煤	6.4	-	-	-
7 号煤底板	砂岩	68.2	-	-	-
16 号煤层顶板	泥岩	11.2	1.5	-	-
16 号煤	煤	9.8	-	-	-
16 号煤层底板	砂岩	95.9	3.0	69.6	0.29
17 号煤	煤	5.6	-	-	-
17 号煤层底板	砂岩	40.4	3.4	30.3	0.35
20 号煤	煤	11	-	-	-
21 号煤层顶板	砂岩	63.9	5.3	71.7	0.25
21 号煤	煤	38.9	-	-	-
21 号煤层底板	砂岩	94.6	3.7	76.6	0.27

续表

层位	岩石类型	抗压强度/MPa	抗拉强度/MPa	弹性模量/GPa	泊松比
23 号煤层顶板	砂岩	92.9	3.9	71.9	0.27
23 号煤	煤	9.1	-	-	-
23 号煤层底板	砂岩	81.5	2.0	49.3	0.27
27 号煤层顶板	砂岩	80.3	2.0	63.7	1.1
27 号煤	煤	20	-	-	-
27 号煤层底板	砂质泥岩	61.2	1.6	63.5	0.34
30 号煤	煤	14.2	-	-	-
34 号煤层顶板	灰岩	174.4	4.2	76.1	0.15
34 号煤	煤	22.4	-	-	-
34 号煤层底板	砂岩	97.4	2.6	67.6	0.19

少普井田煤层顶底板岩性主要以砂岩为主,其次为泥岩和灰岩,不同岩性的岩石力学性质差异较大,单轴抗压强度和抗拉强度等指标以灰岩最大,平均值分别为 125.6MPa 和 4.0MPa;砂岩次之,平均值分别为 82.1MPa 和 2.9MPa;泥岩较小,平均值分别为 56.7MPa 和 1.7MPa。由于钻孔未测试煤样的抗拉强度、弹性模量以及泊松比等数据,因此,只比较煤层的抗压强度,其值在各岩性中最小,平均为 17.4MPa。灰岩、砂岩以及泥岩的单轴抗压强度分别为煤的 7.2、4.7 和 3.3 倍,全区各个含气系统内顶底板岩性主要以砂岩和灰岩为主,其抗压强度在煤层抗压强度的 4 倍以上,基本上具有了水力压裂的条件。但其中的 16 号与 21 号煤抗压强度与顶底板相差较小,当对其采取水力压裂储层改造时,如果注入压力或压裂液量不当,很容易导致压裂裂缝的窜层,压裂液的大量滤失,影响其储层改造范围。因此,应选择合适的注入压力或压裂液量对其进行水力压裂。

为了研究垂向上不同煤层力学性质的特征,采用长春市朝阳试验仪器有限公司引进的岩石力学三轴应力测试系统,对采集来的部分煤样(16#、21#、23#)进行了常规三轴力学实验测试,实验结果见表 4-5。

表 4-5 煤样三轴压缩实验结果

名称	编号	长度/mm	直径/mm	围压/MPa	弹性模量/GPa	泊松比	纵向抗压强度/MPa	备注
YJ 16#煤	1	46.3	23.3	2.5	3.16	0.33	36.3	裂隙发育
	2	50.7	23.3	5.0	2.64	0.23	38.0	
	3	35.3	23.3	10	3.43	0.22	90.2	暗煤为主
XL 21#煤	1	51.4	23.0	4.5	3.17	0.31	72.8	
	2	40.0	23.0	9.0	3.08	0.27	88.3	
QS 23#煤	1	50.4	23.5	3.5	3.27	0.21	77.9	
	2	50.4	23.0	7	3.19	0.23	80.3	

　　由图 4-8 和图 4-9 可知，三轴实验中煤样随着围压的增大，峰值应变有增大的趋势。其中 YJ 煤样在围压低于 5MPa 时，峰值应变较低，并且随着围压的增加，峰值应变增加幅度较小；当围压达到 10MPa 时，峰值应变大幅度增加，说明当围压达到一定值时，煤样中的孔裂隙基本被压密闭合，煤样逐渐由脆性转为塑性，导致峰值应变骤然增加，同时弹性模量也随之降低；并且，弹性模量随着镜质组含量的增加而减小，随惰质组含量的增加而增加，镜质组含量的大小影响煤岩的刚性强度，镜质组含量越高，煤岩的刚性强度越差，抵抗弹性变形的能力越差。惰质组对煤岩的弹性模量影响较小，随着惰质组含量增加，煤岩的刚性强度逐渐增强，而泊松比呈现出与弹性模量相反的变化趋势。

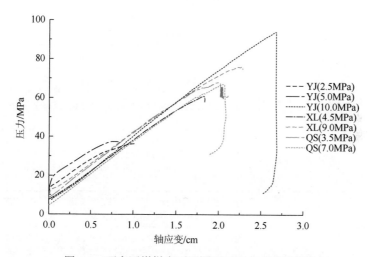

图 4-8　研究区煤样在不同围压下应力-应变曲线

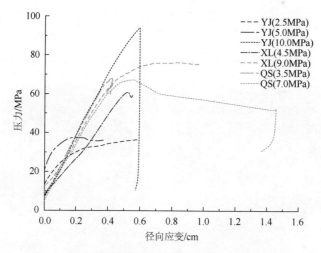

图 4-9　研究区煤样在不同围压下应力-径向应变曲线

二、煤储层孔裂隙特征

（一）裂隙特征

对研究区煤层气 Z2 井所采的 17 个样品进行了详细的观测与描述，除 2 号煤为半亮煤之外，主采煤层主要以光亮煤为主，性脆，参差状断口，外生裂隙与内生裂隙均发育，呈闭合状，无充填物。16 号煤层受构造作用影响，大部分煤岩易捻搓成煤粉或煤尘，呈糜棱结构（表 4-6、图 4-10）。

表 4-6　Z2 井主要煤层煤岩宏观描述

煤层	煤岩类型	煤类	煤体结构	宏观描述
2	半亮	无烟煤	碎裂结构	煤心完整，煤岩上部成份为亮煤与暗煤，中部成份以亮煤为主，次为暗煤，下部成份以暗煤为主，次为亮煤。参差状断口，内生裂隙发育，裂隙呈闭合状，裂隙内无充填物。中部煤岩夹碳质泥岩，碳质泥岩呈条带状或透镜状。
6	光亮	无烟煤	碎裂结构	煤心较完整，成份均一，煤岩成份以亮煤为主，次为暗煤。性脆，参差状断口，亮煤与暗煤呈条带状组成互层。中部夹一层黑色泥炭，岩心破碎、混杂，吸水性强，岩心吸水呈团块，层理、结构特征不明显。
7	光亮	无烟煤	碎裂结构	煤心较完整。成份均一，煤岩成份以亮煤为主。参差状断口，内生裂隙发育，以垂直裂缝为主，呈闭合状，无充填物。
16	光亮	无烟煤	碎裂结构	煤心破碎，呈碎裂结构，参差状断口，内生裂隙发育，以垂直裂缝为主，呈闭合状，无充填物。受次生构造作用，部分煤岩呈粉煤，部分煤岩易捻搓成煤粉或煤尘，呈糜棱结构，吸水性强，煤心含水高。
23	光亮	无烟煤	碎裂结构	煤心完整，成份均一，煤岩成份以亮煤为主，夹少量暗煤。参差状断口，性硬脆，易破碎，呈碎裂结构，内生裂隙发育，以垂直裂缝为主，呈闭合状，无充填物。

图 4-10　煤岩宏观裂隙发育特征

从采自少普井田及邻区 11 个煤矿新鲜工作面的煤样观察发现,裂隙主要发育两组,分别为面裂隙和端裂隙。6 号煤为光亮煤,裂隙发育,裂隙延伸长度高达6cm,面裂隙密度为 5 条/cm;16 号煤包含半亮煤和半暗煤两种类型,半亮煤面裂隙密度 4 条/cm,端裂隙密度 3 条/cm,被大量方解石充填。半暗煤面裂隙密度 2条/cm,端裂隙密度 2 条/cm,部分被黄铁矿和方解石填充;21 号煤为半暗煤,面裂隙密度 2 条/cm,端裂隙密度 3 条/cm,无矿物填充;23 号煤为半亮煤,面裂隙密度 4 条/cm,端裂隙密度 3 条/cm,局部充填黄铁矿。从裂隙发育特征看,光亮-半亮煤中裂隙比半暗-暗煤发育,说明煤层裂隙发育与煤岩组分直接相关。

对采集的样品使用美国 FEI 公司的 Quanta 250 扫描电子显微镜进行扫描电镜实验。6 号光亮煤发育开口呈参差状裂隙,平均宽度 5~8μm,未被矿物质充填,可见不规则的铸模孔,裂隙连通性较差(图 4-11(a));16 号半亮煤发育张性裂隙,断面呈波状,无擦痕,平均宽度 12~18μm,被碎屑物填充,裂隙连通性较差(图 4-11(b));23 号半亮煤裂隙闭合,裂隙连通性差(图 4-11(e))。而半暗煤显微裂隙发育较少(图 4-11(c)、(d)),仅 16 号煤发现一组裂隙,断面平整,平均宽度不到 1μm,裂隙不发育,连通性差,进一步说明煤岩显微裂隙的发育主要受煤岩组分的影响,并且研究区整体煤层裂隙不发育,连通性较差。

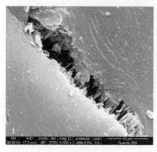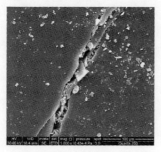

(a) 6号光亮煤　　　　　　　(b) 16号半亮煤　　　　　　　(c) 16号半暗煤

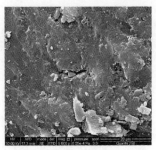

(d)21号半暗煤　　　　　　　(e)23号半亮煤

图 4-11　煤样扫描电镜实验结果

（二）孔隙特征

1. 基于压汞法的煤样孔隙结构

本次研究选取少普井田及邻区共 10 个煤矿（HY、QS、HF、LJ、GG、FHS、DY、XL、YJ、RF）新鲜工作面的煤样 12 个，在中国矿业大学煤层气资源与成藏过程教育部重点实验室进行压汞孔隙测试。实验条件、流程以及孔隙分类标准已在第三章第二节中进行阐述，这里不再赘述。

研究区煤样总孔容介于 $3.4\sim4.1\times10^{-2}cm^3/g$，平均值为 $3.82\times10^{-2}cm^3/g$。其中微孔孔容比最大，介于 $55.08\%\sim66.87\%$，平均值为 61.98%；其次过渡孔孔容比介于 $26.44\%\sim33.05\%$，平均值为 29.01%；中孔与大孔孔容百分含量最小，分别介于 $2.66\%\sim6.5\%$ 和 $0.59\%\sim13.35\%$，平均值为 4.30% 和 4.70%（表 4-7）。微孔孔容百分含量最高，其次为过渡孔，大孔与中孔孔容百分含量最小（图 4-12）。

表 4-7　研究区主采煤层的压汞分析结果

样品	层位	比表面积/ (m^2/g)	孔容/ (mL/g)	孔比表面积比/%				孔容比/%			
				微孔	过渡孔	中孔	大孔	微孔	过渡孔	中孔	大孔
DY-1	6	18.29	0.037	87.61	12.12	0.26	0.01	55.08	33.05	6.5	5.37
DY-2	6	20.96	0.038	89.42	10.43	0.13	0.02	59.47	27.63	3.42	9.48
HF	16	22.58	0.040	89.91	9.96	0.12	0.01	66.34	26.93	3.74	2.99
GG	16	20.87	0.038	89.83	10.05	0.12	0	66.87	29.88	2.66	0.59
YJ	16	21.25	0.040	89.30	10.54	0.15	0.01	63.33	30.56	4.44	1.67
RF-1	16	18.82	0.034	89.42	10.44	0.13	0.01	64.04	29.97	4.10	1.89
RF-2	16	19.87	0.038	89.53	10.31	0.15	0.01	55.76	26.44	4.45	13.35
XL	21	17.06	0.036	88.48	11.30	0.19	0.03	56.1	28.96	5.79	9.15
HYJ	23	19.41	0.037	89.92	9.89	0.17	0.02	61.69	27.78	5.56	4.97
QS	23	21.42	0.040	89.62	10.23	0.14	0.01	62.67	28.61	4.36	4.36
LJ	23	21.07	0.039	89.79	10.09	0.11	0.01	65.97	29.33	3.23	1.47
FHS	27	22.10	0.041	90.15	9.73	0.11	0.11	66.48	29.01	3.38	1.13

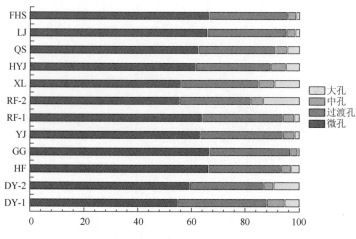

图 4-12　主采煤层孔容百分比分布图

研究区煤样孔隙总比表面积介于 17.06～22.58m²/g，平均为 20.31m²/g，且以微孔比表面积为主；其次为孔比表面积百分含量较低的过渡孔，大孔与中孔比表面积所占比例甚微，基本可忽略（图 4-13）。其中，微孔比表面积所占比例介于 87.61%～90.15%，相差不大，平均为 89.42%；过渡孔比表面积所占比例介于 9.73%～12.12%，平均为 10.42%；大孔与中孔比表面积所占比例均不到 1%。

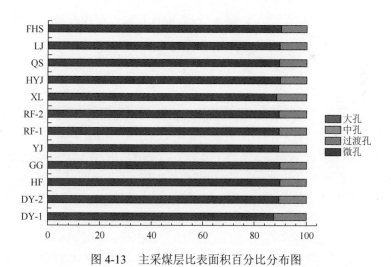

图 4-13　主采煤层比表面积百分比分布图

本次压汞实验测试中煤样的压汞曲线主要分为 3 种类型（图 4-14）。

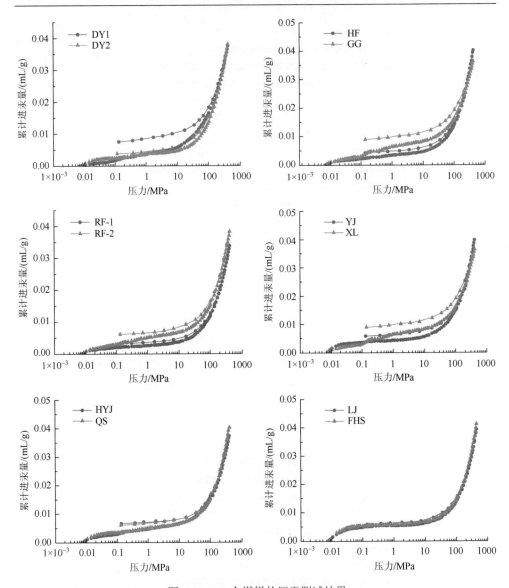

图 4-14　12 个煤样的压汞测试结果

　　类型 I，样品中 DY-1、GG、XL、YJ 均属于此类型。这一类型曲线的特点是，在进汞压力 0.1～100MPa 之间，曲线较平缓，进汞速度较慢，且进汞曲线与退汞曲线呈平行型，滞后现象明显。进汞压力大于 100MPa 曲线斜率剧增，进汞速度较高，且进汞曲线与退汞曲线重合，这种类型曲线反映孔隙类型以开放孔和半开放孔为主（图 4-14）。此类样品中，阶段孔容微孔与过渡孔孔容发育，中孔发育较差（图 4-15）。

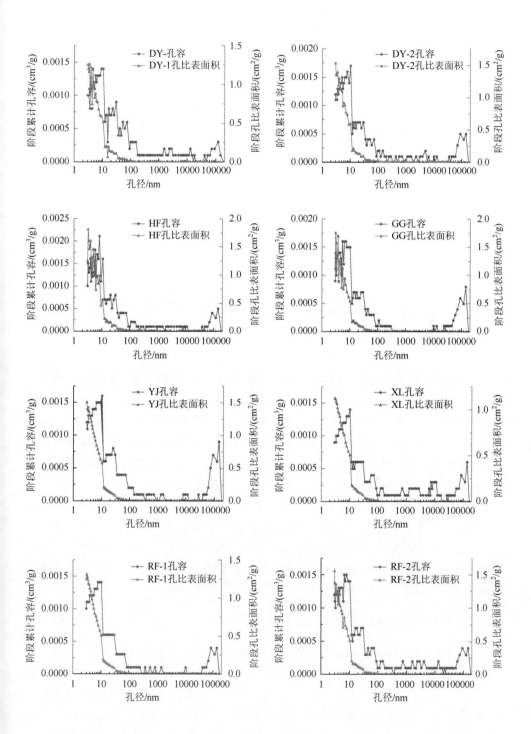

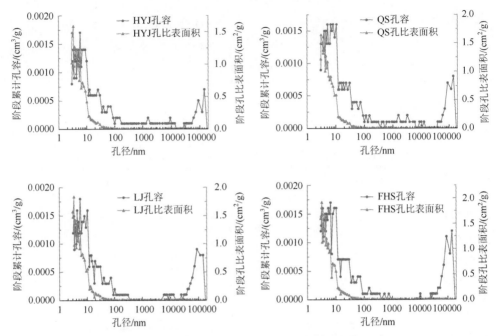

图4-15　煤样的阶段孔容与孔比表面积分布

类型Ⅱ，样品中 HF、RF-2、HYJ、QS 均属于此类型。这一类型曲线的特点是，在进汞压力 0.1～100MPa 之间，曲线较平缓，进汞速度较慢，且进汞曲线与退汞曲线呈一定锐夹角，滞后现象不太明显，且随着压力的减小，同一压力点进汞与退汞量差值越来越大，进汞压力大于 100MPa 时的曲线，与类型Ⅰ相似，说明孔隙类型以半开放孔和半封闭孔为主。此类样品阶段孔容微孔孔容发育，其次为过渡孔，中孔发育较好（图4-15）。

类型Ⅲ，样品中 DY-2、RF-1、LJ、FHS 均属于此类型。这一类型曲线的特点是，进汞曲线与退汞曲线基本重合，基本不存在滞后现象，说明孔隙类型以半封闭孔为主。此类样品阶段孔容微孔孔容发育，其次为过渡孔，中孔发育较好（图4-15）。此类样品阶段孔容分布不均匀，以微孔孔容发育为主，中孔孔容发育较差甚至不发育（图4-15）。

2. 基于低温氮吸附法的煤样孔隙结构

本次对 10 个煤样进行了低温氮吸附实验，实验结果见表4-8。

与压汞实验结果相比，煤样的低温氮孔隙结构差异较大，各煤样的 BJH 总孔容变化范围为 2.55～13.76×10⁻⁴cm³/g，BET 比表面积变化范围为 0.056～1.06m²/g，平均孔径变化范围为 6.57～19.52nm。其中，平均孔径与 BET 比表面积的变化趋势相反，比表面积越大，孔径越小。各煤样孔隙中过渡孔孔容明显大于微孔孔容，但比表面积却小于微孔比表面积，说明煤储层孔隙比表面积主要来源于微孔，微孔含量的多少反映了煤储层吸附性能的强弱。

表4-8 煤样低温氮吸附实验结果

样品	层位	BJH总孔容/ $(10^{-4}cm^3/g)$	BET比表面积/ (m^2/g)	平均孔径/nm	不同孔径孔容/ $(10^{-4}cm^3/g)$		不同孔径孔比表面积/ (m^2/g)	
					<10nm	10~100nm	<10nm	10~100nm
DY-1	6	2.55	0.056	18.60	0.29	2.22	0.024	0.015
HF	16	6.29	0.13	19.52	1.33	4.91	0.077	0.036
GG	16	3.81	0.091	17.44	0.59	3.27	0.048	0.021
YJ	16	6.74	0.16	17.37	1.61	5.13	0.087	0.034
RF-1	16	5.19	0.17	12.85	1.48	3.85	0.085	0.026
XL	21	13.76	1.06	6.57	5.04	8.72	0.79	0.086
HYJ	23	4.81	0.12	16.77	1.02	3.93	0.062	0.026
QS	23	4.69	0.16	12.54	1.59	3.19	0.087	0.023
LJ	23	3.68	0.081	18.61	0.54	3.09	0.043	0.021
FHS	27	5.07	0.184	11.57	1.99	3.17	0.11	0.023

由吸附和凝聚理论（严继民和张启元，1979）可知，同一个孔发生凝聚与蒸发时的相对压力不同时，吸附等温线的两个分支便会分开，形成吸附回线。低温氮吸附解吸回线的形状反映了微孔~过渡孔结构情况，10个煤样的测试曲线可分为三类（陈萍和唐修义，2001），如图4-16所示。

Ⅰ型。吸附、解吸曲线基本重合，且开始阶段上升缓慢，在相对压力约0.9处急剧上升，如煤样HYJ、YJ、RF-1。这类孔的最大吸附量较小，反映了孔隙为不开放的且一端封闭的平行板状孔。

Ⅱ型。吸附、解吸曲线不重合，且在开始段上升缓慢，在相对压力约0.9处急剧上升，解吸曲线在相对压力0.4~0.6出现严重的滞后环，包括煤样QS、HF、GG。这类孔的吸附量一般较大，反映了孔隙为一端封闭的"墨水瓶"孔。

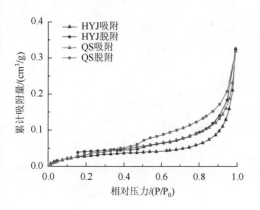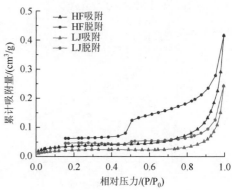

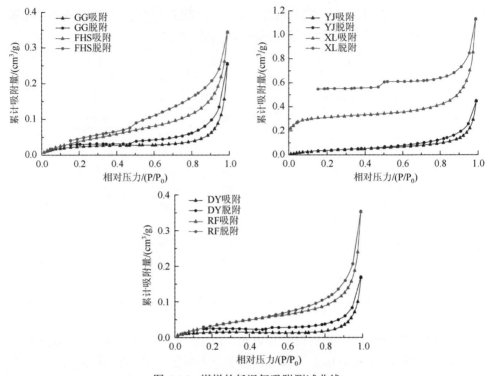

图 4-16　煤样的低温氮吸附测试曲线

Ⅲ型。吸附、解吸曲线不重合，且开始段上升缓慢，几乎呈平行状态展布，在相对压力约 0.9 处急剧上升，如煤样 LJ、FHS、XL、DY-1。这类孔的最大吸附量最大，反映了孔隙为两端开放的平行板状孔。

根据低温液氮吸附曲线和 BJH 法计算得到各煤样的孔径分布图（图 4-17）。各含气系统煤样的孔径分布特征曲线均有一个共同的特点，曲线都具有两个峰值，第一个峰值均比第二峰值小，第一个峰值均位于孔半径 20nm 附近，孔体积介于 $5.86 \times 10^{-6} \sim 2.75 \times 10^{-5}$ mL/g，第二峰值均位于孔半径 40nm 附近，孔体积介于 $1.02 \times 10^{-5} \sim 4.82 \times 10^{-5}$ mL/g。

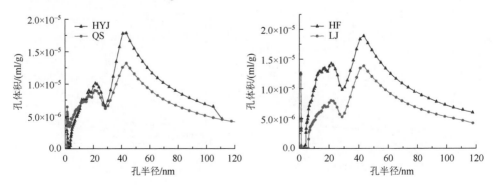

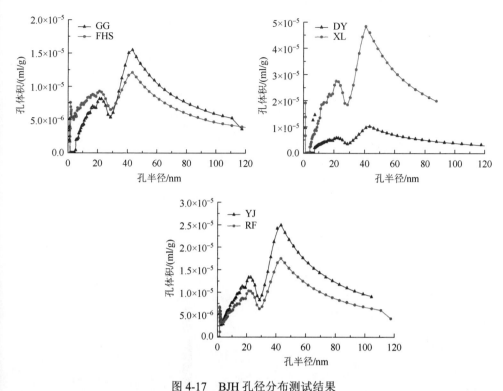

图 4-17　BJH 孔径分布测试结果

三、煤储层渗透性特征

珠藏向斜各井田分布如图 4-18 所示。从研究区少普井田及邻区煤体结构来看，红梅井田煤层构造变形程度较高，III 类煤占有较大比重，是区内渗透率最低、最不利于煤层改造的地段。据珠藏向斜少普井田钻井资料，2 号、6 号、7 号、23 号煤层煤心较为完整，多为块状碎裂煤，底部见少量粉煤。肥三 203 钻孔揭示 I+II 类煤相对发育，占净煤累计厚度的 68.33%，预示着肥三区块煤层煤体结构较完整，具有较高的渗透率。此外，在垂向上，同一钻孔不同煤层煤体结构存在很大差异，III 类煤发育程度总体上随煤层层位降低而减弱，预示下部煤层可能有较高渗透率。

测井评价是运用地球物理方法，根据所测地球物理参数估算渗透率，解释结果为绝对渗透率或相对渗透率。少普井田主要煤层测井解释渗透率值在 0.059～1.224mD（图 4-19），其中 16 号煤渗透率较高，达到 1.224mD，20 号煤、23 号煤分别为 0.462mD 和 0.524mD，中部 12 号煤、14 号煤、17 号煤渗透率较低，不足0.1mD，主要由于煤层发育不稳定，煤层厚度较薄，孔隙率较低。总体上看，随着煤层层位的降低，渗透率呈现逐渐增大的趋势。

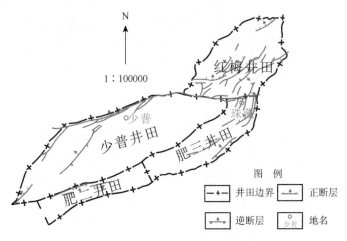

图 4-18　珠藏向斜各井田分布图

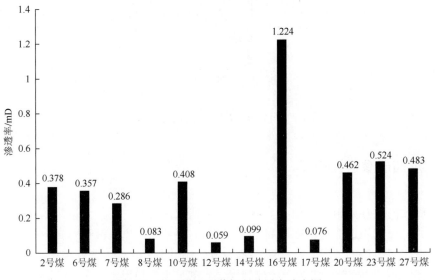

图 4-19　主要煤层测井解释渗透率分布图

试井测试渗透率是现场通过试井直接测试煤储层原位渗透率得到的，它是地层流动区域内渗透率的平均值，在一定的压力差作用下，大孔隙的流体先参与流动，而微小孔隙难以参与或者根本就无法起到渗流作用。国外根据煤储层原位试井渗透率大小，将煤储层的渗透率划分为 3 个等级：渗透率大于 10mD，为高渗透率储层；渗透率介于 1～10mD 之间，为中渗透率储层；渗透率小于 1mD，为低渗透率储层。据 Z2 井与 Z4 井试井资料，16 号煤渗透率仅为 0.0179mD，23 号煤渗透率为 0.000164mD，27 号煤渗透率为 0.0744mD，均属于低渗透率储层。试井渗透率偏低的主要原因在于，试井前钻井液和煤粉等对煤储层造成了伤害，近井地带煤层中的裂隙被堵塞，同时，由于在试井注水时注入压力很低，水的径向流动范围有限，这两种因素叠加在一起，使试井测得的渗透率只反映近井地段情况，渗透率值偏低。但渗透率变化趋势与测井解释结果相符，进一步证实了下部煤层渗透性将优于上部煤层。

四、煤层气化学组分特征

依据少普井田 15 个钻孔煤心解吸实验数据统计结果（表 4-9）可知，研究区各煤层的 CH_4 含量介于 $5.77\sim18.16m^3/t$，N_2 含量介于 $0.55\sim23.18m^3/t$，CO_2 含量介于 $0.11\sim0.66m^3/t$。各煤层平均 CH_4 含量为 $9.57m^3/t$。各煤层平均 CH_4 浓度变化不大，分布于 $72.65\%\sim89.86\%$，除 7 号煤外，CH_4 组分平均浓度均在 80% 以上（图 4-20）。其中，7 号煤 N_2 浓度达到 26.73%，09-3 钻孔中 N_2 含量更是高达 50.47%，推测区域内将会出现 N_2 异常偏高的现象。

表 4-9　少普井田 15 个钻孔煤心解吸实验数据统计表

煤层	件数/个	埋深/m	煤层含气量/（m^3/t）				煤层气成分/%			
			CH_4	C_2H_6	N_2	CO_2	CH_4	C_2H_6	N_2	CO_2
6	4	232.64	12.20	-	1.41	0.66	83.9	-	10.60	5.5
6-1	1	155.27	6.84	-	1.13	0.22	88.74	-	9.39	1.87
7	2	149.32	18.16	-	23.18	0.38	72.65	-	26.73	0.62
16	4	198.97	11.41	-	2.07	0.58	82.30	-	13.65	4.05
17	1	218.46	5.77	-	0.55	0.11	89.86	-	8.49	1.65
21	2	200.37	11.65	-	2.18	0.61	81.78	-	12.04	6.18
27	1	194.73	8.64	-	1.08	0.45	82.32	-	12.52	5.16

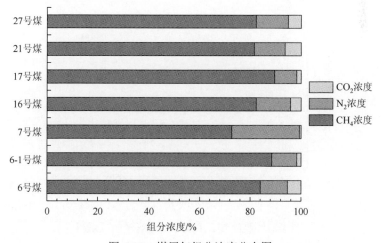

图 4-20　煤层气组分浓度分布图

    煤层 CH_4 浓度与埋深关系较明显，呈正相关关系（图 4-21）。而 CH_4 浓度与 CH_4 含量关系较分散，总体呈弱正相关关系，符合一般规律（图 4-22）。在垂向上，CH_4 浓度随着层位的降低，CH_4 浓度呈"增大-减小-增大-减小"的波动式变化。造成这种结果的原因可能是该井田发育多套含气系统，不同含气系统的分界面均处于层序地层最大海泛面附近，各含气系统储层物性存在一定的差异，具有不同的流体压力系统，导致 CH_4 浓度在层序界面发生突变（杨兆彪，2011）。

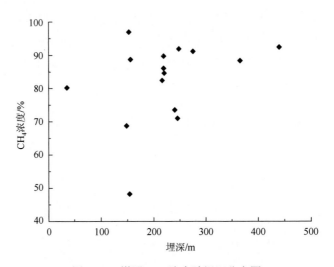

图 4-21　煤层 CH_4 浓度随埋深分布图

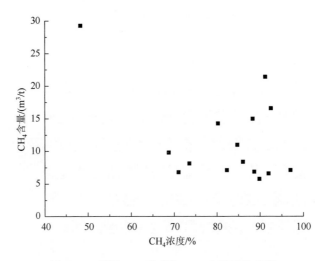

图 4-22　煤层 CH_4 浓度与 CH_4 含量的关系图

五、煤储层含气量特征

少普井田含气量在区域上非均质性较强，变化差异大。以 16 号煤为例（图 4-23），16 号煤含气量总体上呈由东往西逐渐增大然后逐渐减小的趋势。由于东部煤层厚度较薄，加之地质构造影响微弱，含气量较低，边缘部位含气量小于 $6m^3/t$，勘探区中部含气量较高，最高可达 $15m^3/t$。而勘探区西部受地贵背斜的影响，含气量又逐渐降低，表现出"两端低、中间高"的规律（王聪等，2011）。南北方向上，由北向南，含气量逐渐升高，北段由于受较多正断层的影响，含气量偏低，而在井田南部，由于受珠藏向斜的影响，有利于煤层气的富集，使得向斜附近含气量偏高。总而言之，16 号煤煤层中南部煤层气资源比较富集，而东北部含气量则偏低，整体表现出"两端低、中间高，两翼低、轴部高"的向斜控气特点。

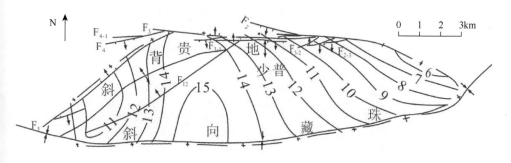

图 4-23　少普井田 16 号煤含气量等值线图（王聪等，2011）

垂向上，含气量随着煤层层位的降低呈现"减小-增大-减小-增大"的变化趋势，与 CH_4 浓度所呈现的趋势正好相反（图 4-24）。并且，煤层 CH_4 含量随埋深增加并非呈线性增加关系，而是呈现出波动式变化，其中，7 号煤 CH_4 含量最高（$18.16m^3/t$），17 号煤最低（$5.77m^3/t$），平均为 $11.58m^3/t$（图 4-25）。主要原因是由于研究区垂向上煤层相互之间阻水隔气性好，存在多套含气系统，并且不同含气系统储层物性及能量差异明显，引起了煤层含气量垂向上呈波动式变化。

依据少普井田煤层气 Z2 井各煤层测井解释得到的储层参数可以看出（表 4-10），煤层含气量在垂向上随埋深增加呈离散性分布（图 4-26），存在多个突变点。整体上看，Z2 井煤层含气量随着层位降低呈现"升-降"重复性变化的特点，总体呈现负相关趋势，其中 6 号煤、16 号煤、23 号煤是 3 个最为明显的拐点。从含气量梯度来看，其与含气量变化趋势大致相同，随着煤层层位的降低，含气量梯度总体呈降低趋势，但也呈现出一定的波动变化，其拐点分别在 16 号煤和 23 号煤。

含气量与含气量梯度的这种波动式分布特征证实了垂向上存在多套流体压力系统，并且17～30号煤可能存在两套含气系统。

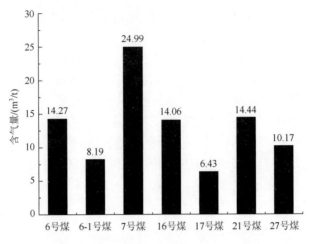

图 4-24 少普井田不同层位含气量分布图

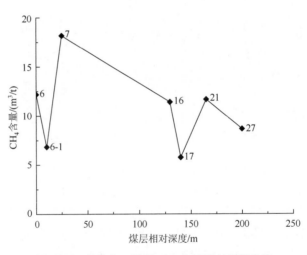

图 4-25 少普井田煤层 CH_4 含量垂向变化曲线

表 4-10 Z2 井主要煤层测井解释储层物性参数列表

煤层	埋深/m	厚度/m	孔隙度/%	含气量/ (m^3/t)
2	198.3	0.8	8.8	12.54
6	240.4	1.6	8.8	13.69
7	262.4	0.9	7.9	10.78
14	357.7	0.7	6.8	7.26

续表

煤层	埋深/m	厚度/m	孔隙度/%	含气量/（m³/t）
16	381.1	2.5	11.2	16.64
17	388.8	0.6	6.2	10.95
20	407.45	1.3	8.6	10.75
23	431.5	1.9	7.4	15.85
27	462.2	1	6.4	8.42

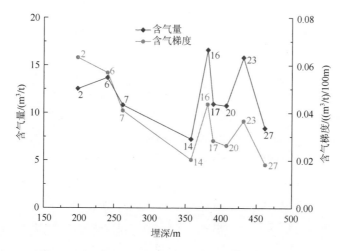

图 4-26 Z2 井主要煤层含气量及含气量梯度变化曲线

六、煤储层压力特征

本书统计了少普井田及邻区 32 余个钻孔抽水实验结果，测试层位主要为上二叠统的龙潭组和长兴组。依据第三章第二节等效储层压力计算公式，计算出各钻孔等效储层压力（表 4-11）。其中，煤储层压力介于 0.25～2.2MPa（图 4-27），储层压力梯度介于 0.16～1.33MPa/100m，压力系数介于 0.16～1.36（图 4-28）。统计结果揭示出，含煤地层总体上处于欠压状态，煤储层压力非均质性较强，但在上部含水带也有少量超压钻孔。随着埋深的增加，储层压力呈现出先增大后降低的变化趋势，转折点大约在埋深 200m 左右，体现出埋深对储层压力有一定的控制作用，并且由于不同含气系统之间缺乏水力联系导致两者变化关系出现转折。储层压力系数与煤层埋深总体呈现了良好的线性关系，随着煤层埋深的增加，储层压力系数降低，表明超压地层主要分布在强透水性、中等富水性的浅部煤系地层。

表 4-11 少普井田及邻区等效储层压力计算结果

勘探区	孔号	层位	水位标高/m	水位埋深/m	水头高度/m	视储层压力/MPa	压力系数
少普井田	07-6	煤系顶-2 号煤	1641	12.78	88.75	0.87	0.87
	13-3	标二	1518.63	−23.86	224.53	2.20	1.12
	05-4	2 号煤-7 号煤	1635.41	−16.50	140.75	1.38	1.13
	8-4	煤系顶-7 号煤	1651.04	14.62	132.81	1.30	0.90
	7-5	2 号煤-16 号煤	1518.53	−6.70	80.80	0.79	1.09
	8-3	7 号煤-16 号煤	1608.32	144.61	112.79	1.10	0.44
	8-1	标五下标-21 号煤	1546.73	−1.03	177.77	1.74	1.01
	8-1	标五下标-$P_2\beta$	1553.50	−7.90	184.64	1.81	1.04
	8-2	16 号煤-玄武岩	1550.28	87.33	140.15	1.37	0.62
肥二井田	803	P_2c	1296.66	35.57	34.95	0.34	0.50
	803	P_2c-8 煤	1310.64	21.59	121.80	1.19	0.85
	13-3	P_2c+d	1518.63	−23.86	224.53	2.20	1.12
	801	16 号煤-$P_2\beta$	1256.84	26.06	118.59	1.16	0.82
	802	标五-标七	1263.02	29.13	110.24	1.08	0.79
	01-2	标五-16 号煤	1331.62	40.28	90.70	0.89	0.69
	07-4	T_1f^2	1601.06	−13.00	91.80	0.90	1.16
	05-3	标三	1503.59	−10.70	92.90	0.91	1.13
肥三井田	5-4	T_1f^1	1423.22	−4.64	82.64	0.81	1.06
	5-4	P_3c	1421.64	−3.06	94.13	0.92	1.03
	203	2 号煤~6 号煤	1492.49	53.15	37.92	0.37	0.42
	5-4	2 号煤~6 号煤	1464.38	−45.80	173.55	1.70	1.36
	8-2	6 号煤~16 号煤	1568.07	105.90	89.99	0.88	0.46
	202	6 号煤~16 号煤	1527.15	83.88	161.37	1.58	0.66
	191	16 号煤~30 号煤	1540.90	34.64	107.66	1.05	0.76
	191	$P_3\beta$	1383.11	192.44	71.69	0.70	0.27
红梅井田	410	16 号煤~30 号煤	156.52	0.48	154.92	1.52	1.00
	411	6 号煤~16 号煤	1530.10	8.00	78.00	0.76	0.91
	4306	6 号煤~16 号煤	1495.25	95.24	51.40	0.50	0.35
	1206	16 号煤~30 号煤	1576.41	−41.30	160.82	1.57	1.35
	413	16 号煤~30 号煤	1540.89	−9.00	168.56	1.65	1.06
	3603	30 号煤	1535.71	128.83	25.22	0.25	0.16

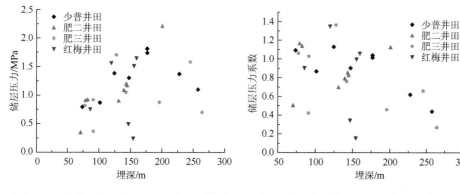

图 4-27　少普井田及邻区储层压力与埋深　　图 4-28　少普井田及邻区储层压力系数
　　　　　关系图　　　　　　　　　　　　　　　　　与埋深关系图

　　肥三井田抽水实验和水位测试数据较完善，大致把龙潭组和长兴组划分为 4 个流体系统，即：2～6 号煤、6～16 号煤、16～30 号煤和龙潭组底部，其中某些钻孔对全部系统的水文数据进行了测定（图 4-29）。对比各个流体系统储层压力与埋深的关系（图 4-30），发现，煤储层压力与埋深呈正相关关系，随着埋深的增加而增加，符合一般规律，表明各流体系统属于同一个压力系统。但是 2～6 号煤储层压力与埋深关系较分散，波动性较大，主要原因在于，浅部地层透水性强，地下水较为活跃，而深部地层透水性以及地下水活动均较弱，储层压力状态较稳定。同一钻孔的不同煤组的水位标高分布显示（图 4-29），不同煤组具有不同的水位标高，说明研究区至少含有四套流体系统及含气系统。

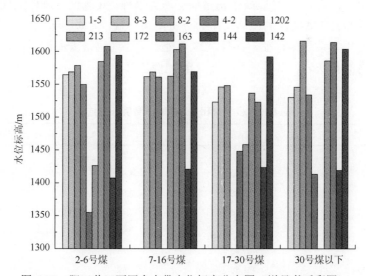

图 4-29　肥三井田不同含水带水位标高分布图（详见书后彩图）

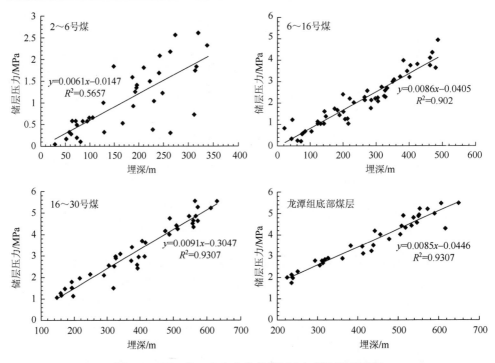

图 4-30　肥三井田各含水带储层压力与埋深的关系图

目前，少普井田有三口煤层气排采试井，其中仅 Z2 井数据较全（表 4-12）。可以发现，煤储层压力具有随煤层埋深增加而增大的趋势（图 4-31），同时，储层压力梯度显示，除了 27 号煤属于正常储层压力以外，其他煤层总体上处于欠压状态，与上述水头高度换算的视储层压力分析结果一致。依据煤储层压力梯度大小，显示出六套压力系统的特征，并且，23 煤处于层序地层最大海泛面附近，间接底板易于发育海相灰岩，其孔隙率较低，封闭性较好。

表 4-12　少普井田 Z2 井试井储层压力结果

煤层	埋深/m	压力/MPa	压力梯度/（MPa/100m）
2	198.30	1.59	0.80
6	240.40	1.90	0.79
7	262.40	2.02	0.77
14	357.70	2.40	0.67
16	381.10	2.93	0.77
20	407.45	2.81	0.69
23	431.50	3.02	0.70
27	462.20	4.85	1.05

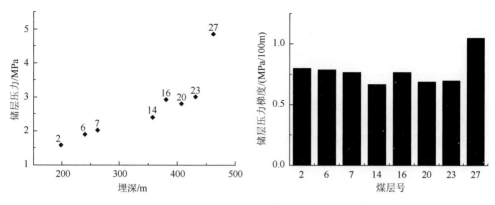

图 4-31　少普井田 Z2 井储层压力及储层压力梯度分布图

七、煤储层吸附/解吸特征

为了研究不同含气系统煤储层吸附解吸特征，对采集来的部分煤样（6#、16#、21#、23#）进行了等温吸附解吸实验，测试采用中国石油勘探开发研究院廊坊分院 ISOSORP-GASSC 等温吸附/解吸实验仪。分别将样品破碎至 20～40目、60～80 目以及 1～2cm，实验温度设计为原位煤储层温度 30℃，最大压力点控制在 12.5MPa 左右，共测定 8 个压力点下的吸附数据和 9 个压力点下的解吸数据。实验测试均按照国标标准进行操作，由于 1～2cm 样品实验过程中操作不当，误差较大，剔除此样品实验结果不予以分析，具体实验结果见表 4-13 与表 4-14。

表 4-13　20～40 目样品等温吸附实验数据

样品	层位	兰氏体积 V_L/（m³/t）			兰氏压力 P_L/MPa
		空气干燥基	干燥无灰基	平衡水基	
DY	6	45.82	52.13	44.04	5.07
RF	16	43.55	54.44	41.64	5.08
XL	21	43.35	56.51	39.62	3.95
QS	23	48.83	55.08	46.34	4.67

表 4-14　60～80 目样品等温吸附实验数据

样品	层位	兰氏体积 V_L/（m³/t）			兰氏压力 P_L/MPa
		空气干燥基	干燥无灰基	平衡水基	
DY	6	33.29	37.88	32.13	3.01
RF	16	36.08	45.10	34.69	3.46
HF	16	39.07	47.34	37.00	3.00

样品	层位	兰氏体积 V_L/（m^3/t）			兰氏压力 P_L/MPa
		空气干燥基	干燥无灰基	平衡水基	
YJ	16	37.15	41.73	35.62	3.22
XL	21	33.73	43.97	32.40	3.04
HYJ	23	38.87	44.58	37.44	3.16
LJ	23	39.60	45.76	37.82	3.19
QS	23	35.77	40.35	34.07	3.95

（1）吸附特征

研究区 20～40 目空气干燥基煤样兰氏体积介于 43.35～48.83m^3/t，平均 45.39m^3/t；干燥无灰基煤样兰氏体积介于 52.13～56.51m^3/t，平均 54.54m^3/t；平衡水基煤样兰氏体积介于 39.62～46.34m^3/t，平均 42.91m^3/t；兰氏压力最大为 5.08MPa，最小为 3.95MPa，平均 4.69MPa。60～80 目空气干燥基煤样兰氏体积介于 33.29～39.60m^3/t，平均 36.70m^3/t；干燥无灰基煤样兰氏体积介于 37.88～47.34m^3/t，平均 43.34m^3/t；平衡水基煤样兰氏体积介于 32.13～37.82m^3/t，平均 35.15m^3/t；兰氏压力最大为 3.95MPa，最小为 3.00MPa，平均 3.25MPa。

无论是空气干燥基、干燥无灰基还是平衡水基，在低压阶段，煤样对 CH_4 的吸附普遍较快，反映在等温吸附曲线上，即等温吸附曲线前段斜率较大。随着压力的增大，煤样对 CH_4 的吸附趋于平衡，在等温吸附曲线上表现为等温吸附曲线趋于水平（图 4-32、图 4-33）。三类煤样中，在同一压力点下，干燥无灰基煤样吸附量最大，平衡水煤样最小，并且干燥无灰基煤样与其他两个类型煤样吸附量相差较大，而空气干燥基煤样与平衡水煤样吸附量相差较小，说明灰分含量对煤的吸附性能影响较大，水分含量的影响较小（图 4-32、图 4-33），这是由于灰分属于无机组分，其吸附能力要远远小于有机组分，同时，灰分与水分均导致煤比表面积减少，从而降低了煤的吸附性能。

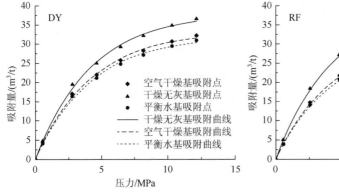
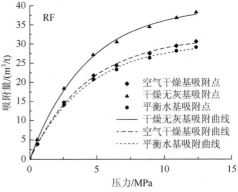

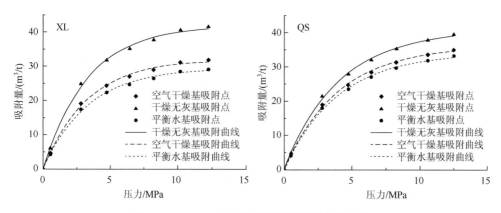

图 4-32　20～40 目不同类型样品等温吸附曲线

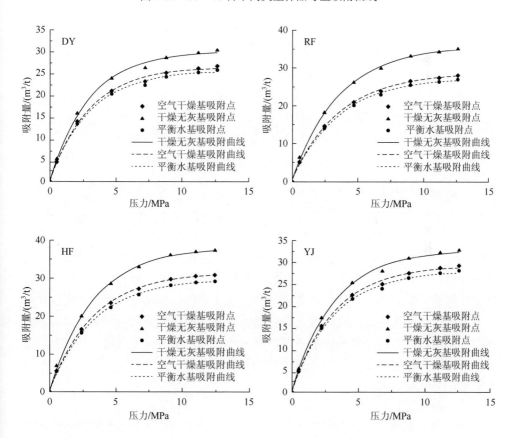

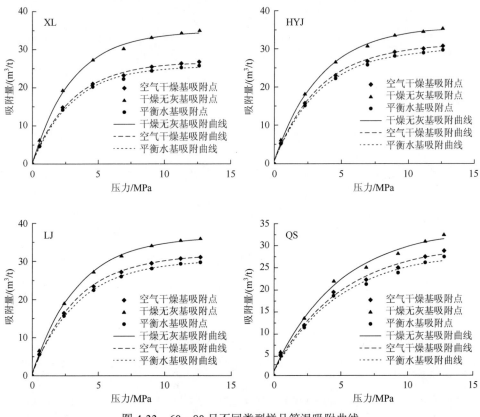

图 4-33　60～80 目不同类型样品等温吸附曲线

　　一般而言，在多层叠置独立含气系统中，由于各个含气系统之间缺乏联系，储层参数如储层压力、含气量等在同一含气系统内部表现为线性（单调性）变化，在含气系统之间表现为非线性（突变性）变化，特别是在三级层序的分界面附近（杨兆彪，2011）。综合分析认为，研究区煤层吸附性与含气系统类型之间并无必然的联系，随着煤层层位的降低，兰氏体积总体表现出增大的趋势，尽管局部煤层发生异常，并且同一层煤兰氏体积呈现波动式变化，也仅仅说明了研究区煤储层非均质性比较强。煤层吸附性受煤层变质程度、煤岩组分和矿物质含量等因素的综合影响，尽管层序结构控制着煤岩组分和矿物含量的发育情况，其发育程度的不同影响到煤岩比表面积的不同，从而影响其吸附性，但叠加上煤岩变质程度的影响，其影响较微弱。

　　（2）解吸特征

　　实验测出两种粒径煤样在空气干燥基条件下的 9 个压力点的解吸量数据（图 4-34、图 4-35）。可以看出，煤样兰氏压力越大，其解吸曲线在高压阶段的曲线斜率相对较大，在低压阶段的斜率相对较小，说明在高压阶段，兰氏压力大的煤样解吸更容易；在低压阶段，兰氏压力小的煤样解吸更容易。因此，在煤层气开采过程中，兰氏压力越大，在开采初期产能越高；在开采后期，兰氏体积越小，产能越稳定。

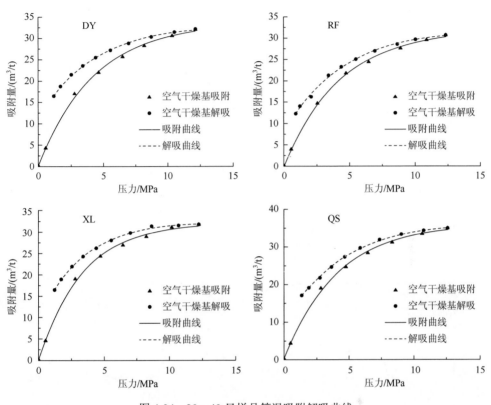

图4-34　20～40目样品等温吸附解吸曲线

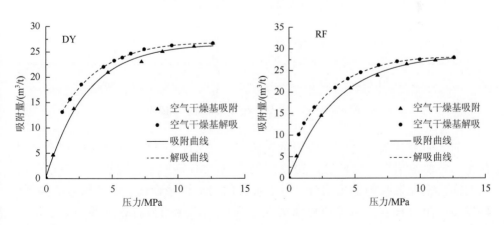

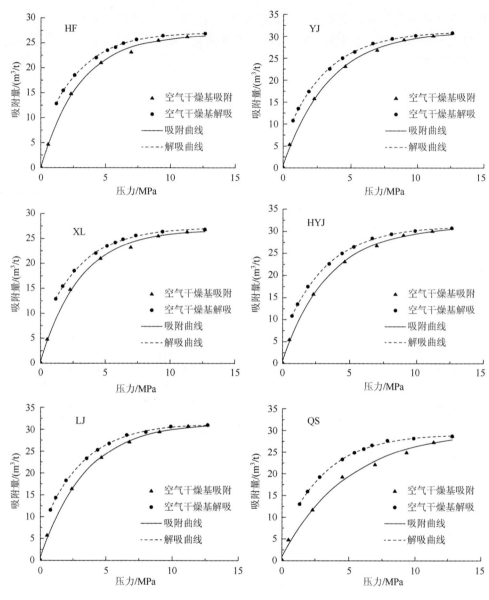

图 4-35　60～80 目样品等温吸附解吸曲线

　　前人研究认为，解吸与吸附的过程是可逆的，不过解吸过程相对于吸附存在一定的滞后性（涂乙等，2012），实验结果也证实了该观点。一般这种滞后性都发生在解吸的低压部分，高压阶段的滞后性很微弱，随着压力的降低，解吸与吸附过程含气量差值逐渐增大，滞后现象越明显。这主要是由于煤基质孔隙本身就是煤层气运移的通道，两端开口的圆筒形孔及四边开放的平行板状孔较锥形孔和细颈瓶形孔易解吸。但微孔和小孔对 CH_4 束缚能力强，加上煤基质固体吸附剂对气体具有毛细凝结作用，同时煤岩在解吸过程中发生煤基质收缩效应（马东民等，2011），改变了煤岩比表面积，最终造成煤层气解吸滞后现象。

从表 4-15 可以看出，不同层位的煤样其解吸残余率介于 27.76%～39.38%，平均为 34.19%。同一煤样的不同粒径其解吸残余率相差不大，说明粒径的大小对煤样的解吸残余率影响较小。从图 4-36 与图 4-37 可以看出，随着煤层层位的降低，煤样解吸残余率呈现出波动式变化。

表 4-15　样品等温吸附实验数据

样品	层位	粒径	最大吸附量/（m³/t）	解吸残余量/（m³/t）	解吸残余率/%
DY	6	20～40 目	45.82	16.42	35.84
		60～80 目	33.29	13.11	39.38
RF	16	20～40 目	43.55	12.32	28.29
		60～80 目	36.08	10.18	28.22
HF	16	60～80 目	39.07	14.41	36.88
YJ	16	60～80 目	37.15	13.91	37.44
XL	21	20～40 目	43.35	16.44	37.92
		60～80 目	33.73	12.87	38.16
HYJ	23	60～80 目	38.87	10.79	27.76
LJ	23	60～80 目	39.60	11.48	29.00
QS	23	20～40 目	48.83	17.12	35.06
		60～80 目	35.77	13.00	36.34

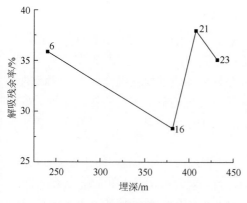

图 4-36　20～40 目样品解吸残余率层域
分布曲线

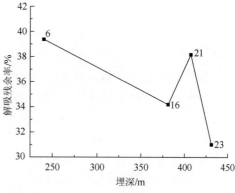

图 4-37　60～80 目样品解吸残余率层域
分布曲线

第五章　多煤层区单井水力压裂物理模拟及工艺优化

水力压裂是煤层气井增产的一项重要措施,已成为煤层气开发的重要手段(付玉等,2003;郭军峰等,2011;张亚蒲等,2006)。以往研究主要针对单煤层进行水力压裂的优化及模拟,而如何对复杂多煤层区进行合理的水力压裂优化则缺少系统的研究。本章在分析影响多煤层区水力压裂效果因素的基础上,结合物理模拟和数值模拟,合理优化多煤层区水力压裂参数,针对具有统一含气系统和独立含气系统的多煤层区,分别制定合理的水力压裂方案。

第一节　多煤层区水力压裂影响因素

对多煤层水力压裂而言,影响压裂效果以及压裂方式的因素较多,主要有煤储层物性特征和水力压裂施工工艺因素两大类。其中,煤储层物性特征包括煤储层孔裂隙特征、煤储层能量特征、煤与顶底板岩石力学性质和层间距等;施工工艺因素主要有压裂规模、施工排量、注入时间以及注水压力等参数。本节对影响水力压裂效果的各因素进行综合研究,分析各个影响因素之间的相互关系。

一、煤储层物性特征的影响

(一)煤与顶底板岩石的力学性质

煤层及其顶底板岩石的力学性质是影响煤储层增产改造效果的重要因素,其参数主要包括弹性模量、抗压强度、泊松比、破裂压力、压缩系数等。

弹性模量是在三轴应力作用过程中,在材料弹性形变范围内应力与应变的比值(傅雪海等,2007)。煤岩的弹性模量与围岩相比较低,围岩的杨氏模量一般为 10^4 MPa 数量级,煤一般为 10^3 MPa 数量级。煤泊松比相对较高,一般介于 0.25~0.40,围岩一般小于 0.30。

弹性模量受煤岩组分、围压及天然裂隙发育程度等的影响。镜质组脆性较强,韧性组分惰质组相对较硬,当镜质组含量>60%时,煤岩的弹性模量与镜质组含量负相关;当惰质组含量<40%时,煤岩的弹性模量与惰质组含量正相关(Li et al., 2013)。杨永杰等(2006)认为,围压作用下,弹性模量与围压之间符合二次多项

式。受水分和吸附气体的影响，煤岩的弹性模量会有所减小，泊松比有一定的增大。同时，弹性模量对压裂裂缝的长度及高度都具有比较明显的影响。根据岩体力学理论与煤层气勘探开发实践，利用拉姆方程，认为压裂裂缝宽度与岩石的弹性模量呈反比。其他条件恒定时，随煤岩弹性模量的增加，裂缝宽度呈下降趋势，裂缝长度随煤岩的弹性模量增加也呈减小趋势（图 5-1）。随着煤层弹性模量的增加，与顶底板岩石的弹性模量差值逐渐接近，顶底板限制裂缝扩展的作用减弱，压裂裂缝的高度呈增加趋势，但弹性模量达到一定值后，对其裂缝高度的影响逐渐减弱。同时，压裂裂缝高度随煤储层与顶底板岩石的弹性模量、抗拉强度差值的增大均呈减小趋势（图 5-2）。

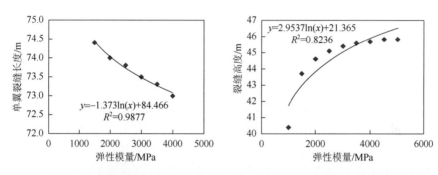

图 5-1　弹性模量与压裂裂缝的关系（$\mu=0.37$）（周龙刚，2014）

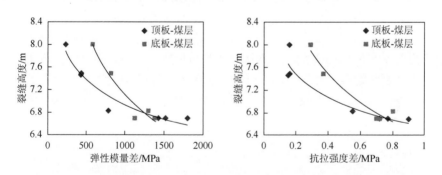

图 5-2　煤及顶底板岩石的力学参数与压裂裂缝高度的关系（周龙刚，2014）

　　泊松比是岩石力学强度性质的表征，其定义为，岩石在受轴向压缩时，在弹性变形阶段，横向应变与纵向应变的比值（傅雪海等，2007）。在压裂过程中，一方面，地面泵压和上覆地层重力作用影响着煤岩裂缝的产状特征；另一方面，由于泊松比是应力与应变的比值，因此还影响着压裂裂缝的宽度，决定压裂裂缝的尺寸。随着泊松比的增加，裂缝长度及宽度均减小，对裂缝高度基本无影响，但其影响小于弹性模量对裂缝的影响（图 5-3）。

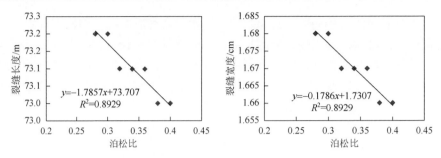

图 5-3 煤层泊松比与压裂裂缝的关系（E=4000，KIC=0.7）（周龙刚，2014）

（二）煤储层能量特征

煤储层压力是储层能量的具体表现形式之一，主要包括上覆地层静压力、静水柱压力和构造应力三部分，其值大小受到埋深、静水位和地质构造强度等影响。煤储层压力控制着压裂液注入压力的大小，储层压力越大，裂缝起裂时所需注入的压力就越高。处于同一压力系统的煤层群，可以采用合层压裂对储层进行改造，而对于储层压力相差悬殊的煤层群，合层压裂时仅有储层压力小的煤层得到充分的改造，整体压裂效果不明显，宜采用分层水力压裂技术。

地应力在空间上分为垂向主应力、水平最大主应力和水平最小主应力，垂向主应力是由静岩压力所引起的，而两个水平主应力则是由构造运动引起的。最大水平主应力与天然裂缝的夹角影响煤储层的破裂压力，夹角大小不同，影响程度不同（图 5-4）。裂缝的整体形态（垂直裂缝与水平裂缝）主要受控于压裂层位的垂直应力与水平应力的大小，一般认为浅部易形成水平缝，深部易形成垂直缝。同时，水力裂缝起裂方位与水平主应力方位和水平主应力差的大小有关。在高水平主应力差条件下，在井壁处，水力裂缝易沿垂直最小水平主应力的方位起裂并

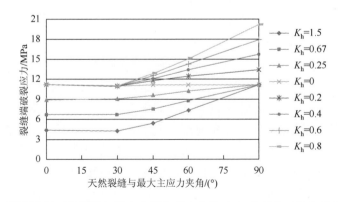

图 5-4 破裂压力随天然裂缝与最大水平主应力夹角（θ）的变化（朱宝存等，2009）

延伸，产生较为平直的水力裂缝。低水平主应力差条件下，水力裂缝容易沟通各种成因的天然裂缝，并沿天然裂缝扩展，产生网状裂缝。数值模拟结果显示，随着水平主应力差系数增大，裂缝长度会有增长的趋势（图 5-5）。

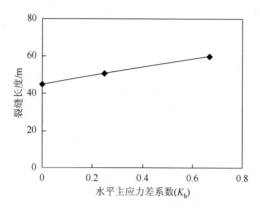

图 5-5　水平主应力差系数（K_h）与裂缝长度的关系（宋岩等，2012）

（三）煤层厚度及层间距

　　煤层厚度及层间距是多煤层分层压裂选层的一个重要标准，煤层厚度越薄，缝高与缝长的比值越大，裂缝高度将会远远超出煤层，容易沟通煤层附近含水层，导致水力压裂失败，影响后期煤层气井的排采。煤层厚度越厚，裂缝高度越容易控制在煤层内，当煤层达到一定的厚度时，裂缝高度基本控制在煤层以内（图 5-6）。煤层层间距大小直接关系到分层压裂技术的选择以及压裂段的划分，对于各煤层之间跨度都比较小的压裂井，宜将各煤层划分为一个压裂段，采用限流法分层压裂技术进行水力压裂。而对于各煤层之间跨度较大的压裂井，宜划分为多个压裂段，采用封隔器分层压裂技术进行压裂。

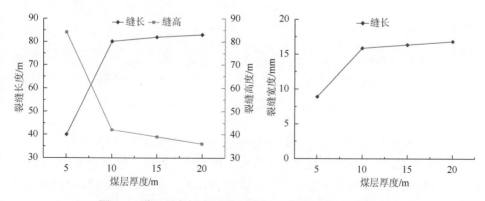

图 5-6　煤层厚度与压裂裂缝的关系（程远方等，2013a）

二、压裂施工工艺参数的影响

煤层气压裂施工效果的好坏不仅取决于地质条件和储层条件，更取决于压裂技术和施工工艺。根据实际地质条件，制定合理的压裂技术方案，分析各种施工参数对压裂效果的影响是很有必要的。

水力压裂裂缝在长度、宽度以及高度三维方向上的扩展程度受压裂规模的影响，压裂增产效果的好坏与施工规模呈正比，但过大的规模易导致裂缝扩展到煤层顶底板，沟通含水层，造成煤体严重破碎，降低渗透率，给排采带来困难。

煤层气井压裂液量以及施工排量不仅决定了压裂液的携砂能力，对压裂裂缝形态也有一定的影响。其他条件相同时，前置液量越多，营造出的裂缝也越多，但并不是前置液量越多越好，当达到一定量时，将不再产生新裂缝，并且注入的液体还增加了后续排采的困难，有些液体排不出来，从而影响产气效果（倪小明等，2013）。同时，针对不同的煤体结构，需要制定不同的施工排量。当顶底板与煤层力学性质相差不大时，需要制定合理的施工排量，避免裂缝突破煤层顶底板，进而影响压裂效果。数值模拟结果显示，随着注入压裂液量的增大，裂缝长度和高度均呈增长的趋势（图 5-7）。

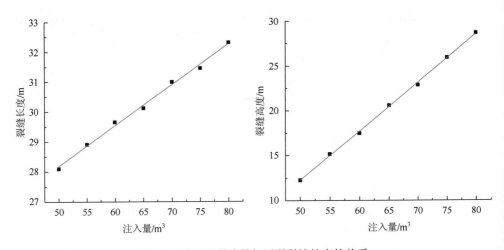

图 5-7　注入压裂液量与压裂裂缝长度的关系

注水速度也是影响水力压裂效果的重要指标，注水速度的大小取决于煤层渗透率。当煤层渗透率高时，若注水速度小于煤层吸收速度，压裂效果不甚理想；若注水速度大于煤层的吸收速度，由于滤失量较大，并不能形成较长距离的有效裂缝，缝宽也不会很大，压裂效果一般；当渗透率较低时，水力压裂液滤失量小，若采取较大注入速度，煤储层中能够形成较长距离的有效裂缝，压裂效果较好。

第二节　水力压裂物理模拟实验

一、物理模拟理论基础

（一）相似原理

相似模拟是针对具体的工程问题来研究其发展变化规律的一个重要手段。自20世纪开始，人们已经开始将相似模拟运用到地质力学模型试验、采矿工程、材料工程等方面，具有较长的研究历史和相对比较成熟的技术方法。其中，在理论的推导，模拟材料的选取、配比，测试分析方法、方案的定制，实验结果的处理等方面都进行了十分具体的研究。同时也制作了大量的模拟仪器，在不断的模拟实验中进行创新、改进。近些年来，随着能源战争的日益激烈，石油、天然气及非常规能源的需求量日益增加，开发力度不断加大，水力压裂的物理模拟也开始被运用于进行储层改造增产的理论研究中。相似模拟主要针对脆性材料进行静力学模拟实验（杜春志，2008）。

相似模拟方法就是运用个别现象的模拟结果去解释或推导普遍现象的结果的一种方法。通过模拟实验，在个别现象与普遍现象之间建立一种能够满足相似性要求的方程。对于相似模拟实验的精度及其可靠程度主要由以下两个方面决定：①包括影响因素、实验方案、方法及结果分析在内的实验总体设计；②能否选取合适的材料去制作合适的相似模型。相似三定理为相似模拟实验提供了理论依据（杜春志，2008）。

相似第一定理又称相似正定理，可以表述为：如果现象相似，则他们的单值条件相同，相似指标等于1，相似准则相等。

相似第二定理可以表述为：如果现象相似，那么这些现象中的各种物理量之间的关系可以用一种无量纲形式的方程描述，并且相似准则的函数关系式相同。

相似第三定理又称相似逆定理，可以表述为：对于现象，其单值条件相同，同时由此单值条件的物理量所组成的相似准则在数值上相等，则现象相似。相似第三定理指出了判断相似现象的方法（沈自求，1955；仵锋锋等，2007）。

在进行模拟实验时，模型所表现出来的物理现象要与原型相似，即要求模型的形状、材料及外部载荷要符合一定的相似规律，主要包括几何相似、应力-应变变化过程相似、物理参数相似（杜春志，2008；李文杰等，2013）。

（1）几何相似

此为模型和原型之间应该满足的最基本条件，可表示为

$$l/l' = C_l$$

其中，l 和 l' 分别表示原型和模型的几何参数；C_l 为几何相似常数。

（2）力学相似

此为保证模型和原型材料之间的应力关系相似，可表示为

$$\frac{\sigma'_1}{\sigma_1} = \frac{\sigma'_2}{\sigma_2} = \frac{\sigma'}{\sigma} = C_\sigma$$

其中，C_σ 代表应力相似常数；σ、σ_1、σ_2 与 σ'、σ'_1、σ'_2 分别代表不同方向的原地应力和模型应力。

（3）变形相似

因为应变是一个无单位量，依据相似原理，应变相似常数为 1，即：$C_\varepsilon = 1$，这里的 C_ε 为应变相似常数。由弹性理论和变形相似条件可得：$C_\varepsilon = 1$，$C_\mu = 1$。

$$C_E = C_\sigma$$

其中，C_μ 代表泊松比相似常数；C_E 代表杨氏模量相似常数。

（4）破坏相似

在工程实践中因为无法使模型与原型之间达到完全相似，因此需要将其简化，此时破坏相似条件为

$$\left[\frac{\sigma_c}{\sigma_t}\right]_p = \left[\frac{\sigma_c}{\sigma_t}\right]_m, C_c = C_\sigma, C_\varphi = 1$$

其中，σ_c 表示抗压强度；σ_t 表示抗拉强度；C_c 表示内聚力相似常数；C_φ 表示内摩擦角相似常数；p，m 分别表示原型和模型（杜春志，2008）。

（二）裂缝产生机理

水力压裂通过高压向地层钻孔中注入流体，以诱发钻孔周围岩层中的垂直或水平裂纹并使其向远离钻孔方向扩展，从而在地层中形成具有高导流能力的裂缝。

在地层中的煤岩发生破裂之前，井孔所受的应力为压裂液压力、压裂液发生滤失时产生的压力以及由钻井在井壁上产生的应力集中三者之和。钻井完井后，井壁上的应力分布状态可以看作是无限大的均质各项同性岩石平板中有一圆孔眼时的应力状态，记压应力为正，张应力为负，此时任意一点处的应力分布可以表示为

$$\sigma_r = \frac{\sigma_x + \sigma_y}{2}\left(1 - \frac{r_w^2}{r^2}\right) + \frac{\sigma_x - \sigma_y}{2}\left(1 - 4\frac{r_w^2}{r^2} + 3\frac{r_w^4}{r^4}\right)\cos 2\theta$$

$$\sigma_\theta = \frac{\sigma_x + \sigma_y}{2}\left(1 + \frac{r_w^2}{r^2}\right) + \frac{\sigma_x - \sigma_y}{2}\left(1 + 3\frac{r_w^4}{r^4}\right)\cos 2\theta$$

其中，σ_x、σ_y 分别表示 X 方向和 Y 方向上的应力，MPa；σ_r、σ_θ 分别表示径向应力和切应力，MPa；θ 表示径向与 X 轴的夹角，（°）；r 表示径向上的半径，m。

通过以上公式发现，距离井孔越远的位置，其切向压应力越低，径向压应力越大。一段距离之后，切向压应力降低到原地应力大小，径向压应力增加到原地应力。由于岩石的抗压强度要远远大于岩石的抗张强度。同时，由于钻孔所引起的应力集中使井壁处于大于原地应力的状态。所以，在进行水力压裂的过程中，井壁处的切应力对裂缝产生的影响最大。由于受地层条件及构造应力的影响，水平方向的应力通常是不均匀的，假设 $\sigma_x > \sigma_y$，则

当 $\theta = 0°$ 或 $180°$ 时，井壁处切应力最小，此时 $\sigma_{\theta min} = 3\sigma_y - \sigma_x$；

当 $\theta = 90°$ 或 $270°$ 时，井壁处切应力最大，此时 $\sigma_{\theta max} = 3\sigma_x - \sigma_y$。

岩石的破坏准则是衡量有效主应力间的极限关系。如果超过该极限值，就可能会出现不稳定或者破坏。最大张应力准则在水力压裂中使用最为广泛。其认为，只要最小主应力达到或超过该物体的抗张强度就会产生破坏，达到破裂极限时的注入压力就是地层的破裂压力。

假设压裂液不会发生滤失，根据最大张应力准则，当井壁岩石所受的垂向拉应力达到该点在垂向上的最小抗张强度时，岩石便会在垂直于垂向应力方向发生破裂，形成水平缝。当井壁岩石在切向上所受的拉应力达到该点在水平方向上的最小抗张强度时，岩石便会在垂直于拉应力方向上发生破裂，形成垂直缝（王晓锋，2011）。

（三）煤岩的损伤机理

岩石在形成的过程中经历了漫长的沉积过程并受到多期构造运动的影响，使岩石内部产生大量的包括微裂纹、孔隙以及节理裂隙在内的宏观非连续面。岩体是由岩石块体及其内部的非连续面所构成的地质结构体。在构造变动或工程扰动影响下，相邻非连续面的延伸和贯通是引起岩体破坏的主要方式。

煤体内部存在的孔裂隙及节理可以看成是一种损伤，损伤演化过程就是煤岩体内部的微损伤在应力作用下进行的扩展。研究表明，煤岩的破坏是由其内部的微损伤积累而成的。通过对大块煤样进行的压裂实验发现，在载荷作用下，煤岩体内部的裂隙、节理经历了压实、强化、延伸、破裂等一系列演化过程。

煤岩损伤的宏观和微观研究表明，由局部应力集中或局部变形不协调所引起的局部损伤是煤岩损伤的一个重要特征。将煤岩内部的微损伤看作是广义的岩石孔隙，用煤岩的孔隙度作为损伤变量来对损伤演化进行描述，更能从内部对岩石的破坏进行解释（杜春志，2008）。

二、水力压裂物理模拟实验

（一）实验仪器介绍

本实验采用的压裂模拟实验装置为中国石油大学（北京）设计组建的一套大尺寸真三轴压裂模拟实验系统。该系统由大尺寸真三轴模拟压裂实验架、MTS伺服增压器、数据采集系统、液压稳压源、油水隔离器等装置组成，如图 5-8所示。

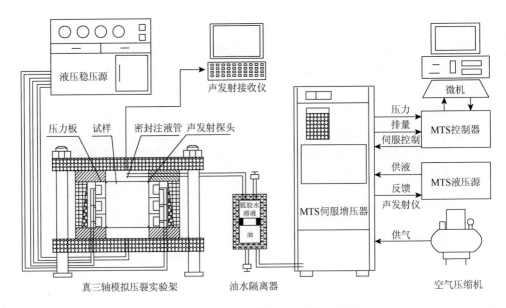

图 5-8　真三轴压裂模拟实验系统示意图

1. 真三轴模拟压裂实验架

进行水力压裂模拟实验的目的就是模拟原始地层条件下的压裂情况，最重要的因素就是地应力。地应力可以用 3 个方向互相垂直的主应力表示，且地层中的 3 个主应力大小不等。本次实验采用的真三轴实验架可以同时向 3 个方向提供不同大小的压力（图 5-9）。为了能很好地加持试件，要求实验样品的尺寸为 300mm×300mm×300mm。实验架使用扁千斤顶向试件施加压力。由液压稳压源向扁千斤顶提供液压，每个通道的最大供液压力可达 27MPa，完全可以满足本次实验要求。

图 5-9　真三轴模拟压裂实验架

2. MTS 伺服增压器

水力压裂模拟实验就是用高压液体压裂试件，而 MTS 伺服增压器的作用就是向压裂试件中的模拟井筒中泵注高压液体（图 5-10）。MTS 增压泵可以按需求以定排量或变排量的方式进行压裂液泵注。实验过程中的压裂液压力、排量等参数通过 MTS 数据采集系统全程记录。

3. 油水隔离器

MTS 增压器的工作介质是液压油，压裂液使用的是水。因此，需要在管路上设置一个油水隔离器（图 5-11），将 MTS 的工作介质与压裂液分隔开。本实验使用的是一台滑套式油水隔离器，其原理是在圆柱形高压腔中，

图 5-10　MTS 伺服增压器

设置一隔离滑套，将 MTS 的工作介质与压裂液分开。隔离器容积为 700mL，承压能力为 40MPa，完全能够满足实验要求。

图 5-11　油水隔离器

4. 声发射接收仪

本次实验在原有的压裂装置基础上增加了声发射接收仪，用于监测裂缝延展的过程（图5-12）。此装置可以监测到试件内部发生变形或断裂时产生微小震动发出的声音信号，并将接收到的很小的声音信号放大，通过分析声音信号到达固定在试件6个角上的信号探头的相对时间就可以监测出试件中断裂点的位置。

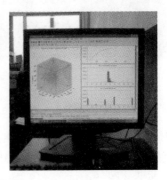

图 5-12　声发射接收仪

（二）样品制备

样品准备：压裂实验样品均取自结构完整的无烟煤加工制作，取样深度约400m。煤样为原生结构煤，镜煤呈条带状或线理状、透镜体状，条带最宽1cm，大多0.5～1cm，镜煤+亮煤占80%，宏观煤岩类型为光亮型煤，裂隙发育（图5-13）。煤弹性模量平均 4.8MPa，泊松比 0.39，单轴抗压强度 19.26MPa，抗拉强度1MPa，内聚力1.35MPa，内摩擦角44°，密度1.6左右，孔隙度8.8（密度瓶法）（侯琴，2002）。

压裂试件制作：首先将原始煤样切分为等厚（约140mm）的三块，然后将切割好的煤样进行打孔并编号（图5-14），再将模拟井筒（图5-15）固定在煤样上（图5-16）。

图 5-13　原始煤样　　　　　　　　　　图 5-14　切分打孔后的煤样

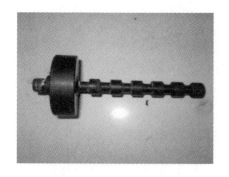 

图 5-15　模拟井筒　　　　　　　　图 5-16　固定上井筒后的煤样

煤层顶、底板由相似的材料制作，相似的材料由煤屑、水泥和石膏混合制成，分别用不同的材料及配比模拟砂岩、泥岩（粉砂岩）、灰岩等不同的岩性（表 5-1）。

表 5-1　样品基本信息

样品编号	中间层材料	厚度/mm		
		中间层	上隔层	下隔层
1	煤	150	75	75
2	煤	150	100	50
3	煤	150	125	25

根据实验设计的顶底板配比方案，称量好水泥、细砂、煤屑及石膏重量，加水搅拌均匀（图 5-17）。先将下隔层的相似材料加入模具中，将接触面处理平整（图 5-18），一段时间后（下隔层可以承重，且混合的相似材料未完全固结，保证接触面完全结合，无缝隙）将固定有模拟井筒的煤样放置在下隔层上，然后用 3～4cm 厚水泥将煤样四周进行充填，处理平整（图 5-19）。最后，将上隔层的相似材料加入模具中，处理平整（图 5-20）。

图 5-17　原料混合图　　　　　　　图 5-18　下隔层与煤块

图 5-19　水泥充填　　　　　　　　　图 5-20　处理接触面

　　本实验配比方案所用材料综合了前人进行水力压裂物理试件制作的方法经验（杜春志等，2008；黄炳香，2011；杨焦生等，2012）。结合相似原理，设计了三组试件的上下隔层的不同配比方案，用于模拟不同岩性的顶底板，以分析不同岩性的顶底板对裂缝延伸的影响。其中：

　　Z1 号样：上隔层材料配比细砂：水泥：煤屑=1：2：2；下隔层材料配比为细砂：水泥：石膏=1：8：1。

　　Z2 号样：上隔层材料配比细砂：水泥：石膏=2：7：1；下隔层材料配比为细砂：水泥：煤屑=1：7：1。

　　Z3 号样：上隔层材料配比细砂：水泥：石膏=1：8：1；下隔层材料配比为细砂：水泥：石膏=1：8：1。

　　Z3 号样品在上隔层制作时要加入人工裂隙，人工裂隙通过加入厚纸片模拟，裂隙宽度 1mm 左右（图 5-21），裂隙向下延伸至与煤接触。试样制作过程中将各种原料混合均匀加水搅拌，铺好下隔层后整理平整放入煤样，磨具与煤样四周填满水泥砂浆，再平整铺好上隔层。相似材料制作过程中要避免形成气泡，试件制作好后自然干燥一个月左右（图 5-22）。

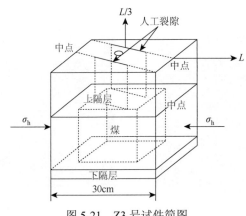

图 5-21　Z3 号试件简图

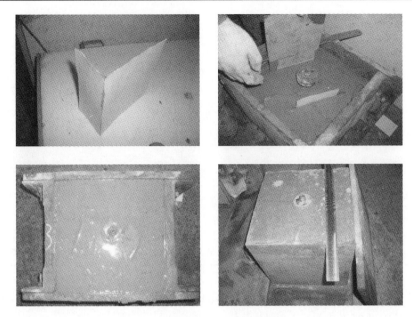

图 5-22　人工裂缝及最终试件

通过实验分析测试发现，细砂、水泥、石膏、煤粉的配比不同，试件的岩石力学性质差别较大。具体表现为细砂、石膏含量越高，模拟试件的抗拉强度与抗压强度越高，泊松比越小；煤屑含量越高，模拟试件的抗拉强度与抗压强度越低，泊松比越大，更接近煤岩。以上配比方案所得模拟顶底板的岩石力学性质与研究区内顶底板的岩石力学性质相当。

（三）压裂液的制备

本次实验采用胍胶水溶液作为压裂液。为了能更清楚地观察压裂后裂缝延伸的路径，在压裂液中添加少量的荧光粉，作为示踪剂。称量、混合后用离心机进行高速搅拌，形成压裂液（图 5-23）。

图 5-23　压裂液

（四）实验条件及流程

结合实际地质条件及相似准则的参数选取要求，本次实验方案中采取垂向应力与最大水平主应力的大小保持不变，通过改变最小水平主应力的大小来模拟不同的地应力条件。实验方案中三轴应力具体设计数值见表 5-2。

表 5-2　三轴围压设计

试件编号	垂向应力/MPa	最大水平主应力/MPa	最小水平主应力/MPa
Z1	11	15	12
Z2	11	15	10
Z3	11	15	8

第一步：根据需要，设计压裂实验的三向围压及压裂液注入速率，用于模拟地应力及压裂施工排量。

第二步：按照上述压裂试件制作方法，根据要求制作好水力压裂物理模拟试件及压裂液，试件表面应标注三向围压方向。

第三步：将上述模拟试件的 6 个角进行适当的处理，以便连接声发射接收仪，声发射探头与试件结合处用塑胶紧密粘接，保证声发射接收仪的声发射探头能连续接收试件内部产生的微弱声音，并进行信号校准。

第四步：将接有声发射接收仪的压裂试件放入真三轴模拟压裂实验架中并固定（图 5-24），将含有荧光粉的胍胶水溶液加入到油水隔离器中，连接好伺服增压器、计算机、液压稳压源、压裂液注入管线等其他实验设备。

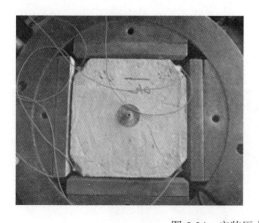

图 5-24　安装压力板及其他部件

第五步：通过液压稳压源向压裂试件施加三轴围压至预定值（图 5-25）。

图 5-25　施加三向围压

第六步：通过伺服增压器，根据设计的注入排量，向模拟井筒中注入含有荧光粉的胍胶水压裂液。在开始注入压裂液的同时，启动声发射接收仪对压裂试件内部声发射信号进行监测，同时启动与 MTS 控制器连接的数据采集系统，记录泵注压力、排量等数据。

第七步：以稳定的压裂液注入速率对模拟试件进行压裂作业，直至试件表面有压裂液溢出。

第八步：压裂模拟结束后，保存实验数据，取下压裂试件，关闭实验系统，观察记录试件表面的裂缝延伸情况及试件打开后通过胍胶水压裂液反映的内部裂缝特征。

（五）实验结果分析

1. 起裂压力

本书对 3 组相似材料组合试件 Z1～Z3 及 6 组煤岩 M1～M6 的压裂物理模拟实验结果进行了整理统计（表 5-3）。样品 M1～M6 压裂实验同样采用三轴压力实验系统，压裂样品为没有相似材料包裹的原始块状煤样。除没有声发射接收仪外，其余实验步骤与自行设计的 Z1～Z3 实验步骤相同。

表 5-3　不同三向应力条件下的起裂压力

编号	垂向主应力/MPa	最大水平主应力/MPa	最小水平主应力/MPa	水平主应力差/MPa	起裂压力/MPa
M2	24	15	13	2	19.5
M6	24	13	9	4	20
M3	24	13	11	2	23

续表

编号	垂向主应力/MPa	最大水平主应力/MPa	最小水平主应力/MPa	水平主应力差/MPa	起裂压力/MPa
M1	24	13	13	0	24
M5	24	11	5	6	30
M4	24	11	7	4	31
Z3	11	15	8	7	11.9
Z2	11	15	10	5	3.4
Z1	11	15	12	3	20

　　在 6 组煤岩（M1～M6）作为压裂材料的实验中，垂向主应力为 24MPa，最大水平主应力为 11～15MPa，最小水平主应力为 5～13MPa，水平主应力差为 0～6MPa，起裂压力为 19.5～31MPa。在 3 组相似材料组合试件（Z1～Z3）作为压裂材料的实验中，垂向主应力为 11MPa，最大水平主应力为 15MPa，最小水平主应力为 8～12MPa，水平主应力差为 3～7MPa，起裂压力为 3.4～20MPa。编号为 Z2 的相似材料组合试件的破裂压力为 3.4MPa，小于最小主应力 10MPa，且远小于其他两组的起裂压力。通过对 Z2 试件在压裂过程中的压裂液压力与压裂时间的关系曲线分析可以看出，试件中发生了一次较大的压力降，即产生了一次破裂后，其压力又开始逐渐升高直至压力达到 8.8MPa 未产生压降。分析其原因，可能是在制样时，用水泥包裹内部煤岩的过程中，由于煤岩表面不平整，水泥与煤岩表面没有完全接触，煤岩与水泥之间存在孔隙，导致煤岩受力不均匀或者某个方向不受力，在压裂液的作用下，在没有达到预计压力的情况下便产生裂缝，而后压裂液充满孔隙，压力又开始逐渐升高。因此，在分析三向压力与裂缝起裂压力的关系时，对此起裂压力不进行对比分析。

　　实验中煤岩的起裂压力均高于最小主应力。从图 5-26 与图 5-27 可以看出，

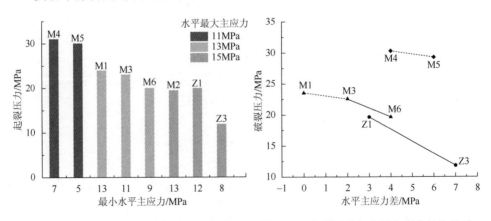

图 5-26　起裂压力与水平主应力的关系　　　图 5-27　起裂压力与水平主应力差的关系

裂缝的起裂压力与煤岩所受的水平最大主应力及水平主应力差整体呈负相关关系，同时，在其他实验条件相同的情况下，与煤岩所受的水平最小主应力呈正相关关系。

由此说明，煤岩所处的三向围压中，最小主应力和水平主应力差是影响煤层裂缝起裂压力大小的主要因素。煤层在水力压裂过程中，裂缝一般垂直于最小主应力方向起裂，裂缝的产生及延伸需要克服最小主应力以及煤岩的抗拉强度，因此，最小主应力影响着煤层气井水力压裂的难易程度。相似材料试件 Z1～Z3 和煤岩样品 M1～M6 的压裂模拟实验均得到相同的结果，验证了此规律的正确性。

2. 泵注压力

水力压裂物理模拟实验过程中采用定排量的方法，排量控制在 0.15mL/s，试件 Z1～Z3 泵注压力与时间的关系曲线如图 5-28 所示。

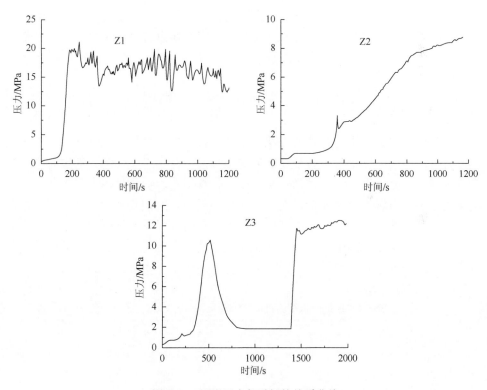

图 5-28　泵注压力与时间的关系曲线

从泵注压力曲线图上可以看出，压裂注入开始阶段，由于试件中原始裂隙发育，注入的液体一部分渗失到原始裂隙当中，压力增加缓慢。随着液体的不断注入，压力逐渐增大，当泵注压力突然达到破裂压力时，产生初始裂缝，注入的部分液体填充到所形成的裂缝中，产生一定的压力降。此时，外界高压泵中的液体不断地向井筒内注入，在井筒和已形成的裂缝中不断累积，压力又逐渐升高，随着时间的推移，当压力再次达到破裂压力后，造成二次起裂，裂缝就在这样不断的循环中向前扩展。其中，Z1 试件达到破裂压力后，由于水平主应力差最小，压力升降波动幅度及频率较高，说明水力裂缝在多个方向起裂，产生多条裂缝，而且产生的裂缝主要沿着原有裂隙方向随机扩展，扩展路径曲折，形态复杂，规模比较大；Z2 试件在压力很低的情况下达到了破裂压力，而后压力继续升高，但压力增加速率相对较小，并且在 850s 处发生转折，一方面由于如上所述存在制样上的问题，另一方面由于压裂试件表面产生裂缝，使注入的液体滤失量增大，很难憋起高压；Z3 试件在经历一次压力升降波动后，相当长的时间里没有压裂液的持续注入，压力维持在 2MPa 左右，当继续注入压裂液，压力突然升高，迅速达到破裂压力，其压力升降幅度及频率较小，一方面是由于其水平主应力差最大，水力裂缝主要沿垂直最小水平主应力方向扩展，形态相对单一平直；另一方面是先前注入的压裂液已充分填充了煤岩孔隙空间，因此在煤岩产生裂缝后压力升降幅度较小，同时由于试件表面人工裂缝的存在，导致后期憋压困难，不能产生规模较大的裂缝。

3. 施工排量

本次模拟实验采用定排量的方法对试件进行压裂，排量控制在 0.15ml/s。虽然没有考虑到注入排量对压裂裂缝延伸的影响，但杜春志（2008）通过对型煤的模拟压裂结果分析得出注入排量对起裂压力有直接的影响，具体表现为注入排量越高则起裂压力越大（表 5-4）。在实际压裂工程中，人们还发现，随着施工排量的增加，裂缝的长度、宽度、高度均随之增加，而且裂缝的长度和高度增加的幅度较大（张志全等，2001）。但是，施工排量过高极有可能会由于形成的裂缝高度过高而出现压裂穿层，沟通含水层，导致生产井作废（周新国，2009）。

表 5-4　模拟压裂实验参数和起裂压力（杜春志，2008）

编号	1	2	3	4	5	6	7	8
垂向应力/MPa	1.8	1.8	3.5	3.5	6.5	6.5	5.3	5.3
最小水平应力/MPa	0.0	0.0	1.71	1.71	3.21	3.21	2.5	2.5
泵注排量/（ml/s）	1.2	2.4	1.2	2.4	1.2	2.4	1.2	2.4
起裂压力/MPa	1.51	2.17	2.32	3.52	3.63	4.54	2.58	2.84

（六）实验声发射特征分析

本次实验引入了声发射接收仪，用于实时监测裂缝起裂点的位置，以便于分析裂缝扩展的规律。实验中监测到的裂缝破裂时产生的声音在 45dB 以上，主要集中在 45～50dB，压裂共用时 20min 左右。压裂过程中声发射频数与时间变化的关系曲线如图 5-29 所示。

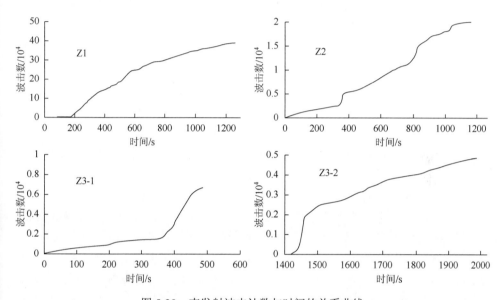

图 5-29　声发射波击计数与时间的关系曲线

在进行压裂实验的过程中，Z1 试件共记录了约 40 万次声音震动，在第 3min 时声发射波击数开始大幅增加，波击次数多且增长速度很快，随着时间的推移，增长速度逐渐减小，说明试件 Z1 在第 3min 时达到了破裂压力，裂缝开始起裂，随着时间的推移，试件裂缝在原有裂隙基础上向外延伸将逐渐减弱；试件 Z2 共记录了约 2 万次波击次数，从记录的波击次数与时间的关系曲线可以看出，波击次数经历了三次突变，说明 Z2 试件经历了 3 次破裂过程，分别是在 360s、800s 以及 1050s 左右，在第 360s 时，试件 Z2 裂缝发生破裂并开始非稳态扩展，到 800s 时，围岩表面产生裂缝，导致压裂液滤失量增大，压力增加缓慢，而在 1050s 以后，围岩表面裂隙继续拓宽，注入液体与滤失量达到平衡，几乎没有接收到声发射信号。图 5-29 中 Z3-1 与 Z3-2 曲线为试件 Z3 在无压裂液注入段前后的关系曲线，共记录了约 1.1 万次波击次数，在大约 500s 时，波击次数发生了第一次大幅度增加，在经历了历时 900s 的无压裂液注入阶段后，当继续注入压裂液后，波击次数立即出现大幅度增加，此后波击次数虽然还在继续增多，但没有明显的增长转折点，并且增长幅度平缓，说明此时没有新裂缝产生。对比 Z3 试件压裂液注入压力与时间的关系曲线和试件的最终裂缝形态可以分析出，试件底板破裂发生在第二次裂缝的非稳态扩展过程中，因为底板开始破裂后，试件的整体滤失量开始增大，压裂液不易在试件内部憋起高压，裂缝难以扩展。

　　Z1、Z2、Z3 三组实验中，试件 Z1 曲线相对于 Z2、Z3 曲线较平滑，没有明显的突变，同时 Z1 的水平主应力差最小，压裂液在各个方向上渗流的阻力差异较小，渗流较均匀，水力裂缝主要在原有裂隙基础上沿煤岩中的弱结合面随机扩展，扩展路径曲折，形态复杂。而试件 Z2、Z3 曲线均有突变点，其水平主应力差逐渐增大，水力裂缝主要向垂直最小水平主应力方向扩展，形态相对单一平直，曲线发生突变说明煤岩为脆性材料，当达到破裂压力时，会沿垂直于最小主应力方向产生新裂缝。同时试件 Z3 所受水平主应力差最大，压裂液就更容易沿垂直于最小水平主应力的面渗流，因此，试件 Z3 曲线突变时增加幅度较试件 Z2 高，而且试件中形成的裂缝相对较简单，并有一定的方向性。

　　试件中监测到的裂缝破裂点位置如图 5-30 所示。从图中可以看出，声发射信号主要采自试件中，说明试件中的裂缝起裂点数量明显多于围岩。其中，Z1 试件中裂缝起裂点的数量要明显多于其他两个试件，且无明显的规律性，进一步说明水力裂缝在多个方向起裂，产生多条裂缝。从图 5-31 可以看出，Z1 破裂点主要集中在 1、3、4、6 四个信号通道位置处，1、4 信号通道处接受信号最强，破裂点最为密集，裂隙规模大，切割整个煤样（裂缝 1 与 2），同时曲线较平滑，说明裂缝主要沿着原有裂隙弱结合面随机扩展，形成的两条主裂缝相互垂直，与主应力方向成一定夹角（图 5-31、图 5-32）；3、6 信号通道处信号较强，裂隙较密集，但规模不大，以平行于最大主应力方向的裂隙为主，同时曲线均有明显的转折点，说明裂隙沿着最大主应力方向产生破裂，形成新裂缝。Z2 试件中裂缝起裂点较少，裂缝形态相对单一，只产生一条平行于最大水平主应力的垂直主裂缝，同时伴随着多条水平裂缝，切割部分垂直裂缝，并且 1、4、6 面围岩形成一条较长的水平裂缝（图 5-33）。从图 5-34 可以看出，Z2 破裂点主要集中在 1、3、4、6 四个信号通道位置处，6 通道接受信号最强，裂隙规模较大，同时曲线具有两次明显的转折点，说明试件 Z2 发生了两次破裂，分别发生在煤岩与围岩当中，而其他三个通道信号相对较弱，并且两次转折点不是很明显，主要与主裂隙位置有关。Z3 试件中裂缝破裂点最少，裂缝形态单一，同样也只产生一条垂直于最小主应力的垂直主裂缝，裂隙较前两个试件少，垂直缝与水平缝均有发育，水平缝大都沿煤层的层理方向产生扩展（图 5-35）。停止注入压裂液前后，曲线均发生了一次明显的转折，分别在煤岩与围岩当中发生破裂，产生新裂缝。但 3 信号通道当再次注入压裂液时，曲线较平滑，说明 3 信号通道接近人工裂缝，裂缝主要沿着人工裂缝进行扩展，破裂程度较弱（图 5-36、图 5-37）。

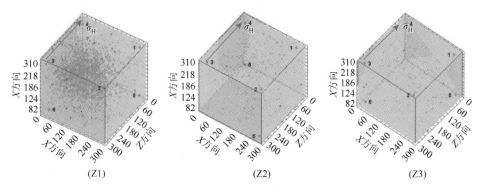

图 5-30 试件中破裂点位置示意图

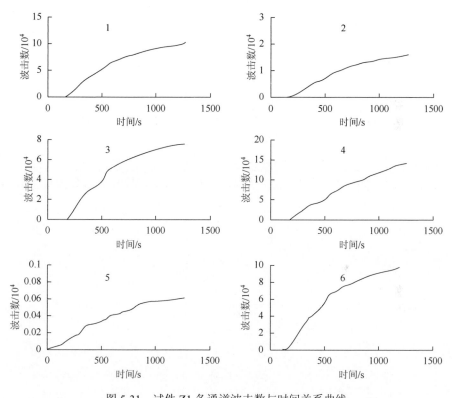

图 5-31 试件 Z1 各通道波击数与时间关系曲线

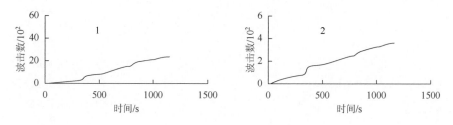

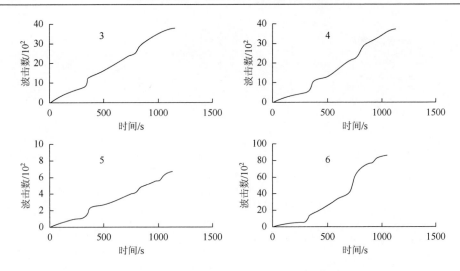

图 5-32　试件 Z2 各通道波击数与时间关系曲线

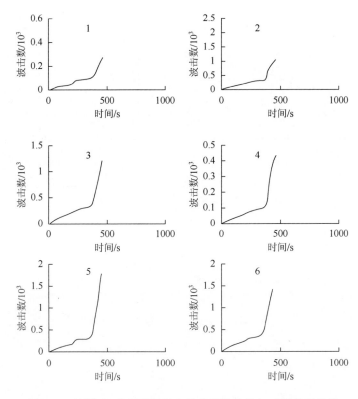

图 5-33　试件 Z3 各通道无注入液体前波击数与时间关系曲线

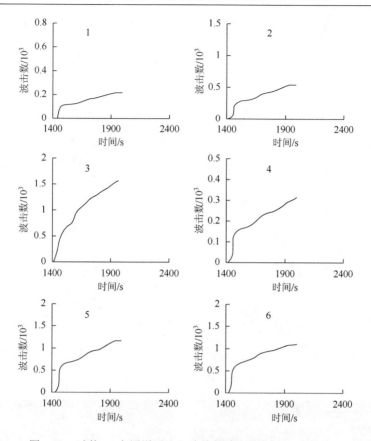

图 5-34　试件 Z3 各通道无注入液体后波击数与时间关系曲线

(a) Z1试件裂缝形态

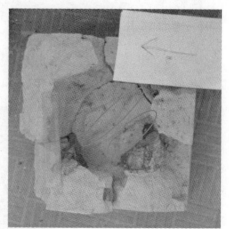

(b) Z1试件底板特征

图 5-35　Z1 试件裂缝形态特征

图 5-36　Z2 试件裂缝形态特征

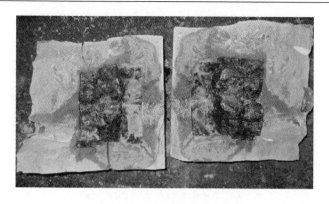

图 5-37　Z3 试件裂缝形态特征

　　从破裂点产生的动态过程可以看出，破裂点首先由试件的中部开始产生，即模拟井筒下部的裸眼段，然后开始逐渐向四周扩散。期间，煤岩内部的破裂点不断增多，但破裂点产生的位置无明显的轨迹，说明随着压裂液的不断渗流，首先于试件中的弱结合面处形成裂缝。但对于 Z2、Z3 试件，在波击数明显增多的时间点处，声发射点相对比较集中，反映出了试件内部裂缝的起裂位置。

　　综合以上分析发现，水力压裂裂缝产生的动态过程为：在压裂液注入前期，当压裂液的注入速率高于煤岩中压裂液的滤失量，使煤岩中的压裂液压力缓慢升高，待井口附近的煤岩孔隙空间完全被压裂液充满时，压裂液压力会迅速升高直至达到煤岩的起裂压力，并率先沿井筒位置处的天然裂隙或应力集中点产生破裂裂缝。在裂缝形成之后，压裂液会填充到所形成的裂缝中，造成压力突然降低，裂缝停止延伸。随着压裂液的继续注入，试件内部的压力又继续升高，当压力再次达到破裂压力时，又形成一些新的裂缝，裂缝就这样不断循环地向前扩展，直至裂缝延伸至煤岩与围岩的交界面处。但此时的压力不至于压开围岩，压裂液在煤岩内部继续沿原生裂缝节理面渗流，撑开裂缝，压力继续升高的同时，在地应力的影响下会继续生成新的裂缝，其方位逐渐倾向于垂直最小主应力方向。新裂缝的不断产生会沟通周围的原生裂隙，使压裂液沿原生裂隙节理面延伸，进而使裂缝沿原生裂隙面扩展。待到压力达到一定值时，围岩发生破裂产生裂缝，压裂液滤失量大大增加，压力降低，不再形成新的裂缝。

三、压裂前后围岩及煤层中裂缝参数对比

　　本次实验室模拟实验采用的是相似材料与煤样相结合制成的层状材料压裂试件。实验结束后取下压裂试件，对压裂试件表面的裂缝参数进行了统计，拆开试件后对其内部包含的煤样中产生的裂缝进行了分析。

（一）围岩中裂缝对比

实验中的围岩为水泥、细砂、煤粉、石膏中的一种或几种组成的混合物形成的相似材料，除了 Z3 号模拟压裂试件在上隔层（模拟顶板）预制了两条长 120mm、宽约 0.2mm 的人工裂缝外，Z1、Z2 号压裂试件围岩中均未有裂缝。压裂结束后对模拟试件围岩中的裂缝进行了统计（表 5-5）。

表 5-5　压裂前后试件表面裂缝数量对比

试件编号	模拟顶板		模拟底板		水泥围岩	
	压裂前	压裂后	压裂前	压裂后	压裂前	压裂后
Z1	0	0	0	0	0	4
Z2	0	0	0	0	0	3
Z3	2	2	0	1	0	4

1. Z1 号压裂试件

如图 5-38 所示，在垂直于最大水平主应力的面上产生一条长约 200mm 的裂缝，近水平延伸至试件边缘，裂缝距试件顶 80～100mm。在最小水平主应力的面上产生 3 条裂缝，其中一条位于试件的中部，长约 50mm，与水平面大约呈 30° 夹角，另外两条裂缝位于试件面的左上角，距顶面约 60mm，其中一条水平裂缝长约 6mm，另一条近垂直裂缝长约 14mm，且两条裂缝呈 "十" 字相交。其他 4 个面上均未见裂缝，也没有压裂液溢出。

图 5-38　Z1 号压裂试件表面裂缝

2. Z2 号压裂试件

如图 5-33 所示，在垂直于水平最大主应力的面上出现三条裂缝，包括两条水平裂缝和一条近垂直裂缝。其中，上面的水平裂缝长约 270mm，几乎横贯整个试件，下面的水平裂缝较短，长约 80mm，位于试件左侧，距底端约 100mm。垂直裂缝位于两条水平裂缝之间，距试件左边约 70mm，裂缝长约 30mm。其他 5 个面均未见有压裂液溢出。

3. Z3 号压裂试件

如图 5-35 所示，Z3 号压裂试件的顶面预制有两条人工裂缝，裂缝中为纸片，形成的裂缝宽度约为 0.2mm。其中一条裂缝中有压裂液溢出，但是裂缝的长度未见扩展，另外一条人工裂缝未见有压裂液溢出。在垂直于最大水平主应力的面上出现一条垂直缝，缝长约 60mm，裂缝位于试件中下部，距试件底端约 50mm。相对面上的同一位置也出现一条垂直裂缝，但缝宽相对较短，约为 40mm。此裂缝的上方偏左处有一条长约 20mm 的近垂直缝和一条长约 10mm 的水平缝，近垂直缝与水平缝相交，但没有穿过水平缝。试件底部中央出现一条长约 75mm 的裂缝，裂缝平行于最大水平主应力。从图 5-38 中可以看出，试件底部的裂缝与上述两条垂直于水平最大主应力的面上出现的裂缝几乎在同一平面，可以看出此裂缝面垂直于水平最小主应力。

（二）煤层中裂缝对比

1. 原煤样裂隙描述

原煤样品中裂隙十分发育，块煤光片上的裂隙主要是小于 1cm 的短裂纹，裂纹不平直，每一个裂纹有各自的走向位置，相互不平行。裂隙较发育，面割理一般为 7～15 条/5cm，少数可达 25 条/5cm；端割理多为 8～15 条/5cm，少数可达 40 条/5cm，部分被方解石充填。裂隙主要发育两组，主裂隙的平均长度介于 0.25～1.29cm，高度介于 0.13～2.00cm，密度介于 1～10.8 条/cm；次裂隙的平均长度介于 0.02～0.64cm，高度介于 0.04～1.19cm，密度介于 0.8～5.8 条/cm。

通过对煤层气井煤心观察和矿井井下煤体结构地质编录，发现研究区内煤层表现为原生结构～碎裂煤，这种煤体结构说明煤层裂隙（割理）保存较好，同时，与宽缓褶皱相伴生的外生裂隙也比较发育。

根据煤矿井下煤层裂隙观测，煤中裂隙系主要有 3 个，分别为：第一裂隙系，10°～20°和 110°～120°；第二裂隙系，40°～50°和 130°～140°；第三裂隙系，60°～

70°和150°~160°。其中以走向为150°~160°的裂隙最为发育，其次为走向110°~120°和走向60°~70°的裂隙。除走向110°~120°的裂隙近于垂直矿区褶皱轴外，其他裂隙走向都斜交褶皱轴。

煤中裂隙的倾角大，变化范围为35°~89°，垂直或近于垂直煤层层理面。但是，在少数块煤手标本和磨制的块煤大光片上，见到镜煤中有斜交层理面成60°交角的小型裂隙，即内生裂隙。

显微镜下对块煤光片上的裂隙进行了观察，发现：

裂隙宽度：镜煤中一般为2~15μm，亮煤和暗煤中一般为8~45μm，前者比后者窄。

裂缝形态：镜煤中一般平直，垂直层理面，个别情况斜交层理面，夹角为60°左右。亮煤和暗煤中的裂隙，裂缝形态复杂，有齿状、分叉状、阶梯状、缝合线状和S状，近垂直或斜交层理面。

煤中裂隙常见矿化充填现象，多为方解石、黄铁矿，有时为泥质矿物。方解石呈脉状，黄铁矿呈粒状或小结核状分布于方解石脉中，形成混合矿化现象。

2. 试件压裂后煤样裂隙描述

压裂完成后，拆开包裹原煤的相似材料，由于煤样被压裂，形成多条裂缝，同时受到围岩（相似材料）的影响，即压裂完成后，煤岩与相似材料之间没有被完全压开，在拆开压裂试件的过程中会引起煤岩样的破裂，难以使煤岩保持压裂前的完整形态，因此，很难对煤岩进行定量分析。压裂试件的总体裂缝形态与压裂液压力和时间变化的关系曲线所反映的情况一致，Z1试件较多，Z2、Z3较少。下面结合压裂后的煤岩与原煤样的对比对压裂试件进行逐个分析。

（1）Z1号压裂试件

如图5-35（a）所示，从压裂液残留的痕迹可以看出，煤岩中形成两条近乎垂直的主裂缝，两条裂缝交叉，其中一条裂缝穿过模拟井筒（裂缝1），其方位与最大水平主应力不完全平行，有约30°的夹角；另一条裂缝位于煤岩的左边缘（裂缝2）。试件左下角延伸出一条长约5cm的次级裂缝（裂缝3），其方位与裂缝1平行，与裂缝2相交，但没有穿过裂缝2。试件右侧还形成了一条与最大水平主应力方向平行的垂直缝（裂缝4），其与裂缝1斜交于模拟井筒处。裂缝4下方还有一条与其相垂直的裂缝5。整体来看，试件在平行于水平最大主应力的方向上形成的裂缝，要多于垂直于水平最大主应力方向的裂缝，而且试件的整个右半部分破碎程度相当高。对比原煤样的初始裂缝形态不难看出，裂缝大都沿原生裂缝方向扩展，试件右半部分破碎程度高也与原煤样右半部分的裂缝发育程度高相吻合。

对压裂后的煤岩裂缝面观察可以看出，裂缝面不完全是平直的，如图 5-35（a）中的裂缝 1、裂缝 2，其裂缝面相对比较平直，但裂缝 4 及其周围裂缝面均是不平直的。而且，即使是平直的裂缝，其裂缝面上仍可见阶梯状断裂构造。

观察 Z1 号压裂试件模拟底板发现，底板上存在两条近平行的压裂液痕迹（图 5-35（b））。其中较长的一条与裂缝 1 相应，说明裂缝 1 从模拟顶板到模拟底板被完全压开，但与最大水平主应力呈约 45°夹角，与上述分析的顶板处裂缝方位与最大水平主应力的 30°夹角有一定的偏差，说明裂缝在延伸的过程中发生了一定程度的偏转。分析发现，另一条痕迹为裂缝 5 延伸至模拟底板后留下的。因为煤岩中的裂缝 5 不平直，在向下延伸的过程中发生了偏转，使其裂缝下沿与裂缝 1 平行。但在模拟底板上未见与裂缝 2、裂缝 3、裂缝 4 相对应的压裂液痕迹，说明裂缝 2、裂缝 3 与裂缝 4 没有延伸至煤岩底部。而且分析发现，煤岩被压裂后其内部还出现沿层理发育的水平裂缝，特别是沿裸眼段底面的水平缝隔断了多数垂直裂缝。

（2）Z2 号压裂试件

如图 5-36 所示，Z2 号压裂试件只产生一条与最大水平主应力平行的垂直主裂缝，与原煤中的裂缝位置相吻合。但是煤样中的短小裂隙发育程度很高，裂缝长度介于 2～6cm，高度 1～10cm 不等，差别很大。裂缝面不平整，煤岩断裂产生的阶梯状构造明显。煤岩中同样发育多条水平裂缝，切断部分垂直裂缝，这也是造成垂直裂缝延伸高度差别大的原因。与垂直缝不同的是，水平缝的裂缝面相对平整，少见由煤岩断裂形成的阶梯状构造。水平缝与垂直缝相互交错，形成网状，但保持了煤岩的整体性，没有达到 Z1 试件中煤岩的破碎程度。从 Z2 试件的压裂液注入时间与压力的关系图可以看出，试件只产生了一次较大的断裂，其后随着压裂液的注入，压力逐渐升高。在此过程中，压裂液只是沟通了原煤中的裂隙及节理构造，使裂缝在原有形态的基础上进行延伸，没有形成较大的裂缝，使煤岩保持了一定的完整性。

（3）Z3 号压裂试件

由图 5-37 可以看出，Z3 号试件压裂完成后，其主裂缝同样只有一条垂直缝，裂缝面垂直于最小水平主应力，裂缝高度为整个煤岩的厚度，裂缝面不平整。整个试件压裂后的裂缝较 Z1、Z2 试件要少，中间层煤岩的完整性较好。但是煤岩中还是存在一些由压裂形成的垂直缝与水平缝（图 5-39），并且水平缝大都沿煤层的层理方向产生，水平裂缝面较平整，垂直缝的高度一般为 3～5cm。

以上为有围岩存在的条件下煤岩经压裂后的裂缝形态，下面是没有围岩的煤岩在直接受控于三轴围压下的压裂裂缝形态（图 5-40）。

图 5-39　Z3 试件中煤岩裂缝细节

图 5-40　无围岩煤岩的裂缝形态

由图 5-40 可以看出，M1～M6 煤样的裂缝均为垂直缝。M1 煤样的裂缝不平直，裂缝面参差不齐。井筒附近的裂缝起裂点不对称，井筒两侧的裂缝形态差距较大，上半部分的裂缝相对比较平直，而下半部分的煤岩裂缝的阶梯状构造很明显。M2 煤样形成一条主裂缝和一条较小的次级裂缝，裂缝方位起初与最小水平主应力方向不垂直，但其慢慢转向了垂直，可能是井筒附近的原始裂缝方位引起的。M2 煤样中的裂缝总体上是对称的。M3～M6 煤样虽然处于不同的三轴围压中，但它们形成的裂缝形态一致：裂缝面平直，裂缝延伸方向垂直于最小水平主应力。

　　分析以上两种不同压裂方法下的裂缝特征可以看出：在有围岩存在的条件下，煤岩中压裂液更易沟通原煤样中的裂隙与节理面，形成网状裂缝；在没有围岩存在的条件下，煤岩中产生的裂隙就比较简单。通过实际生产中的压裂效果可以知道，压裂后地层中的裂缝形态同样比较复杂，这说明用相似材料做模拟围岩进行的水力压裂物理模拟更符合实际情况，更能反映压裂效果，对压裂的指导意义大大增强。

（三）煤岩与围岩界面处裂缝延伸情况

　　本次实验中采用相似材料制成的岩石来模拟煤层的顶底板，用于分析围岩对煤层中压裂裂缝延伸的影响。

　　分析发现，Z1 试件顶板与煤岩被完全压开（图 5-41），且在煤岩边缘处开始沿煤岩与水泥围岩的界面开始向下延伸，但延伸较短，仅有 1～2cm。煤岩中的垂直裂缝向下延伸至煤岩底板后没有产生横向延伸（图 5-35（b））。

图 5-41　压裂后的 Z1 试件顶板

　　Z2 试件中，煤岩与顶板部分被压开，而且在顶板与煤岩的界面位置处的围岩中形成一条长约 5cm 的裂缝，但裂缝没有延伸到试件表面；底板与煤岩没有被压开，但水泥围岩与煤岩大部分被压开（图 5-42），这与上述分析的 Z2 试件起裂压力较小的原因，即围岩与煤岩之间存在空隙有关。

图 5-42　压裂后的 Z2 试件围岩

Z3 试件中，顶板部分被压开，而且沟通了顶板中的一条人工裂缝（图 5-37），但另一条人工裂缝处的顶板未被压开。在煤岩顶板边缘可见一水平裂缝延伸并止于水泥围中，如图 5-43 所示。Z3 试件的底板被煤岩中的垂直缝在向下延伸的过程中完全压开，但底板与煤岩之间没有被压开，无压裂液残留。水泥围岩与煤岩之间未见压裂裂缝，胶结程度很高。

图 5-43　压裂后的 Z3 试件顶板

四、水力压裂裂缝的主要影响因素

(一) 裂缝扩展与地应力的关系

地应力是存在于地层中没有受工程扰动的天然应力。长久以来，人们对地应力的实测和研究分析表明，地应力的形成主要与地球在不同历史时期的构造运动有关。其中，构造应力场和重力应力场处于优势地位。天然状态下的岩石，受到9个方向的应力作用。在构造无明显扭转或剪切运动的地区，往往忽略剪切应力，一般仅考虑3个方向的主应力，即2个水平主应力，1个垂直主应力。因此，在压裂实验中常用3个方向上的主应力来代替地应力。

通过对模拟实验 M1~M6 中不同地应力条件下 (表 5-6) 的压裂裂缝形态分析发现，当垂直主应力远大于水平主应力时，裂缝全为垂直缝，且裂缝延伸方向垂直于最小水平主应力。在水平主应力差为零时 (M1)，煤岩中形成的裂缝不平直，裂缝断面参差不齐。而且，井筒两侧的裂缝不对称，起裂角的方位随机性很大。当主应力差很小时 (M2)，裂缝的起裂方向不完全垂直于最小水平主应力，其方向与最小水平主应力的夹角约为 60°。但随着裂缝继续向前扩展，裂缝的方向逐渐转为垂直于水平最小主应力。同时，在裂缝延伸的末端，从主裂缝中衍生出一条与主裂缝呈约 45°夹角的次级裂缝。随着主应力差的增大，裂缝起裂方位与延伸方向均表现为垂直于最小水平主应力，而且井筒两侧的裂缝沿井筒位置呈中心对称，断面平整，没有较明显的阶梯状断裂产生。

表 5-6　不同地应力条件下裂缝的形态综述

编号	垂向主应力/MPa	最大水平主应力/MPa	最小水平主应力/MPa	裂缝形态描述
M1	24	13	13	裂缝不平直，不对称，起裂角方向随机
M2	24	15	13	裂缝对称，裂缝面向最大主应力方向转变
M3	24	13	11	裂缝垂直于最小水平主应力，裂缝沿井筒位置对称，断面平整，没有明显的阶梯状断裂产生
M4	24	11	7	
M5	24	11	5	
M6	24	13	9	
Z1	11	15	12	裂缝网状，但垂直缝较水平缝更发育，顶底板保存完整
Z2	11	15	10	
Z2	11	15	8	主裂缝垂直于最小水平主应力，压穿底板

水力压裂物理模拟实验中，Z1 试件中垂向应力为最小主应力，Z2、Z3 试件中水平应力为最小主应力，其中，Z1、Z2 试件中垂向应力与最小水平主应力差都很小（表 5-6）。分析试件 Z1~Z3 压裂裂缝形态发现，煤岩中裂缝呈网状，水平裂缝与垂直裂缝均有产生，但垂直裂缝的发育程度要明显高于水平裂缝。Z1 试件中煤岩的破碎程度很高，大部分裂缝为原始裂缝的扩展，但在垂直于最小水平主应力的方向上仍然形成了一条新的压裂裂缝。Z2、Z3 试件均在垂直于最小水平主应力方向上产生压裂裂缝。Z1 试件中煤岩与顶板被完全压开，Z2、Z3 试件中煤岩与顶板部分被压开。Z1、Z2 试件的顶底板在压裂后均保持了完整性，而 Z3 底板被完全压开，形成了一条垂直于最小水平主应力的垂直缝，出现了压裂穿层现象。

对比分析发现，地应力对裂缝延伸方向具有明显的控制作用，它引导裂缝向垂直于最小主应力的方向延伸。垂向主应力较小时，煤层与顶底板间的摩擦系数较小，垂直缝在延伸至煤层顶底板后会沿水平界面发生横向剪切滑移，转为沿界面延伸的水平裂缝，而不能穿过界面向顶底板扩展，同时在煤岩中更易产生水平缝，从而形成"T"形缝和"工"形缝（杨焦生等，2012）。随着垂向主应力的增大（或水平主应力的减小），形成的裂缝以垂直缝为主，甚至会出现压裂穿层现象。当垂向主应力远大于水平主应力时，只会产生垂直缝。水平主应力差很小或为零时，形成的裂缝往往不平直，裂缝断面参差不齐。随着主应力差的增大，裂缝变得平直，裂缝断面变得较平滑，方向性变得比较明显。因为裂缝扩展需要克服煤岩的抗拉强度及垂直于裂缝延伸方向上的应力，若煤岩为各向同性，则裂缝会沿垂直于最小主应力的方向延伸。

（二）裂缝扩展与围岩的关系

水力压裂裂缝的产生、扩展与保持，不仅与地层中客观存在的地应力场有关，而且与其周围岩石的物理力学性质有很大的关系。煤岩与模拟顶底板的具体力学性质参数见表 5-7。

表 5-7　煤岩与模拟顶底板的力学性质参数

序号	相似材料配比（细砂：水泥：石膏：煤屑）	厚度/mm	杨氏模量/×10³MPa	泊松比	抗压强度/MPa	抗拉强度/MPa
Z1 上	1：2：0：2	75	15.5	0.22	108	3.6
Z1 下	1：8：1：0	75	11.3	0.25	82	2.7
Z2 上	2：7：1：0	100	16.7	0.20	119	4.3
Z2 下	1：7：0：1	50	9.2	0.27	75	2.5

续表

序号	相似材料配比(细砂:水泥:石膏:煤屑)	厚度/mm	杨氏模量/×10³MPa	泊松比	抗压强度/MPa	抗拉强度/MPa
Z3 上	1:8:1:0	125	11.3	0.25	82	2.7
Z3 下	1:8:1:0	25	11.3	0.25	82	2.7
煤岩	~	150	3.5	0.35	70	1.7

　　通过对压裂后顶底板的裂缝产生情况分析发现,Z1、Z2 试件顶底板保存完好,没有新的裂缝产生;Z3 试件底板被完全压裂,受三向应力影响,裂缝垂直于最小水平主应力,试件顶板有人工裂缝存在,而且裂缝沿人工裂缝继续延伸,但其长度只有 3～5mm。虽然 Z1、Z2 试件的顶底板都保存的比较完整,但试件的侧面仍然出现了以水平为主的裂缝,且裂缝较长。拆开试件后发现(图 5-44),Z1 试件的水平裂缝出现在试件的中上部,即上隔层与中间水泥围岩的界面处;Z2 试件的水平裂缝同样出现在上下隔层与中间水泥围岩的界面处,且下隔层与中间层界面之间的裂缝延伸至试件表面,上隔层与中间层之间的裂缝中止于试件内部,而且在裂缝产生的位置处,煤岩与围岩被全部压开。分析其原因认为,在煤岩与围岩的界面处,由于胶结程度不高,达不到地层沉积的胶结程度,而且上下层之间的岩石力学性质存在差异,在三向地应力条件下,上下层之间应变不同,并在界面处产生应力集中,应力及应变达到甚至超过试件所能承受的范围就会产生破裂,并且容易沿界面延伸。以上说明,在顶底板的强度大于煤岩的情况下,顶底板会显著控制压裂裂缝的高度,使裂缝只在煤层中延伸。

图 5-44　水泥围岩中的裂缝位置图

　　本次实验中,在 Z3 试件的模拟顶板上预制了两条裂缝,用于模拟顶板中的天然裂缝。压裂后，仅有一条预制裂缝中有压裂液溢出，且裂缝在原来的基础上有了微小的延伸。通过对整个试件压裂后的裂缝形态分析发现，有压裂液溢出的那条预制裂缝处的煤岩与顶板被压开，而另一条处则没有。分析其原因：在压裂的过程中，在三向围压的作用下，煤岩中形成垂直裂缝，垂直裂缝在有压裂液溢出的裂缝处首先延伸至煤岩顶板，并沿顶板与煤岩的界面开始形成水平裂缝。在此期间，压裂液不断沿预制裂缝渗流，使压裂液的压力降低，滤失量增大，以致裂缝不能继续延伸，没能达到另一条预制裂缝处。

对比 3 个试件的煤岩裂缝形态可以看出，Z3 试件的煤岩压裂后最为完整，裂缝长度、密度最小。由此可见，顶板中天然裂缝的存在会限制裂缝在煤层中延伸。因为煤岩顶底板中的天然裂缝会造成压裂过程中的压裂液滤失量增大，使压裂液压力降低，达不到煤岩的破裂压力，即不会有新的裂缝产生。此时如若要使裂缝继续延伸，则必须增大泵注排量，其结果是，裂缝沿煤层与顶板之间继续延伸，沟通其他顶板的天然裂缝，而且压裂液的压力增大会同时对天然裂缝进行扩展，致使滤失量大大增加，造成更严重的压裂窜层，使压裂失败。而且，在煤层气井中，由于受到钻井的影响，很容易在井口附近的煤层顶底板中形成次生裂缝。如果完井固井达不到标准，在后期压裂过程中，就很容易在井口附近产生压裂窜层，造成压裂液大量滤失，无法有效地压开煤层，更严重的会致使煤层气井报废。

（三）裂缝扩展与储层性质的关系

1. 原生裂隙

原生裂隙的发育情况直接影响着压裂裂缝的延伸。煤层中原生裂隙主要有面割理、端割理。面割理主要是平行于煤层层面的裂隙，端割理是位于面割理之间的垂直于面割理的一些小型裂缝。通过第四章对比煤岩压裂前后的裂缝形态可以发现，裂缝多沿原生裂隙、节理面延伸，而且由压裂新形成的裂缝部分被原生裂隙截断，部分穿过原生裂隙。在煤层水力压裂的过程中，若煤层中的原生裂隙与煤层的最小主应力方向垂直，压裂裂缝则通过原生裂隙进一步延伸，容易形成较长的压裂裂缝。若煤层中的原生裂隙平行于最小主应力方向，压裂裂缝则会受到阻碍，增大了裂隙延伸的难度，致使压裂裂缝的延伸半径减小，但会沟通原生裂隙，使压裂后地层中横向上的渗透率大大增加。

另外，煤层中的裂隙、节理发育说明煤岩的孔隙度、渗透率较高，压裂液在煤层中渗流受到的阻力较小，使压裂液能够较容易地向远处渗流，增大压裂裂缝半径。但另一方面，裂隙、节理发育还说明煤层的滤失量较大，要形成相同规模的压裂裂缝需要大排量泵注更多的压裂液。因为煤层的压裂主要是通过压裂液的传压作用，将压裂装置（压裂车等）提供的压力传到煤层中，当液体压力大于煤层的破裂压力时，裂缝便会沿着垂直于最小主应力的方向延伸，所以，当压裂液滤失量较大时，液体压力更难达到破裂压力，使裂缝的延伸更加困难。

2. 煤岩组分

图 5-45 为压裂后部分煤岩破碎细节情况。从图中可以看出，光泽较强部分的煤岩破碎程度较高，且断口形状极不规则，常呈棱角状或阶梯状。光泽较弱部分的煤岩压裂破碎后一般呈块状，断口较平直。因为煤是多种有机物和无机物组成的集合体，是典型的非均质体，所以，煤岩岩石的力学性质与其组分之间有很强的相关性（路艳军等，2012）。根据肉眼可以区分的煤的宏观基本组成单位，可将煤的组成成分分为镜煤、亮煤、暗煤和丝炭。其性质依次表现为：光泽渐弱、原生裂隙渐少、硬度渐强、脆性渐弱（原生丝炭一般表现为性脆易碎，但由于丝炭空腔常常被矿物质充填而会表现出坚硬致密的特性）。根据煤中镜煤和亮煤含量的由高到低，将煤岩分为光亮型煤、半亮型煤、半暗型煤、暗淡型煤四种宏观煤岩类型，其性质同样依次表现为光泽渐弱、原生裂隙渐少、硬度渐强、脆性渐弱。因此，在压裂过程中，在光亮型煤中比较容易形成裂缝，且裂缝一般呈网状沟通原生裂隙，但由于原生裂隙发育、滤失量较大，裂隙半径一般会受到限制。在逐渐向暗淡型煤转变的过程中，裂缝形成的难度增加，但会形成一条或几条径向延伸的主裂缝，裂缝可以延伸得较远。

图 5-45　不同类型煤岩压裂后的裂缝特征

3. 煤岩力学性质

煤层本身的力学性质，如杨氏模量、岩石强度、泊松比、压缩系数等，对裂缝的延伸有很大的影响。通过实验分析，煤岩杨氏模量越大，煤体越容易发生脆性断裂，在相同的泵注总液量前提下，越有利于裂缝的延伸。根据兰姆方程，水力压裂裂缝宽度与杨氏模量成反比，杨氏模量越小，煤层中越容易形成宽缝，从而造成裂缝长度受到限制，影响压裂效果（孟召平等，2010；倪小明等，2010d）。煤岩的泊松比越大，在压裂过程中煤体横向变形与纵向变形比值越大，煤层更容易形成宽缝而非长缝，所以越不利于裂缝延伸。对于煤层岩石强度，岩石强度越大，越不利于裂缝的形成延伸。

如上分析，无论是原生裂隙还是煤岩组分，总体上还是要归咎到煤岩的力学性质上，因为裂缝总会沿抵抗破坏能力较弱的面上产生并延伸（倪小明等，2010d）。原生裂隙与煤岩组分终归影响的还是煤的岩石力学性质。

以上分析可以看出，裂缝扩展特征与地应力条件、煤岩顶底板岩性特征以及煤岩的性质都有很大的关系，是各因素耦合的结果。

当主应力差较小时，形成的裂缝往往不平直，裂缝面参差不齐，断裂面多沿煤体原生裂隙、节理面发展。此时，原生裂隙、节理对水力压裂裂缝的延伸起主要的控制作用，水力压裂裂缝起裂方向随机性很大，且在延伸过程中还会沿原生裂隙产生多分支裂缝，形态复杂。随着主应力差增加，地应力的控制作用逐渐增强，形成的水力裂缝开始表现出一定的方向性，裂缝面变得平直。当主应力差达到一定值后，压裂裂缝主要受地应力的控制，裂缝沿垂直于最小主应力方向延伸。但与常规油气储层的压裂裂缝在地应力作用下完全平直单一地沿垂直于最小水平主应力的方向扩展不同的是，煤层中的水力压裂裂缝还会受原生裂隙、节理的影响，使裂缝存在一定的偏移。顶底板与煤岩的岩石力学性质差异对煤岩水力压裂裂缝向煤层顶底板中的延伸具有一定的抑制作用，但垂向压力和煤层与顶底板岩层间的胶结程度是造成压裂窜层的主控因素。煤层埋深较浅时，煤层与顶底板界面处所受的垂向压力较小，当垂直缝向上或向下延伸至煤层顶底板后，开始沿水平方向延伸，不会穿透煤层顶底板。但随着煤层埋深的增加，煤层与顶底板界面处的压力随之增加，摩擦系数变大，煤层中由于产生裂缝而产生位移，在足够大的摩擦力作用下，水力压裂裂缝便能够穿透顶底板，形成压裂窜层。因此，水力压裂裂缝的扩展规律受地应力、煤岩及围岩的岩石力学性质共同控制，在进行压裂作业前需充分评估地应场特征、顶底板岩性、煤岩的原生裂隙发育情况及煤岩的煤质等（杨焦生等，2012）。

第三节　多煤层单井水力压裂工艺优化及模拟

一、压裂方法的选择

研究区煤储层总厚度较大，煤分层层数较多，分层厚度较薄，分别含有多层叠置独立含煤层气系统与多层统一含气系统，属于中近距离薄-中厚煤层群，整体储层改造压裂规模较大，压裂施工技术有异于单一煤层。基于研究区煤储层特点，研究区煤层气井压裂采用分层分段填砂封堵水力压裂技术，根据其压裂分段，由煤层埋深较深层向上逐一压裂。由于压裂层段较厚，压裂规模较大，且不同煤层储层物性差异较大，这就要求在相同泵压下产生多条裂缝，尽可能沟通多个有效煤储层。常规限流法分层压裂常用于分层多、有较厚的分隔层煤层群，而研究区煤层虽然分层多，但层间距差异较大，所以在压裂施工过程中采用常规限流法的逐层压裂与投球压裂技术相结合，即机械填砂封堵法与投球封堵法结合的分层压裂法（图5-46）。参考其经验公式，封堵球采用的是常见的高密度尼龙橡胶球，射孔孔眼直径为10mm，压裂方式采用单一套管直接水力加砂压裂。其封堵球直径与数量的选择经验公式为：

　　1）封堵球直径经验公式 $D \geqslant 1.25 D_p$

其中，D 为堵球直径，cm；D_p 为射孔直径，cm。

　　2）选择堵球数量经验计算公式 $N=(1.1 \sim 1.2) N_p$

其中，N 为堵球数量；N_p 为欲封堵孔眼数，一般以射孔数 40%～50% 估算。

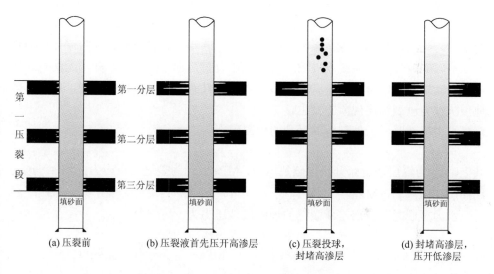

图 5-46　某压裂段封堵投球分层压裂示意图（据陈捷 2013 修改）

二、压裂层段的划分

　　储层压裂改造就是在煤储层中形成高导流能力裂缝而解放低渗透储层的生产能力，而低渗透储层要具备一定的产能，就必须正确选择压裂储层对象。对于复杂煤层群，煤层几何展布特征是煤层气勘探开发选型选层的一个重要指标，也控制着煤层气井多层压裂层段的选择。煤储层在三维空间上的展布形式由煤层层数、煤层厚度、煤层稳定性、煤层结构等特征共同组成，是构成煤层气控气系统中的重要地质因素，压裂段的划分必须充分考虑以上因素。

织纳煤田煤层群发育的一个关键特点是煤系地层厚度大，煤层可采系数低（0.7%～4.9%），累计厚度 8.76～38.13m 的煤层不均匀地分布在 273～422m 的煤系地层中，纵向上分布松散。这一特点使得煤层气直井采用多层分段压裂排采成为优势。如果压裂区煤层间距小并且多成组出现，采用投球法分层压裂时，可以使得厚度＜0.5m 的煤层仍然成为煤层气的产层（赵庆波等，2009）。但如果煤层厚度＜0.5m，隔层厚度＞10m，煤层组合＞4 层，跨度＞20m，应单独作为一个压裂段压裂或者舍去不进行压裂。

（一）多层叠置独立含气系统

织纳煤田珠藏向斜的少普井田属于典型的多层叠置独立含气系统，该井田煤层层数普遍较多、累计厚度大，但又存在单层厚度偏小、层间距不均的特点（图5-49）。井田含煤地层包含 4 个含气系统（2～6 号煤，7～16 号煤，17～30 号煤，31 号煤～玄武岩），由于各含气系统分界均处于三级层序格架中的最大海泛面，以粒度较细的粉砂岩为主，封闭性强，系统之间流体缺乏联系，各自形成独立的流体压力系统。不同的流体压力系统在导致多层合压压裂时，部分井段压不开，无法对纵向上各个储层进行综合改造，并且各系统顶部岩性致密，力学性能较强，可以有效地预防水力压裂窜层现象的发生。

水力压裂时，天然裂缝面张开的极限破裂压力为

$$p_{ff} = \sigma_n - p_0$$

其中，p_{ff} 为煤层裂缝张开极限破裂压力，MPa；σ_n 为裂缝面正应力，MPa；p_0 为煤储层孔隙压力，MPa。

水力压裂时，营造出新裂缝的极限破裂压力为

$$p_{ft} = \sigma_h + S_t - p_0$$

其中，p_{ft} 为煤层破裂形成裂缝的极限压力，MPa；S_t 为煤体抗张强度，MPa；σ_h 为最小主应力，MPa。

不同含气系统具有不同的流体压力系统，相邻含气系统界面处储层压力发生突变，相应的各系统内储层破裂压力相差较大，跨系统压裂时必然会导致压裂目的层之间的干扰，同时，储层压力与地应力又密切相关，地应力的增加，导致煤储层孔隙-裂隙被压缩，体积变小，煤储层压力增大；反之，则减小（孟召平等，2013）。针对不同含气系统具有不同流体压力系统的情况，以两层煤为例，层间距维持在 10m，在其他条件相同的情况下，保持上煤层（煤层 1）压力梯度不变，不断增加下煤层（煤层 2）的压力梯度，运用三维压裂设计与分析模拟软件，对水力压裂裂缝形态参数进行模拟。模拟结果显示（图5-47），随着压力梯度差的增加，上煤层（煤层 1）裂缝缝长、缝高以及缝宽均不断增加，说明裂缝在 3 个方

向上同时延伸，而下煤层（煤层 2）裂缝缝长受到限制，不断减小，缝高与缝宽增加速度均低于上煤层，导致两层煤裂缝参数差距不断增大。因此，对含有不同含气系统的多煤层地区进行水力压裂时，应避免跨含气系统进行压裂，防止高流体压力系统储层压裂裂缝被限制，达不到理想的储层改造效果。因此，应将少普井田各含气系统划分为一级压裂储层段，从上往下分别为Ⅰ、Ⅱ、Ⅲ、Ⅳ。

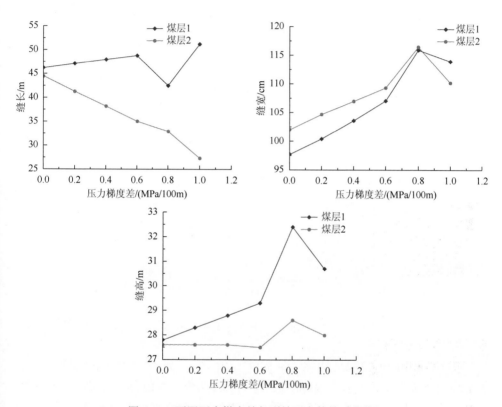

图 5-47　不同压力梯度差与裂缝形态的关系曲线

同一含气系统内，煤层具有统一的流体压力系统，但系统内煤层纵向上分布松散，层间距差异较大，进行合层水力压裂时，层间距过大势必会增加压裂实施难度以及压裂改造效果。在其他条件相同的情况下，以两层煤为例，运用三维压裂设计与分析模拟软件，对不同层间距水力压裂裂缝形态参数进行了模拟。模拟结果显示（图 5-48），随着煤层间距的增大，裂缝缝长逐渐减小，而缝高逐渐增大，当层间距大于 10m 时，两煤层缝长与缝高逐渐产生差异，并且随着层间距的增大，差异也逐渐明显，继续增大层间距到 15m 时，两煤层缝长与缝高趋向相等，不再随层间距的变化而变化。由于裂缝缝宽主要受煤层弹性模量的影响，受层间距的影响较小，因此，随层间距的增大，缝宽几乎无变化。因此，少普井田进行多煤层合层水力压裂时，应以煤层层间距 10m 为界进行压裂储层段的划分。

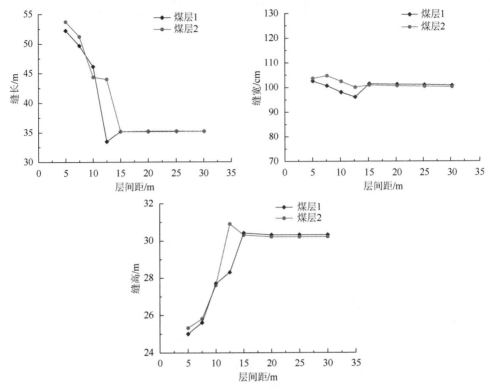

图 5-48　同一含气系统不同层间距与裂缝形态的关系曲线

　　以少普井田 14-02 钻孔为例（图 5-49），由于龙潭组地层总体含水性较弱，含水层对划分压裂储层段的影响可以忽略。在一级压裂储层段有效厚度控制范围内，含煤层数以及煤层厚度各不相同，根据层间距以及隔夹层再细分次级压裂储层段和压裂射孔段，能够降低多层合压压裂的实施难度，同时提高煤储层最大范围的储层改造效果。综上，压裂储层段划分方案如下：Ⅰ，含煤层数 3 层（2 号煤，5 号煤，6 号煤），层间距大，均在 20m 以上，煤厚介于 0.3～3.97m，由于储层段跨度较大，故将每个煤层分别作为单独的二级储层段进行压裂；Ⅱ，含煤层数 7 层（7 号煤，9～10 号煤，13～16 号煤），煤层间距介于 9.2～28.7m，煤厚介于 0.2～2.25m，以层间距 10m 为界，将 9～10 号煤与 13～14 号煤分别作为煤层组进行压裂，其他煤层均单独进行压裂；Ⅲ，含煤层数 9 层（17～21 号煤，23 号煤，27～28 号煤，30 号煤），煤层间距介于 3.4～24.6m，煤厚介于 0.2～4.12m，将 17～21 号煤和 27～28 号煤作为煤层组进行压裂，23 号煤与 30 号煤进行单独压裂；由于压裂储层段Ⅳ只含有两层煤，并且层间距为 12.61m，故将两层煤进行单独压裂。

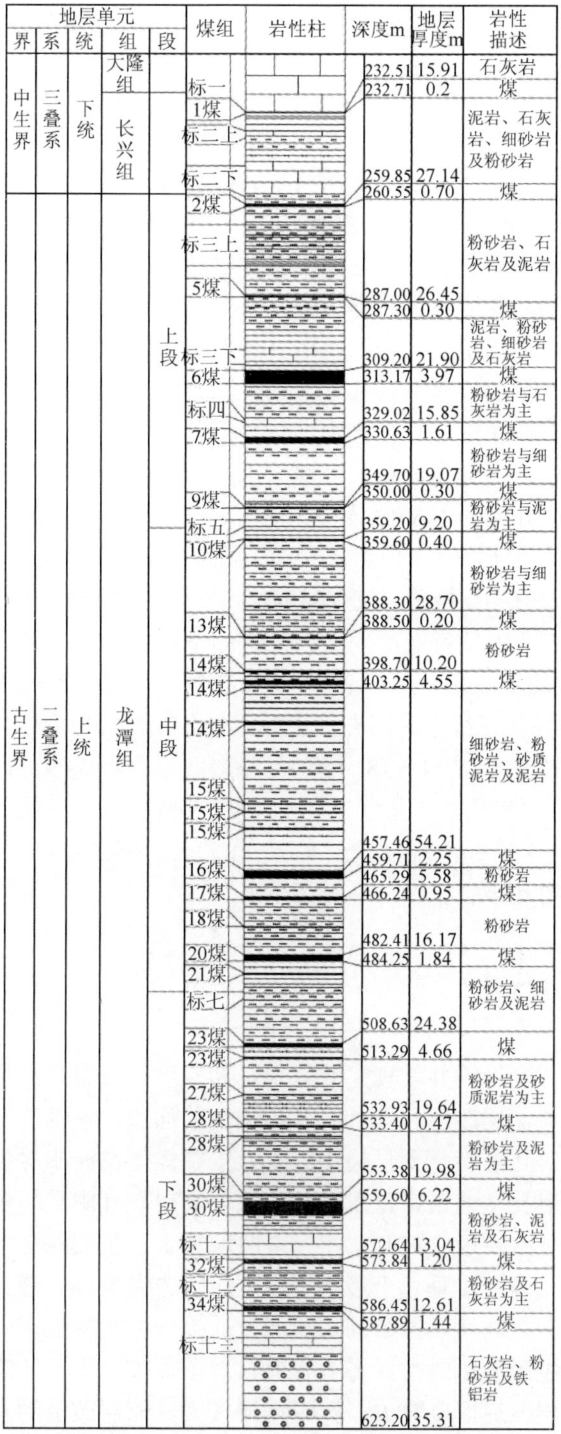

地层单元					煤组	岩性柱	深度m	地层厚度m	岩性描述
界	系	统	组	段					
中生界	三叠系	下统	大隆组		标一		232.51	15.91	石灰岩
			长兴组		1煤		232.71	0.2	煤
					标二上				泥岩、石灰岩、细砂岩及粉砂岩
					标二下		259.85	27.14	
古生界	二叠系	上统	龙潭组	上段	2煤		260.55	0.70	煤
					标三上				粉砂岩、石灰岩及泥岩
					5煤		287.00	26.45	
							287.30	0.30	煤
					标三下				泥岩、粉砂岩、细砂岩及石灰岩
					6煤		309.20	21.90	
							313.17	3.97	煤
					标四		329.02	15.85	粉砂岩与石灰岩为主
					7煤		330.63	1.61	煤
							349.70	19.07	粉砂岩与细砂岩为主
					9煤		350.00	0.30	煤
					标五		359.20	9.20	粉砂岩与泥岩为主
					10煤		359.60	0.40	煤
									粉砂岩与细砂岩为主
				中段	13煤		388.30	28.70	
							388.50	0.20	煤
					14煤				粉砂岩
					14煤		398.70	10.20	
							403.25	4.55	煤
					14煤				细砂岩、粉砂岩、砂质泥岩及泥岩
					15煤				
					15煤				
					15煤		457.46	54.21	
					16煤		459.71	2.25	煤
					17煤		465.29	5.58	粉砂岩
					18煤		466.24	0.95	
					20煤				粉砂岩
					21煤		482.41	16.17	
							484.25	1.84	煤
					标七				粉砂岩、细砂岩及泥岩
					23煤		508.63	24.38	
					23煤		513.29	4.66	煤
					27煤				粉砂岩及砂质泥岩为主
					28煤		532.93	19.64	
					28煤		533.40	0.47	煤
				下段					粉砂岩及泥岩为主
					30煤		553.38	19.98	
					30煤		559.60	6.22	煤
									粉砂岩、泥岩及石灰岩
					标十		572.64	13.04	
					32煤		573.84	1.20	煤
					标十二				粉砂岩及石灰岩为主
					34煤		586.45	12.61	
							587.89	1.44	煤
					标十三				石灰岩、粉砂岩及铁铝岩
							623.20	35.31	

图 5-49　少普井田 14-02 钻孔柱状图

（二）多层统一含气系统

织纳煤田阿弓向斜的文家坝井田属于典型的多层统一含气系统，该井田具有煤层层数多、累计厚度大、单层厚度偏小、层间距不均的特点（图3-1）。煤层 CH_4 含量变化简单，基本随着层位的降低，CH_4 含量增高，同时各煤层储层压力随着埋深的增加而增加，说明各煤系地层封闭性较弱，相互沟通，属于同一个流体压力系统。因此，依据煤层层间距以及隔夹层发育情况，可将多层统一含气系统区域划分为4个压裂储层段（Ⅰ、Ⅱ、Ⅲ、Ⅳ），从下往上依次进行逐层压裂。

文家坝井田含煤系地层总体含水性较弱，仅发育一个含水段，位于下二叠统的茅口组灰岩，在区内分布面积大，地下水补给条件好，富水性强，为全区含水最丰富的岩层。井田33号煤位于龙潭组底部，煤厚仅为0.25m，全区分布不稳定，层间距较大，并且底部发育茅口组灰岩，故压裂时需避开此层。而22号煤顶底板虽未发育含水层，但煤层极薄，仅0.08mm，全区分布极不稳定，压裂时也应避开此层（图3-1）。综上，压裂储层段划分方案如下：Ⅰ，含煤层数3层（1号煤，2号煤，5号煤），煤层间距介于10.86~16.4m，煤厚介于0.3~0.55m；Ⅱ，含煤层数5层（6~10号煤），煤层间距介于5.28~11.34m，煤厚介于0.1~1.94m；Ⅲ，含煤层数6层（12号煤，14~18号煤），煤层间距介于5.09~15.17m，煤厚介于0.3~1.98m；Ⅳ，含煤层数5层（25号煤，27号煤，29~30号煤，32号煤），煤层间距介于3.25~15.19m，煤厚介于0.25~1.73m。应依据各压裂段按照从下往上的顺序进行逐层射孔压裂。

三、射孔参数的优化

对于煤层气井套管固井常规完井方式，套管射孔孔眼是沟通煤储层与井筒的通道，是水力压裂储层改造和气、水产出的运移通道。正确的选择和设计射孔层段、射孔方法、射孔密度、孔眼相位对水力压裂优化设计非常重要。

国内煤层气射孔工艺常用正压射孔方法，其射孔孔眼采用多相位角射孔，一般为60°方向。采用多相位角射孔，一方面增加了原生裂隙与人造裂隙方位角一致的可能性，促使裂缝沿垂直于最小水平主应力方向延伸，避免裂缝转向，使孔眼与裂缝延伸方向之间弯曲流通的扼流能量的损失大大降低，同时降低了产层破裂压力和早期压裂脱砂可能性；另一方面，对于厚度较大的低渗储层，一次射开所有储层段，储层改造厚度较大，孔眼均摊较大，储层改造的水平范围较小，达不到理想储层改造的效果，增大施工难度。同时还应满足封堵球法和限流法分层压裂工艺的要求进行布孔。最后，射孔密度也影响着分层压裂储层改造的效果，单位层段内孔眼密度过大会增加压裂液的滤失，过小则会增大孔眼摩阻，造成砂堵。射孔密度取决于煤储层的非均质性，煤储层是典型的非均质性极强的储层之一，当储层各向异性明显时（$K_v/K_h < 0.5$），增加射孔密度对储层改造效果较为明显；当各向异性不显著时（$0.5 \leqslant K_v/K_h \leqslant 1$），射孔深度比射孔密度更重要。当煤储层中发育泥岩、泥质砂岩等薄夹层时，一般为不渗透或低渗透层，增加射孔孔密和高相位角可以增加储层改造的效果。除此之外，对于厚度较大，分层较多的煤储层，有效减少射孔段总厚度及适当增加间隔，将有助于增加压裂储层改造的效果。例如，依据沁水盆地南部柿庄南区块煤层气井井下微地震裂缝监测统计结果，3#煤层单层射孔厚度介于 5.8～6.6m，平均为 6.3m，监测到水力压裂产生的垂直裂缝均延伸至煤层直接顶底板内，裂缝高度是射孔段厚度的 5.3～10.6 倍，煤层裂缝单翼长度最长达 200m，最短为 75m，并且射孔段厚度最小处压裂产生的裂缝最长。这说明，裂缝在压裂区附近水平方向延伸长度差异较大，同时，垂向上的延伸远远超出了射孔层段，裂缝长度及高度因顶底板应力和射孔段厚度的差异而不等。因此，在相同压裂规模条件下，有效减小射孔层厚度，不但能够增加裂缝水平方向的延伸长度，在垂向上同样能够控制裂缝高度，提高储层压裂改造效果。

织纳煤田珠藏向斜以及阿弓向斜煤储层弹性模量为 1.10×10^3～8.87×10^3MPa，平均为 4.20×10^3MPa。由于弹性模量偏低，将导致压裂裂缝偏宽，裂缝延伸长度可能相对有限。考虑研究区煤储层厚度分布差异较大，尤其具有厚度较大的煤层或煤岩组合，压裂裂缝在宽度和高度方向上的扩展程度增大，导致压裂液滤失面积增大，大大限制了压裂裂缝在水平方向上的延伸。压裂段内射孔段的厚度过大，压裂规模达不到理想的储层改造效果，可能出现以下情况：①易在射孔段形成多条裂缝，各裂缝之间相互交叉重叠，导致延伸长度不足，裂缝沟通的压裂面积不够，同时，增加了压裂液滤失面积，降低了压裂液的有效利用，即压裂规模缩小（图 5-50）；②射孔层位较近，产生的多裂缝可能会在近井地带相互沟通，形成较

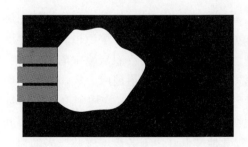 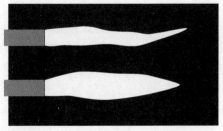

图 5-50 不同射孔密度压裂裂缝形态示意图（陈捷，2013）

大的宽裂缝，使支撑剂支撑效果变差，裂缝水平方向延展受限，易导致支撑剂在近井地带堆积，在压裂放喷和后期排采时，若控制不当，很容易产生吐砂；③由于压裂设备规模的限制，压裂段射孔厚度过大，将导致改造区域半径减小，对压裂增产实际效果影响较大。因此，必须优化射孔段内各射孔层之间的距离，避免压裂垂向上的重叠，达到压裂改造增产的最优化。

压裂段和射孔层有效划分不仅可以使地面泵得到充分的分配，压裂裂缝也能得到充分延展，增大了影响半径，加强了改造效果。同时，在相同的改造效果下节约了储层改造成本。在划分好的压裂储层段内，根据煤储层分布特点，应该有效减少射孔厚度和射孔层数，并且各射孔段需以相对较厚的隔夹层作为分界面，尽量减少或避免由于裂缝垂直向上延伸而发生的重叠。由于研究区煤层层数多，层间距较大，以薄-中厚煤层发育为主，因此，仅针对层间距较小，厚度较大的煤层或煤岩组进行射孔段优化设计，而层间距较大并且厚度薄的储层，可作为单独的射孔层段进行射孔。以少普井田为例，对部分压裂射孔段进行优化（表 5-8）。

表 5-8 少普井田部分压裂射孔层优化结果表

压裂段	目的层埋深/m	射孔层埋深/m	射孔层厚度/m
I$_1$	309.2～313.1	310.2～312.5	2.3
II$_2$	398.7～403.2	399.5～402.0	2.5
II$_3$	439.8～441.7	440.0～441.5	1.5
	441.7～443.6	442.0～443.3（虚拟储层段）	1.3
	443.6～445.5	443.8～445.3	1.5
	457.4～459.7	457.8～459.3	1.5
III$_1$	482.4～484.2	482.6～484.1	1.5
III$_3$	554.6～558.6	555.1～558.1	3.0

研究区煤层气井皆可划分为 1～3 个压裂段进行分层压裂。对于已生产的煤层气井（Z2～Z5 井），Z2 井分为上下煤组分别进行了压裂排采，单一压裂层段厚度较厚，介于 9.7～47.7m（图 5-51）。对于跨度较大的单一压裂层段中的不同射孔层，在储层物性差异不大的情况下，埋深相对较大的射孔层地应力大，相同的施工压力下，合层压裂改造效果较差。生产井单一压裂层段跨度均适中，在 50m 以下，压裂射孔层厚度占压裂段厚度百分比介于 7.4%～15.8%，平均为 11.9%。其中 Z5 井最高，但其单位厚度日产气量较其他井低（由于各煤层气井排采的煤层组合以及厚度不同，故采用单位厚度煤层气产量进行比较），说明较大的射孔比例会减小储层改造范围，从而影响水力压裂改造效果。

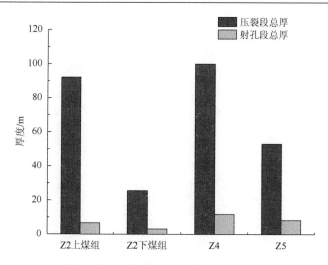

图 5-51　研究区煤层气生产井压裂段与射孔段总厚度统计图

四、煤体及顶底板力学性质对研究区水力压裂的影响

压裂是煤层克服地层最弱挤聚力而张裂，在无天然裂隙的地区，裂缝开启的最小挤聚力方向与现今水平最小主应力平行且相反。据本书第三章以及第四章分析可知，研究区煤体结构发育原生结构煤（Ⅰ类）、碎裂煤（Ⅱ类）、碎粒煤和糜棱煤（Ⅲ类）。原生结构煤结构相对完整，内生裂隙相对发育，而外生裂隙和继承性裂隙相对不发育。地面水力压裂时，以造新缝为主，泵注压力及排量一般要求较大，内生裂隙在压裂过程中对主裂缝的延伸或破裂方位的作用较小，易沿水平最大主应力方向在煤层中形成较宽的裂隙，而对微裂隙的沟通相对较差。碎裂煤与原生结构煤相比，外生裂隙较为发育，煤岩抗张强度降低，水力压裂时主裂缝方位首先沿着天然裂缝延伸。当裂缝延伸到天然裂缝末端时，此时煤岩体可看成均质体，裂缝将逐渐沿着水平最大主应力方向延展。当再次遇到天然裂隙时，则又过渡到天然裂隙方向，如此反复进行，主裂缝延伸轨迹相对复杂，但对煤体中的微裂隙沟通作用较好，压裂储层改造效果最好。同时，当压裂液沟通碎裂煤的天然裂隙时，压裂液会快速进入裂隙两侧的次级裂缝中，这些裂缝的宽度窄，支撑剂无法进入，这将造成压裂液流速下降，从而导致支撑剂快速沉降，易形成砂堵。碎粒煤或糜棱煤受构造运动作用较强，次生裂隙稠密，裂缝间距变密，煤层层理不明显，煤体几乎呈小块或粉状存在。地面水力压裂时，当泵注压力及流量较大时，煤体中的次生稠密的裂隙并未得到破裂延伸扩展，而是引起煤体颗粒发生位移，甚至导致煤体破裂成更小的碎块或粉状，破碎的碎块以及粉状煤体均会充填到压裂后发生位置移动的空缺部位（图 5-52）。Ⅲ类煤体最终发生挤胀，碎块

及粉状煤体与压裂液形成黏稠状的固液混合物堵塞整个煤层段。在现有的地面水力压裂施工技术条件下，不管泵压及泵注排量多大，碎粒煤或糜棱煤体内原有的次生裂隙均未得到进一步扩展延伸，仅仅会引起煤体颗粒的移动或造成堵塞，压裂改造效果最差。因此，针对III类煤进行分段合层压裂时，需根据煤体破碎程度设计合理的泵注压力及排量，保证压裂施工的顺利进行（胡奇等，2014）。

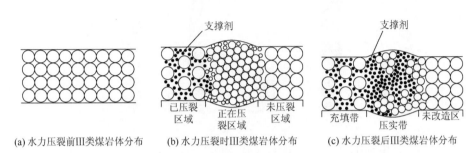

(a) 水力压裂前III类煤岩体分布　　(b) 水力压裂时III类煤岩体分布　　(c) 水力压裂后III类煤岩体分布

图 5-52　水力压裂III类煤岩体分布（倪小明等，2010d）

从肥三勘探区 2-3 钻孔煤体结构测井解释结果分析得知（图 5-53），不同煤层的煤体结构差异很大。III类煤主要发育在浅部，随着煤层层位的降低，III类煤发育程度逐渐减弱，与钻孔煤心观测结果一致。由第四章第二节可知，煤层顶底板主要以砂岩为主，其抗压强度达到煤层抗压强度的 5 倍以上，保证了水力压裂裂缝能够控制在煤层中延伸，同时，各煤层弹性模量总体偏低，易形成短宽裂缝。

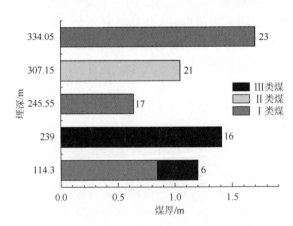

图 5-53　肥三勘探区 2-3 钻孔煤体结构测井解释结果图

织纳煤田珠藏向斜少普井田 Z2 井煤心实地观测结果显示，龙潭组 2 号、6 号、7 号、23 号煤层结构完整，均呈碎裂结构，裂隙呈闭合状，裂隙内无填充物。16 号煤层结构破碎，受次生构造作用，煤岩呈粉煤，易捻搓成煤粉或煤尘，呈糜棱结构。根据波动理论，利用测井资料（声波时差测井和密度测井），计算了煤岩层泊松比、杨氏模量、抗张强度等参数值，虽然计算数据与实验测试结果可能存在一定的误差，但对研究区水力压裂实施具有一定的指导作用。

其煤岩力学各参数值计算公式如下

①泊松比 ν

$$\nu = \frac{1}{2} \cdot \frac{\left(\Delta t_s\right)^2 - 2\left(\Delta t_p\right)^2}{\left(\Delta t_s\right)^2 - \left(\Delta t_p\right)^2}$$

②剪切模量 G

$$G = \frac{\rho_b}{9.29 \times 10^4 \left(\Delta t_s\right)^2}$$

③杨氏模量 E

$$E = G \cdot \frac{3\left(\Delta t_s\right)^2 - 4\left(\Delta t_p\right)^2}{\left(\Delta t_s\right)^2 - \left(\Delta t_p\right)^2}$$

④泥质含量 V_{sh}

$$V_{sh} = \frac{GR - GR_{min}}{GR_{max} - GR_{min}}$$

⑤单轴抗压强度 S_c

$$S_c = E\left[0.008V_{sh} + 0.0045\left(1 - V_{sh}\right)\right]$$

⑥抗张强度 S_T

$$S_T = S_c / 12$$

岩石力学参数计算时，需要同时具备有纵横波时差测井资料。由于 Z2 井缺少横波测井资料，因此利用常规纵波时差求解合理的横波时差，经验公式为

$$\Delta t_s = \frac{\Delta t_p}{\left[1 - 1.15\dfrac{\left(1/\rho_b\right) + \left(1/\rho_b\right)^3}{e^{1/\rho_b}}\right]^{1.5}}$$

其中，ν 为泊松比；G 为剪切模量，GPa；E 为弹性模量，GPa；ρ_b 为密度测井资料得到的地层密度，g/cm^3；Δt_p 为声波测井资料得到的地层纵波时差，μs/ft；Δt_s 为地层横波时差，μs/ft；GR 为伽马测井实测值，API；GR$_{min}$ 为测井段砂岩层的自然伽马值，API；GR$_{max}$ 为测井段泥岩层的自然伽马值，API；V_{sh} 为地层泥质含

量，%；S_c 为地层单轴抗压强度，GPa；S_T 为地层抗张强度，GPa。

从 Z2 井煤层归一化弹性模量测井解释结果分析得知（图 5-54），煤层弹性模量随着埋深的增加有增大的趋势。300m 以浅的煤层弹性模量较小，与煤层埋深相关性较好，而 300m 以深的煤层由于构造应力的增加，受构造破坏程度增强，弹性模量随埋深的增加呈离散性分布，相关性不明显。其中 16 号煤受构造破坏程度最高，呈糜棱结构，弹性模量几乎为 0，说明研究区煤层随着埋深的增加受构造破坏程度有所增加，部分煤层煤体结构可能较为破碎，严重影响了煤岩力学性质。

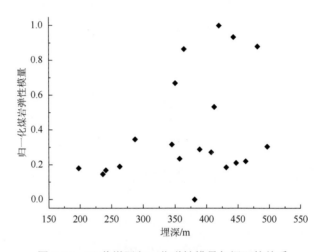

图 5-54　Z2 井煤层归一化弹性模量与埋深的关系

层间岩石力学性质的差异影响层间最小水平主应力差的大小，而产层与隔层的最小水平主应力差是影响裂缝高度的主要因素，且弹性模量差值越大，层间最小水平主应力差越大，压裂裂缝更容易被控制在煤层中。从 Z2 井煤层及顶底板力学参数测井解释结果分析得知（图 5-55、图 5-56），研究区煤岩与其顶底板岩石力学性质间存在明显的差异，大部分煤层顶底板岩石抗拉强度和弹性模量均达到了煤层的 5 倍以上。一般而言，当顶底板岩石抗拉强度达到煤层抗拉强度 5 倍以上时，水力压裂裂缝能够很好地被控制在煤层中延伸。但 13 号煤层顶底板岩石抗拉强度仅达到煤层的 3 倍，弹性模量差值较小，说明煤层与顶底板最小水平主应力差值较小，水力压裂裂缝很容易延伸到顶底板岩石当中。同时，13 号煤与其相邻的 12 号煤、14 号煤层间距较小，属于同一压力系统，适合采用煤层及"虚拟储层"合层水力压裂方式，促使相邻煤层压裂裂缝得到有效的沟通，提高压裂储层改造效果。同理，15 号煤的 3 个分层及 21~22 号煤，26~27 号煤以及 32~34 号煤均可采用此水力压裂方式。

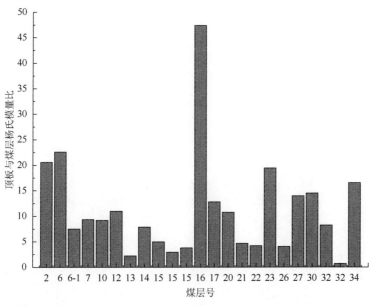

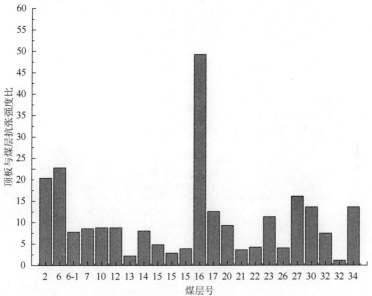

图 5-55　Z2 井煤层与顶板力学参数比值

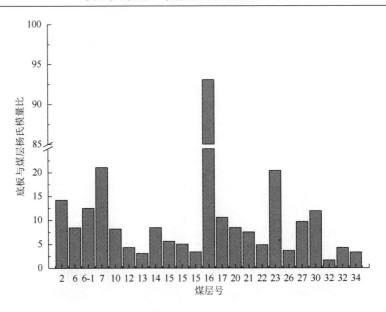

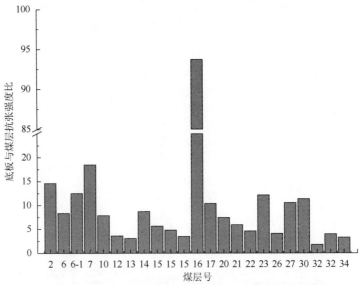

图 5-56　Z2 井煤层与底板力学参数比值

　　文家坝井田由于缺少钻孔煤心观测结果，所以采用 1047 钻孔测井数据对各煤层煤体结构进行解释。结果发现，各煤层煤体结构差异也很明显，总体随着煤层层位的降低，煤体结构逐渐趋于破碎（表 5-9），与肥三勘探区呈现出相反的变化趋势。浅部煤层煤体结构较完整，以原生结构煤与碎裂结构煤为主，深部 22 号和 28 号煤层电阻率最小，密度较低，受构造破坏程度较高，应为碎粒煤或糜棱煤。因此，针对研究区煤层厚度较厚以及煤层与顶底板力学性质差异较大的压裂储层段，需适当减小射孔段厚度，保证压裂裂缝在水平方向上延伸，同时，对于顶底板力学性质相差不大的压裂储层段，需适当降低注入压力和注入液量，防止不同煤层裂缝窜层相互连通，导致压裂液滤失量增大，从而限制了水力压裂裂缝在水平方向上的扩展。对于煤体结构较为破碎的煤层，在现有的分层水力压裂技术条件下，为防止煤粉的产出以及砂堵现象的发生，射孔时需要避开碎粒煤或糜棱煤带，保证水力压裂的顺利进行。

表 5-9　文家坝井田各煤层地球物理测井参数

煤层	煤厚/m	电阻率/(Ωm·m)			自然伽马/cps			伽马伽马/MC			煤体结构
		最小	最大	平均	最小	最大	平均	最小	最大	平均	
2	0.53	38.6	103.6	69.8	4.6	10.5	6.4	93.4	321.6	203.2	II
5	0.42	49.2	102.2	68.6	5	7.8	6.8	154	158.7	155.5	II
6	1.72	10.8	108.6	58.5	2.3	4.3	3.6	94.0	355.9	225.0	II
7	0.98	35.4	123.1	77.2	1.8	9.8	4.6	117.1	276.7	157.4	II
10	0.42	32.3	100.9	72.2	3.4	7.7	5.2	106.8	118.5	110.7	II
12	0.64	30.8	101.8	56.8	4.3	21.9	8.6	97.5	207	135.4	II
14	1.51	18.5	86.8	55.7	5.8	14.8	11.8	172.3	203.6	187.2	II
16	1.90	29.5	213.5	141.8	1.1	11.9	2.4	122.6	331.9	252.1	I
17	0.72	25.8	169.2	105.2	5.5	10.7	8.3	95.7	273.7	181.7	I
18	0.84	88.5	160.6	123.6	5.4	10.8	8.3	104.8	305.3	205.1	I
20	0.42	82.8	103.1	89.8	6.4	8.4	7.2	94.6	110	101.6	II
22	0.40	8	58.5	31.89	5.3	7.1	6.6	146.7	150.2	148.5	III
25	0.53	33.8	124.6	58.6	6.9	9.4	8.2	102.2	148.2	129.1	II
27	1.93	13	151.1	93.5	1.7	9.6	6.2	125	323.4	197.6	I
28	0.66	17.5	45.5	32	4.2	12.1	8	211.8	290.1	251	III
29	0.68	14.2	119.1	66.7	7.5	9.9	8.9	151.1	162.8	157.2	II
30	1.65	27.7	153.8	83.1	1.8	8.6	3.7	106.2	125	113.8	I
32	0.88	16.6	80.6	47.3	9	13.4	10.8	107.7	114.7	109.8	III

五、地应力因素对研究区水力压裂的影响

水力压裂裂缝的延伸主要受地层的最小主应力与抗拉强度的影响，裂缝中的流体压力必须克服地应力与地层的抗拉强度才能使裂缝张开。对于最小主应力差较大的煤储层，水力压裂裂缝能够更好地被控制在煤层中延伸，缝高较小，缝长较大。地层抗拉强度大说明地层更难被破坏，而煤层在进行水力压裂时，其抗拉强度远远小于顶底板的抗拉强度，煤层中产生的裂缝高度得到限制，裂缝缝长将进一步延伸(王瀚，2013)。

本书依据黔西地区多次的注入/压降试井结果，获取了大量破裂压力、闭合压力

和煤储层压力以及渗透率等储层参数。根据研究区数据统计结果，最小水平主应力与煤层埋深之间具有较好的线性关系，随着煤层埋深的增加，最小水平主应力增大，说明地应力大小受埋深影响较大。最小水平主应力与煤层破裂压力之间也具有很好的线性关系（图 5-57），最小水平主应力越大，煤层破裂压力越大，进一步证明了煤层是克服地层最小主应力而张裂。而最大水平主应力与煤层破裂压力之间线性关系不明显，随着最大水平主应力的增加，破裂压力分布分散度增大，说明研究区水力压裂裂缝方位主要偏向最大主应力方向延伸。黔西地区煤层的抗拉强度远远小于顶底板的抗拉强度，绝大多数煤层抗拉强度小于 1MPa，并且煤层抗拉强度与破裂压力之间关系较离散（图 5-58），主要原因在于，煤层抗拉强度小，与最小水平主应力相比，其对煤层破裂压力的影响较小。通过对少普井田试井成果分析也可看出（表 5-10），同一口钻孔随着埋深的增加，最小主应力增加，不同钻孔最小主应力在平面上非均质性强，受埋深影响较小，同时，27 号煤最小地应力小于 23 号煤，但破裂压力却比较大，主要原因在于，27 号煤层以原生结构煤为主，煤体结构完整，抗拉强度比其他煤层强，同时，煤储层受地下水封堵作用，封闭性强，处于超压状态。

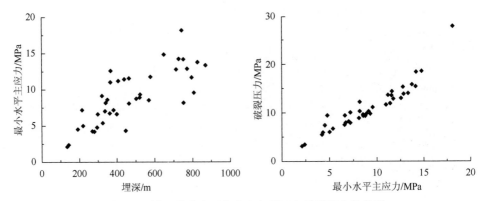

图 5-57　煤层最小水平主应力与埋深和破裂压力的关系

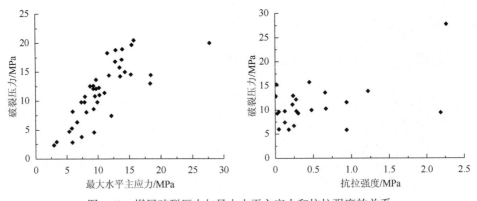

图 5-58　煤层破裂压力与最大水平主应力和抗拉强度的关系

表 5-10　少普井田试井成果分析表

钻孔	煤层	埋深/m	煤厚/m	储层压力/MPa	渗透率/mD	破裂压力/MPa	闭合压力/MPa	压力系数
Z-2	16	380.95	2.5	2.95	0.0179	10.79	8.01	0.79
	23	431.38	1.85	3.04	0.000164	17.49	15.59	0.72
Z-4	27	510.45	1.5	5.52	0.0744	18.84	12.01	1.10

　　水力压裂施工曲线描述了压裂过程中的砂比、施工排量和施工泵压随施工时间的变化情况，综合反映了压裂液流动、裂缝扩展、支撑剂运移和煤层气储层特征（肖中海等，2008）。少普井田先后共实施了 4 口煤层气井压裂，包括 Z2 井、Z4 井、Z5 井和 Z9 井，均采用分段合层压裂技术，其中 Z2 井压裂施工过程中搜集的数据比较齐全。下面以 Z2 井为例，利用多段压裂施工曲线，分析煤储层压裂改造效果以及地应力的影响作用。Z2 井将煤层组划分为两段分别进行压裂：第一段包含 12 号、14 号、17 号煤层，埋深在 344.8～389.1m 之间，其压裂施工曲线属于波动型曲线（图 5-59）。当压裂施工排量达到稳定，即滤失量和造缝体积与注入量达到动态平衡时，由于煤层裂隙发育并且非均质性强，压裂液滤失量和裂缝形态频繁发生变化，导致缝内压力不稳定，呈现波动性变化。第二段包含 6-1 号、7 号、8 号、10 号煤层，埋深在 240.4～288.1m，其压裂施工曲线属于上升型曲线（图 5-60）。当压裂施工进行到 60min 左右时，注入排量不断降低，但施工压力却不断上升，主要原因在于，6-1 号煤煤体结构全区不稳定，发育有部分的碎粒煤或糜棱煤，在进行水力压裂时，压裂液遇煤粒或煤粉形成黏稠状的固液混合物堵塞了裂缝端部，导致缝内压力上升。依据压裂施工曲线，第一压裂段破裂压力 25.8MPa，闭合压力 10MPa；第二压裂段破裂压力 26.7MPa，闭合压力 9.4MPa。闭合压力与埋深的关系，符合黔西地区分布规律，但破裂压力与埋深呈负相关关

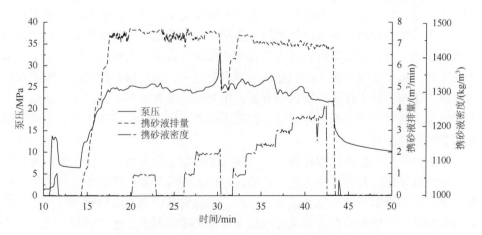

图 5-59　少普井田 Z2 井第一段压裂施工曲线

系，其原因可能是第二压裂段所压裂的煤层中 6-1 号煤煤体结构全区不稳定，水力压裂时容易导致煤中缝内压力上升，引起破裂压力测试值偏高，并且两个压裂段均跨不同含气系统进行压裂，由于压力系统的不同，导致其压裂效果均不理想，压裂后产气量不到 500m³/d。

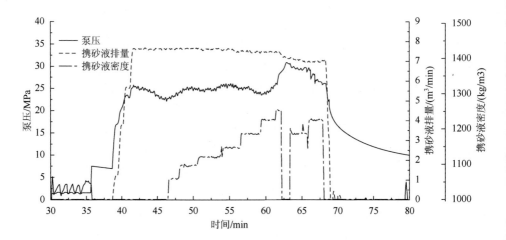

图 5-60　少普井田 Z2 井第二段压裂施工曲线

六、水力压裂泵注参数对压裂效果的影响

在煤层气井水力压裂过程中，压裂液充当传递能量的角色，将地面压裂设备施加的能量传递给地层，促使储层裂缝张开。压裂液性能、施工排量等参数不仅决定了压裂液的携砂能力，并且影响着水力压裂裂缝尺寸及导流能力。在水力压裂施工阶段，压裂液可分为前置液、携砂液和顶替液，其中，前置液主要起到营造裂缝为后续携砂液的铺置提供通道的作用，携砂液起着携带支撑剂和营造裂缝的双重作用，顶替液则是将井筒内携带有支撑剂的液体压入到煤储层裂缝中。水力压裂时，施工排量主要受压裂层的物理力学性质、加砂量、砂比以及施工设备等参数的影响，施工排量的增加能够促使压裂液携带支撑剂运移到更远的地方，一定程度上提升了裂缝的支撑效果，但又不可避免地造成裂缝净压力的升高，影响着裂缝尺寸形态。

研究区煤层弹性模量整体较低，当对深部煤层进行压裂时，由于深部地应力高，能够保证压裂时施工压力相对较高，但压裂裂缝延伸长度受煤岩弹性模量影响较大，即裂缝的延伸长度会减小。因此，需要有意识地加大前置液注入量，以便使裂缝的长度增加，但前置液注入量又不能无限制增大。通过模拟结果可以看出（图 5-61），在不改变其他施工条件的情况下，随着注入前置液百分含量的增加，支撑裂缝缝长与缝高先增加后减小，在注入前置液量达到40%时，支撑效果最好。由于煤层本身裂隙比较发育，前置液量的增加会营造出更多的裂缝系统，大大增加了煤层滤失系数，导致支撑剂运移的距离有限，不能营造出有效的支撑裂缝。并且当压裂液滤失量达到施工排量的 1/3 左右时，即使营造出较多的裂缝，支撑剂运移的距离也非常短，裂缝支撑效果不理想。因此，可通过计算公式对前置液量进行优化设计。

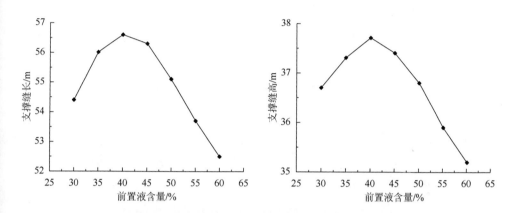

图 5-61　前置液含量与支撑裂缝缝长、缝高的关系

研究区煤储层非均质性较强，纵向上裂缝发育不均匀。假设压裂时形成裂缝的长度、宽度、高度较规则，压裂过程中压裂液的滤失服从达西定律，压裂形成的裂缝在横截面上为椭圆形、纵剖面上为矩形，并且水力压裂裂缝全部被中粒径圆度100%的石英砂均匀支撑。结合线弹性断裂力学 I 型裂纹原理，裂缝形成过程中宽度可表示为（乌效鸣等，1997）

$$W(x) = \frac{4\sigma}{E}\left(1 - v^2\sqrt{L^2 - x^2}\right)$$

其中，$W(x)$ 为裂缝宽度，m；v 为煤岩泊松比；σ 为裂缝内液压力，MPa；E 为煤的弹性模量，MPa；L 为裂缝半长，m。

根据体积守恒，得出裂缝在最小水平主应力方向上的延伸长度，即

$$Q_1 = 16\int_0^a H \cdot W(x)\mathrm{d}x = 16H\int_0^a \frac{2\sigma_1}{E}\left(1 - v^2\sqrt{a_1^2 - x^2}\mathrm{d}x\right)$$

$$a_1 = 2\left[\frac{EQ_1}{8H\sigma_1\pi\left(1 - v^2\right)}\right]^{\frac{1}{2}}$$

其中，Q_1 为水平主应力方向上同时延伸时的平均施工排量，m³/min；H 为压裂时煤层段的有效厚度，m；σ_1 为仅在最小水平主应力延伸时的平均液压力，MPa；a_1

为最小水平主应力方向上的裂缝半长，m。

水力压裂施工结束，根据总泵注量 Q_2，计算最大水平应力方向上的延伸总长度，即

$$a_2 = 2\left(\left[\frac{EQ_1}{8H\sigma_1\pi\left(1-v^2\right)}\right]^{\frac{1}{2}} + \left[\frac{E\left(Q_2-Q_1\right)}{4H\sigma_2\pi\left(1-v^2\right)}\right]^{\frac{1}{2}}\right)$$

其中，σ_2 为仅在最大水平主应力延伸时的平均液压力。

最终建立最小、最大水平主应力方向上的渗透率计算公式分别为

$$k_{\min} = \alpha\frac{10^9 Q_{砂}{}^3 E^3}{12(a_1+a_2)^3 H^5\pi^3\sigma_2^3(1-v^2)^3 a_1^3[17.6+6.2\log\frac{100Q_{砂}E}{a_1(a_1+a_2)H\pi\sigma(1-v^2)}]^2}$$

$$k_{\max} = \beta\frac{10^9 Q_{砂}{}^3 E^3}{12(a_1+a_2)^3 H^5\pi^3\sigma_2^3(1-v^2)^3 a_2^3[17.6+6.2\log\frac{100Q_{砂}E}{a_2(a_1+a_2)H\pi\sigma(1-v^2)}]^2}$$

其中，α，β 为修正系数。

通过计算得到裂缝宽度 W，裂缝长度 L，裂缝渗透率 K，则单位时间内的滤失量可表示为

$$Q_1 = \frac{60\pi WLK\left(\sigma_s - p\right)}{\mu h}$$

其中，Q_1 为单位时间内的滤失量，m³/min；σ_s 为注入前置液的平均施工压力，MPa；P 为煤储层压力，MPa；h 为煤层厚度，m。

依据滤失量应小于注入排量 1/3 的原则，可计算得出注入的前置液的最大量。

对于支撑剂颗粒粒径的选取，由于深部煤层地应力比较高，压裂时裂缝宽度受到一定的限制，导致粗颗粒支撑剂填充较困难，故应选择颗粒粒径相对较小的支撑剂，保证裂缝在延伸长度上的有效支撑，并且让更多的支撑剂填充在裂缝中。

砂比选择上，若采用固定不变的加砂程序，无论是低砂比、中砂比还是高砂比，由于煤储层裂隙相对发育，随着压裂过程中裂缝的增多，压裂液滤失量增加，导致滤失后压裂液的砂比浓度增加，支撑剂很容易在近井地带堆积形成砂堤，限制了后续携砂液向更远的地方运移，支撑的范围相对有限，严重影响了支撑效果。而采用低砂比逐级递增的加砂程序，低砂比支撑剂可以堵塞一部分裂缝，降低压裂液滤失，同时支撑剂运移距离较长，使离井筒较远的裂缝得到支撑，随着砂比浓度的增加，支撑剂又会在离井筒较近的地方堆积，实现了支撑裂缝较长，同时在近井地带支撑缝较宽的效果。利用压裂模拟软件模拟出了两种加砂程序裂缝延伸长度、支撑缝高以及铺砂浓度等参数（图 5-62、图 5-63）。结果显示，在渗透

率与前置液注入量相同的前提下，低砂比逐级增加的加砂程序效果更好，裂缝中支撑剂浓度较高，并且在长度和高度上都能得到有效的支撑。

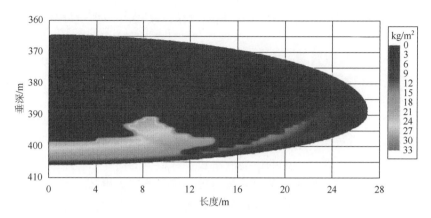

图 5-62 固定低砂比压裂模拟结果

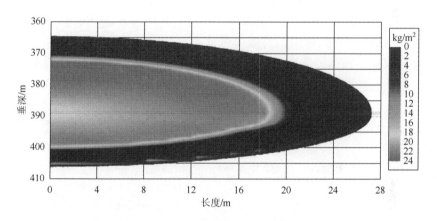

图 5-63 低砂比逐级增加压裂模拟结果

当对浅部煤层进行压裂时，浅部煤层地应力较低，导致压裂时施工压力比较低。同时，煤岩弹性模量较小，与深部煤层压裂相比，其裂缝延伸的长度和宽度都有所减少。为了使裂缝长度得到进一步延伸，应尽量增加前置液量，以便使裂缝的长度增加。为了增加裂缝的宽度，应尽量加大施工排量，提高压裂施工压力，增加裂缝的宽度。其中，裂缝宽度较小时，压裂加砂时砂比和支撑剂粒径都不宜过大，支撑剂应选择粒径较小的颗粒，以保证压裂产生的裂缝能够得到充分的填充。砂比应选择以低砂比为主的加砂程序，砂比较大，容易导致较多的支撑剂在近井筒地带堆积，支撑效果较差。

少普井田 Z2 井于 2010 年 5 月对 20#与 23#煤层进行合层水力加砂压裂，总压裂液量为 449.9m³，前置液百分含量为 33.1%，压裂液效率达 50.2%，压裂后实施两层煤合层排采，排采 270 天左右停止排采，最高日产气量达到 2802m³。之后于 2011 年 3 月对 6-1#、7#、8#、10#、12#、14#、17#煤层分两段分别进行合层水力加砂压裂（表 5-11）。其中，第一压裂层段总压裂液量为 188.8m³，前置液百分含量为 39.7%，压裂液效率达 43.1%；第二压裂段总压裂液量为 245.6m³，前置液百分含量为 36.6%，压裂液效率达 46.4%，压裂后依据层间相邻物性相似原则划分为 4 个单元进行合层排采，一共排采了 530 天左右，最高日产气量仅为 798.5m³。虽然排采煤层层数多，煤层气资源量大大增多，但产气量却很低，主要由于对浅部煤层压裂施工过程中，泵压一直保持较高，极大地限制了施工排量。同时，一次压裂多煤层，每个煤层分配的压裂液量较少，较少的前置液注入量导致煤层只会在最薄弱的地方劈开形成一条或几条裂缝，压裂液滤失相对严重，裂缝支撑效果不理想。并且，少普井田煤层均以碎裂煤发育为主，裂隙相对发育，在注入前置液造缝过程中需加入一定的支撑剂来封堵一些裂缝，将有利于营造更长、更宽的压裂裂缝。同时也不排除进行合层排采时，层间干扰对产气量的影响。因此，在控制泵压的前提下，水力加砂压裂过程中应适当地增大施工排量，其中前置液量可由前面的计算公式确定，若滤失量达不到施工排量的 1/3，可由总液量的 30%～40%确定，而携砂液量可根据最优支撑剂量、砂比和泵注能力反算求得。

表 5-11　Z2 井主要煤层水力加砂压裂参数表

射孔煤层	射孔井段	前置液/m³	携砂液/m³	顶替液/m³	总液量/m³	排量/(m³/min)	石英砂/m³	平均砂比/%
6-1# 7# 8# 8# 10#	240.4～241.5 262.4～263.3 271.1～271.4 272.4～272.9 286.8～288.1	90	152	3.6	245.6	6～8	20	13.2
12# 14# 17#	344.8～346.2 357.3～358.0 388.5～389.1	75	109	4.8	188.8	6～8	15	13.8
20# 23#	406.8～408.1 430.5～432.4	149.1	294.6	6.2	449.9	6～8	27	10.6

七、参数优化后压裂模拟结果分析

（一）Meyer 三维压裂模拟设计软件介绍

Meyer 软件是目前国内石油工业界先进的储层水力压裂分析及改造优化的数值模拟软件，可进行压裂、酸化、酸压、泡沫压裂/酸化、压裂充填、端部脱砂、注水井注水、体积压裂等模拟和分析。该软件能够对现场施工数据进行输入控制和分析监测，同时可将实际数据和设计数据进行对比分析，包括储层压裂中模拟、效果分析、压裂参数优化、缝网压裂设计与分析、产能预测和经济评价等环节；软件内含 PKN、GDK、拟三维裂缝扩展模型、3D 压裂模型等储层压裂模型，能够根据实时数据分析和管理进行模型校正。其突出的特点是提供了页岩气和煤层气压裂设计、多层压裂设计以及压裂充填和顶部脱砂压裂设计等模块。

（二）多煤层水力压裂优化模拟

针对研究区煤层层数多，层间距较大，具有不同流体压力系统的煤储层特点，结合前文分析和设计的优化措施，以 Z2 井为例，对比分析其水力压裂优化方案与原压裂施工设计的效果，利用三维压裂设计模型，运用 Meyer 软件对 Z2 井第二次压裂进行实时模拟，对比分析模拟结果。

1. Z2 煤层气井概况

Z2 井位于贵州省织金县少普乡四角田村，2010 年 2 月 23 日完钻，完钻层位为上二叠统峨嵋山玄武岩组（表 5-12）。该井分两次进行合层排采，其中 2010 年 5 月 22 日对龙潭组 20#、23#煤层完成第一次水力加砂压裂改造，之后于 2011 年 3 月将龙潭组 6-1 号、7 号、8 号、10 号、12 号、14 号、17#煤层及部分碳质泥岩段分为两个压裂段，实施第二次水力加砂压裂改造。

表 5-12　Z2 井基本概况

	井名	Z-2 井	井别	参数开发井	井型	垂直井
基本概况	地理位置	贵州省织金县少普乡四角田村				
	构造位置	黔中隆起珠藏向斜北翼				
	完钻日期	2010.2.23	完钻井深	560m	完井方式	套管射孔
	钻井液	密度 1.45～1.83g/m³ 泥浆				
井筒结构	套管类型	外径/mm	内径/mm	下深/m	抗内压/MPa	抗外压/MPa
	导管	428.0	-	25.49	-	-
	表层套管	339.7	-	55.30	-	-
	技术套管	244.5	226.62	280	24.3	13.9
	生产套管	139.7	124.26	560	53.3	41.5

2. 煤储层参数

Z2 井煤储层埋深介于 240～390m，煤厚介于 0.5～1.4m，层间距较大，煤体结构均以碎裂煤为主，煤岩显微组分以镜质组为主，介于 65%～80%，煤岩镜质组反射率介于 3.10～4.12，均属于无烟煤，煤岩密度介于 1.53～1.62t/m³，孔隙度介于 2.1%～8.8%。顶底板岩性以泥质粉砂岩为主，孔隙度介于 3.98%～5.98%，抗压强度介于 23.52～75.82MPa，抗拉强度介于 1.11～3.44MPa，弹性模量介于 2.38～8.82GPa，泊松比介于 0.21～0.29。

3. 压裂施工参数及优化

Z2 井第二次水力压裂分为 2 个压裂段进行压裂，总共包括 7 层煤，均位于煤系地层上部。其中第一压裂段埋深 240.4～288.1m，地层总厚度为 47.7m，总煤厚为 2.7m，埋深较浅，构造相对简单，其原压裂设计参数与优化参数见表 5-13。

表 5-13　Z2 井原压裂的施工参数与优化后的施工参数

压裂方法	分层投球填砂压裂			压裂工艺		分层射孔，分层+合层压裂	
注入方式	光套管注入			排量/（m³/min）		7	
	压裂段	射孔段	原设计	压裂段	射孔段	优化	
射孔层/m	1	1	240.4～241.5	1	1	240.4～241.4	
		2	262.4～263.3	2	2	262.4～263.3	
					2-1	266.3～268.1（虚拟储层段）	
		3	271.1～271.4		3	271.1～271.4	
					3-1	271.7～272.1（虚拟储层段）	
		4	272.4～272.9		4	272.4～272.9	
		5	286.8～288.1		5	286.8～288.1	
射孔参数	射孔厚度/m		4.1			6.2	
	射孔数		66			135	
压裂液类型	清水+0.2%助排剂+0.05%杀菌剂						
支撑剂类型	原设计		20/40 目、16/20 目				
	优化		100 目、40/60 目、20/40 目、16/20 目				
加砂工艺/m³	原设计		16+4（砂比 5%～8%～10%～12%～15%～18%）				
	优化		4+6+26+6（砂比 2%～7%～9%～9%～11%～10%）				
前置液量/m³	原设计		90				
	优化		120（1 压裂段：48，2 压裂段：72）				
携砂液量/m³	原设计		152				
	优化		180（1 压裂段：72，2 压裂段：108）				

4. 优化后效果对比

以 Z2 井第二压裂段为例，针对前面叙述的多煤层区水力压裂储层改造优

化措施对其原压裂设计施工参数进行了优化（表 5-13）。原压裂施工设计采用
1 个压裂段和 5 个射孔层进行压裂，而压裂施工优化设计则根据煤层层间距大
小将其分为 2 个压裂段和 7 个射孔层（2 个虚拟储层段）进行压裂，并提出了
不同的射孔选层、支撑剂选择，不同的加液加砂强度、加砂工艺优化设计参数
（表 5-11）。模拟过程中，假设每个射孔层只产生一条压裂主裂缝，忽略各裂缝
之间的相互干扰。将煤储层概况、参数以及压裂施工参数录入 Meyer 软件进行
实时模拟，利用模拟结果对比分析原设计与优化后设计的压裂效果（图 5-64～
图 5-69、表 5-14）。

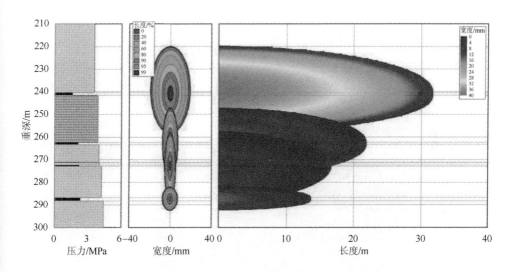

图 5-64　原压裂设计施工方案模拟结果（详见书后彩图）

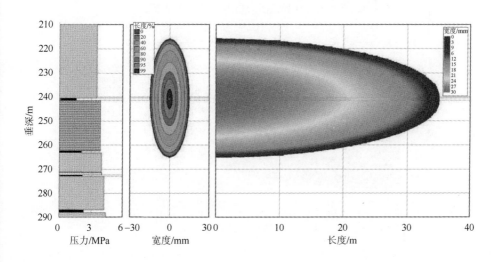

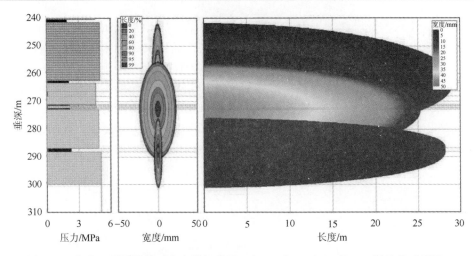

图 5-65　优化压裂设计施工方案模拟结果（上：1 段，下：2 段）（详见书后彩图）

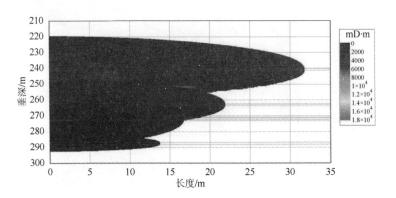

图 5-66　原压裂设计导流能力模拟结果（详见书后彩图）

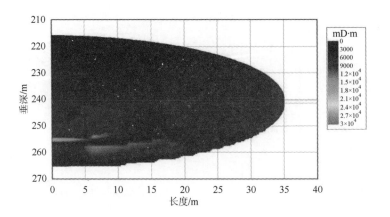

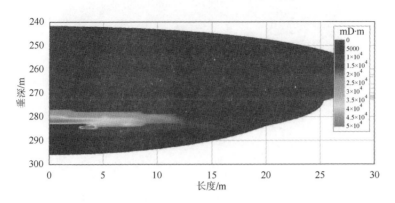

图 5-67　优化压裂设计导流能力模拟结果（上：1 段，下：2 段）（详见书后彩图）

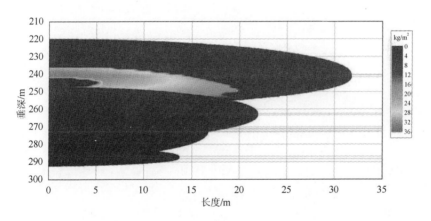

图 5-68　原压裂设计铺砂浓度模拟结果（详见书后彩图）

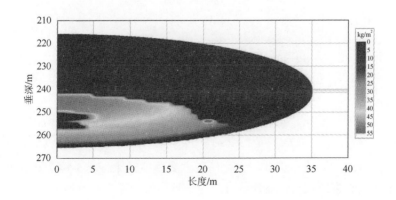

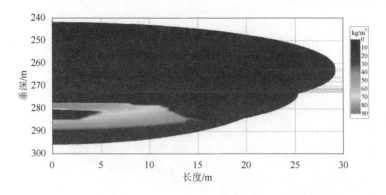

图 5-69 优化压裂设计铺砂浓度模拟结果（上：1 段，下：2 段）（详见书后彩图）

表 5-14 压裂优化各射孔段裂缝参数模拟结果

压裂参数	方案及效果	射孔段					平均值
		1#	2#	3#	4#	5#	
压裂缝长/m	原设计	31.80	21.96	13.94	16.75	13.75	19.64
	优化设计	35.12	29.17	23.25	25.32	28.23	28.22
	优化效果/%	10.44	32.83	66.79	51.16	105.31	43.69
压裂缝高/m	原设计	30.72	24.36	20.56	23.59	8.49	21.54
	优化设计	39.16	32.78	35.23	27.70	20.27	31.03
	优化效果/%	27.47	34.56	71.35	17.42	138.75	44.06
最大缝宽/mm	原设计	39.21	15.39	7.91	11.22	15.55	17.86
	优化设计	29.94	15.43	12.30	36.76	10.44	20.97
	优化效果/%	−23.64	0.26	55.50	227.63	−32.86	17.41
平均缝宽/mm	原设计	25.00	9.92	5.24	7.40	9.39	11.39
	优化设计	19.27	9.94	8.19	20.10	6.42	12.78
	优化效果/%	−22.92	0.20	56.30	171.62	−31.63	12.20
平均铺砂浓度/（kg/m²）	原设计	9.43	4.11	2.62	3.29	6.88	5.27
	优化设计	13.29	6.53	4.56	12.39	7.25	8.80
	优化效果/%	40.93	58.88	74.05	276.60	5.38	66.98
压裂液效率/%	原设计	31.13	25.25	18.67	22.33	13.15	22.11
	优化设计	33.02	24.36	28.51	30.32	15.30	26.30
	优化效果/%	6.07	−3.52	52.70	35.78	16.35	18.95

　　对比分析原压裂施工设计与优化压裂方案模拟结果（表 5-14，图 5-70）发现，优化方案在压裂裂缝尺寸、裂缝导流能力、铺砂浓度等方面都取得了较好的效果。

各射孔段优化后的压裂缝长均高于原压裂设计，平均压裂缝长为 28.22m，在原压裂设计基础上提高了 43.69%。优化方案对裂缝高度的改造效果也较明显，原压裂设计上各射孔段压裂缝高介于 8.49～30.72m，平均为 21.54m，而优化后压裂缝高介于 20.27～39.16m，平均为 31.03m，均远远超出煤层厚度，在原压裂设计基础上提高了 44.06%，主要与煤层厚度较薄，顶底板力学性质相差较小有关。优化后近井储层裂缝最大宽度介于 1.04～2.99cm，平均 2.10cm，平均缝宽宽度介于 0.64～2.01cm，平均 1.28cm，并且优化后虽然部分射孔段压裂缝宽有不同程度的降低，但累计裂缝平均宽度在原压裂设计基础上整体提高了 12.20%。压裂裂缝平均铺砂浓度介于 4.56～13.29kg/m³，平均 8.80kg/m³，较原压裂设计提高了 66.98%，对不同粒径多级加砂工艺的优化取得了较好的效果，提高了支撑剂效率。同时，优化后的压裂液效率较原压裂设计也提高了 18.95%，减轻了地层的损害。综上所述，虽然压裂裂缝仍以短、宽、高为主，其原因可能是顶底板砂岩弹性模量较小，加之煤层厚度较薄，水力压裂裂缝穿过煤储层顶底板的可能性极大，同时也与地应力和施工排量等有关。但值得注意的是，优化后的压裂方案不仅能够将层间距较近的煤层相互沟通，促进同一含气系统煤层后期排采时能够同步有效地排水降压，而且极大地提高了煤层压裂的改造效果。

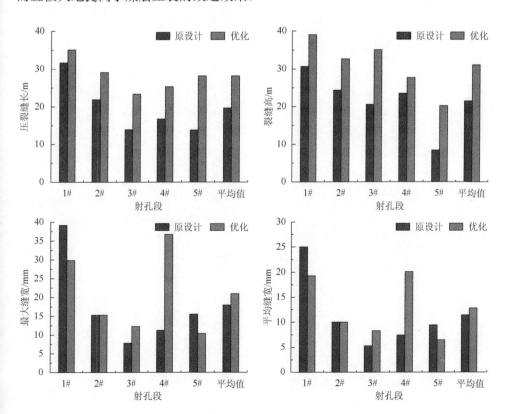

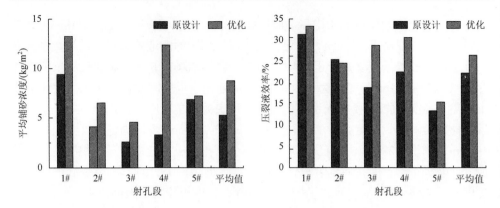

图 5-70　各射孔段压裂裂缝参数模拟结果对比图

第六章　多煤层区煤层气单井排采优化及模拟

多煤层叠置条件下煤层气藏的特殊性，决定了其合层开采与常规油气藏的多层合采不同，并且不同煤层由于储层地质条件不同，进行合层排采时必然会产生层间干扰作用，将严重影响煤层气井的产能。有效避免层间干扰的发生是建立单井有序高效开发模式的理论基础。为此，本章利用 COMET3 软件，采用数值模拟方法，针对多层独立含气系统与多层统一含气系统，在分析多煤层合层排采时层间干扰影响因素的基础上，揭示干扰机理，查明了各含气系统产气能力以及系统内各煤层的产能贡献，为后续制定合理的递进排采方案提供依据。

第一节　单层排采与多层合采异同点

单井排采时，压降漏斗扩展范围有限，且受资源量限制，致使煤层气单井开采时间较短，高峰产气时间短。而在多煤层地区，单一煤层往往比较薄，开采单层经济上不合理。因而，在多煤层发育区，煤层气井实施分层压裂、合层排采是提高产能的有效措施。

一、相同点

第一，从产气原理来看，都是通过排采煤层中的水，降低储层压力，使压降漏斗不断扩展；当储层压力降到临界解吸压力以下时，吸附气体解吸、扩散至裂隙中，在压差作用下渗流到井筒（图 6-1）。第二，在排采设备方面，目前，无论是单层排采，还是合层排采，所用的排采设备与油、气井的排采设备都是相同的，常用的排采设备有梁式抽油机、螺杆泵和电潜泵等（图 6-1）。第三，在井型设计方面，一般都是垂直井居多。第四，在完井方面，一般都采用套管完井射孔的方式，多层时涉及多个小层，采用分层压裂的方法。第五，从产能方程看，不论在排水阶段还是气水两相流阶段，煤层气多层合采与单层开采具有相似的产能形式。

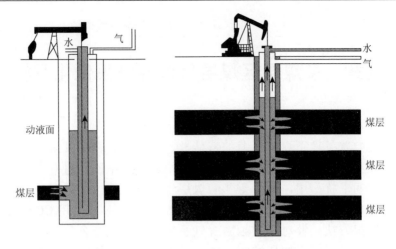

图 6-1　煤层气井单层与多层开采模型

二、不同点

单采与合采最主要的区别在井底压力的控制上。单采前期,排采强度与地层供液能力之间的耦合作用决定着动液面的高度,此时只需控制动液面的高度即可对压力进行控制。然而合层排采初期,动液面的高度由排采强度、各个煤分层储层压力、地层供液能力、煤层间距等因素共同决定。由于各个煤层储层压力梯度、供液能力等方面存在差异,各个储层见气时间不一致,而产气前后地层的供液能力会发生明显的变化。排采作业时,既要照顾到动液面变化引起上部煤层的储层压力、供液能力的变化,又要考虑到对下部煤层的储层压力、供液能力的影响,而上、下部煤层供液能力变化又反过来会影响井筒产水量,产水量与供液能力的变化又会影响动液面、储层压力,以此形成循环。相对单层排采而言,合层排采压力系统的控制相对复杂,需要考虑各个煤层各种变化引起的压力变化,排采难度更大。

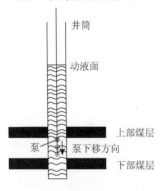

图 6-2　合层排采时泵的位置
变化示意图

单采与合采在泵挂深度上也存在区别。对单煤层,前期定流量排采时,泵的下入深度在射孔顶界以上 20m;后期定降深度排采时,泵下入深度为射孔底界以上 20m。但是对合层排采而言,泵一般位于靠近上部煤层的下部,并且随着排采的进行,泵要做适当的调整,一般要下移,以适应合层排采的要求(图 6-2)。

此外,相对于排采单层煤而言,多煤层合采时地下水流体系统运移更加复杂。当各层的压力系统、渗透率、地层供液能力等参数不同时,会出现层间干扰的现象，导致产量较低，结果是 1+1 并不大于 2。目前在山西柳林、贵州织纳等地区多煤层合采时都出现了这种现象。

第二节 煤层气合层排采干扰机理

近年来对于煤层层数发育较多的地区进行煤层气开采时，已采用分层压裂、合层排采技术，并在我国阜新盆地及沁水盆地等煤层气热点地区进行了相关实验研究，不仅可以有效地降低煤层气开发成本，而且还可以提高煤层气单井产气量。但煤层气藏的特殊性决定了其不能简单地搬用常规油气藏的合层排采方法。对于多煤层合层排采煤层气井而言，影响其产能的地质因素更为复杂，主要取决于各煤层间的储层压力差、临界解吸压力差、煤层埋深差、供液能力、压力梯度及煤储层渗透率等。当煤层气井合层排采时，不同煤层的储层物性差异较大，必然会产生层间干扰现象，导致部分煤层被抑制，甚至不产气。因此，需要查明影响合层排采产气效果的主要地质控制因素，合理划分适合合层排采的煤层组合段，为建立多煤层区煤层气单井高效开采模式提供依据。

为分析合层排采煤层气井产量对储层参数变化的敏感性，采用国际先进能源公司（ARI）研发的商业化模拟软件 COMET3 进行合层排采数值模拟。模拟时，采用双孔、单渗、两相、单吸附介质模型，建立一个 600m×600m 正方形网格地质模型。水平方向上网格等大小为 20m×20m，垂直方向上网格则分别代表煤层煤厚。该模型虽比较简单，但可以满足本书合采产能预测及敏感性分析的需求。下文的模拟都是建立在该模型的基础之上。

以两层煤为例，采用单因素变量法，调整储层物性参数大小，进行多层合采层间干扰数值模拟研究，依据前人研究的适合合层排采的基本地质条件设计储层参数（谢学恒等，2011），具体参数见表 6-1。

表 6-1 单因素变量法分析煤储层的基本参数

煤层编号	1 煤	2 煤
储层测井渗透率/mD	2	2
含气量/（m^3/t）	20	20
储层压力梯度/（MPa/100m）	0.75	0.75
临界解吸压力/MPa	2.70	2.79
裂隙水饱和度/%	96	96
兰氏体积/（m^3/t）	38	38
煤厚/m	2	2

续表

煤层编号	1 煤	2 煤
兰氏压力/MPa	2.49	2.49
割理孔隙度/%	2	2
解吸时间/d	6	6
储层温度/℃	30	30.75
埋深/m	400	410
表皮系数	−1	−1
水黏度/（MPa·s）	0.98	0.98

一、渗透率对合采的影响

渗流是煤层气运移产出的重要环节，渗透率大小决定了煤储层裂隙内流体的运移速度，是影响煤层气井产能的关键性因素。理论上讲，相同排采制度下，渗透率越大，压降漏斗传播越远，有效解吸区面积越大，产气量越高，反之则越小。多煤层合层排采时，要通过井筒抽排多个煤层中的水。由于各个煤层渗透率不同，在煤层气排采初期，产水量主要来自于渗透率较高的煤层，其储层压力能够得到有效降低，压降漏斗扩展范围较大。而渗透率低的煤层排水受到限制，储层压力未能得到有效降低，降压漏斗扩展范围有限，导致煤层产能贡献小，甚至无贡献，进而制约了煤层气的产出。

依据表 6-1，设 1 煤和 2 煤渗透率分别为 K_1 和 K_2，调整渗透率大小，其他参数保持不变，采用定总产水量的排采方式，模拟合采时产能变化情况。设定两种方案（表 6-2），方案一：K_1 不变，改变 K_2；方案二：K_2 不变，改变 K_1。

表 6-2　渗透率调整方案

煤层	方案一				方案二			
渗透率 K_1/mD	2	2	2	2	0.5	1	1.5	2
渗透率 K_2/mD	0.5	1	1.5	2	2	2	2	2

从图 6-3 可以看出，当 $K_1=K_2$ 时，排采过程中两层煤储层压降扩展速率相等。当 $K_1:K_2=4:1$ 时，排采不同时刻两层煤储层压力横向分布差别很大，1 煤储层压力下降较快，产水量高，储层压降漏斗扩展充分。而渗透率较低的 2 煤储层排出水量由于受到 1 煤的干扰，产水量较小，储层压力降落扩展较慢，同时，不同排采时刻，2 煤储层压降速度始终滞后于 1 煤。排采进行到 3000 天后，1 煤储层

压力普遍降到 2MPa 以下，而 2 煤只有近井地带储层压力下降较多，远井地带储层压力在 2.7MPa 左右。当 2 煤渗透率逐渐增大时，产水量逐渐增加，单位时间内压降幅度增大，压降漏斗扩展范围扩大，煤储层达到有效解吸的面积增大（图 6-4）。当 $K_1=K_2=2mD$ 时，一方面，储层压降速度相差不大，储层压力分布趋势近乎相同；另一方面，两层煤产水速率以及产水量几乎相等，使得压降传递情况相似，储层压降同步扩展，压降漏斗最终形态相差不大，各煤层达到的煤层气有效解吸面积均最大。由此可知，渗透率对煤层产水量和压降传递速度影响很大。

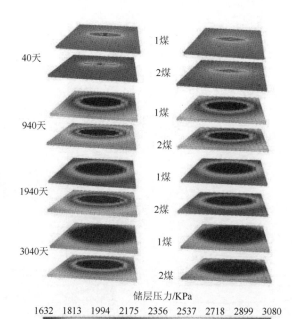

图 6-3　不同渗透率比值下排采不同时间的储层压力横向分布情况（左：$K_1 : K_2 = 4 : 1$；右：$K_1 : K_2 = 1 : 1$）

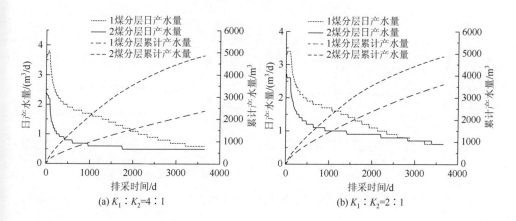

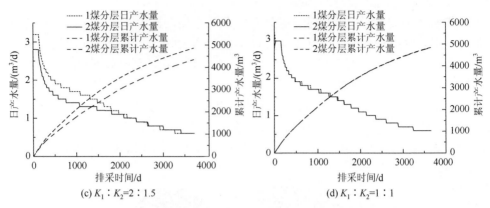

图 6-4　不同渗透率比值条件下煤分层产水量动态曲线

　　两层煤渗透率级差较大时，低渗煤层对合采产能贡献率较低；随着渗透率差值变小，低渗煤层产能贡献逐渐增大，合采总产气量增大。当两层煤渗透率比值接近于 1 时，产能贡献几乎相等，合采产能达到最大值，效果最佳（图 6-5）。不

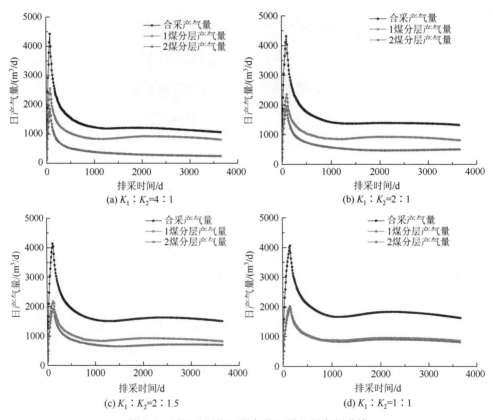

图 6-5　不同渗透率比值条件下煤分层产气曲线

同渗透率比值，合采产能变化明显（图 6-6），曲线呈单峰，产气高峰来临较早，但衰减快，且 2 煤渗透率越低，合采产气量峰值越高。当两层煤渗透率差值逐渐减小时，合采产气高峰时间越晚，后期稳产气量及累计产气量均增高，说明渗透率相差较大时，易导致高渗煤层产水量过快，发生速敏效应，而低渗煤层产水量不足，降压漏斗扩展有限，合采效果不理想。因此，渗透率级差对合采影响较大。

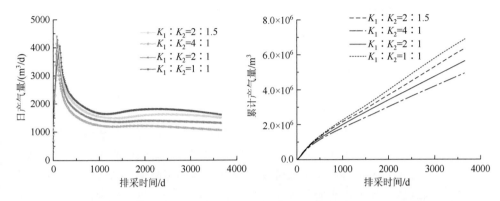

图 6-6　不同渗透率比值条件下合层排采产气量及累计产气量曲线

为进一步分析渗透率差值对层间干扰的影响程度，分别对方案一与方案二在不同渗透率差值条件下两层煤排采十年后的累计产气量差值进行模拟，将单位渗透率差值条件下累计产气量差用 G_{kd} 表示，模拟结果见图 6-7。当 $K_1 > K_2$ 时，G_{kd} 随着渗透率差的增加，呈现出先迅速降低再缓慢增加的变化趋势，说明当两层煤渗透率相差不大时，单位渗透率差条件下的层间干扰程度相对较强，并且对渗透率差变化较敏感，但由于渗透率差较小，各煤层产能贡献率受其影响不大。当渗透率差达到 1 煤渗透率的 40%，即 0.8md 时，G_{kd} 达到了最低值，单位渗透率差条件下的层间干扰程度达到最低，之后随着渗透率差的增加，G_{kd} 逐渐增加，敏感性逐渐增强，同时渗透率差也相对较大，导致层间干扰程度增强，低渗煤层产能受到限制，严重影响了煤层气井产能。当 $K_2 > K_1$ 时，G_{kd} 随着渗透率差的增加，呈现出逐渐增大的变化趋势，并且当渗透率差小于 0.5md 时，G_{kd} 增长速度较快，与前一种情况正好相反，说明当两层煤渗透率相差不大时，单位渗透率差条件下的层间干扰程度对渗透率差变化较敏感，随着渗透率差的增加迅速增强，但整体干扰程度较弱。当渗透率差大于 0.5md 时，虽然层间干扰程度受渗透率差变化敏感性降低，但整体干扰程度较强，并且随着渗透率差的增加而增加。

综合分析以上模拟结果可以得出，渗透率对煤层气渗流速度起着关键性作用，渗透率越大，煤储层排水降压越容易，压降传递速度越快，压降漏斗传播距离较远，煤层气有效解吸面积越大，产气量越高。如果合采的各层煤渗透率

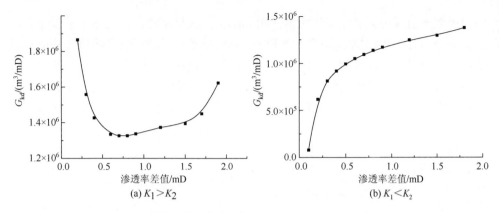

图 6-7　单位渗透率差值条件下累计产气量差分布曲线

相差较大，则渗透率高的煤层产水量高，而相对低渗煤层产水量会受到高渗层的干扰。当各煤层补给能力相同时，产水量小的煤层，压降范围有限，导致大量吸附气体不能降压解吸，进而影响低渗层对单井产能的贡献率，造成煤层气井总产能较低。而渗透率相差不大时，各个煤层压降速度相近，进入气水两相流阶段时间相差不大，压降漏斗同步扩展，各层之间没有发生较大干扰，合采产能较高。此外，高渗层由于渗透率过大，流体运移速度快，可能诱发速敏效应，造成储层伤害。因此，当各煤层渗透率级差较大时，不适合进行合层排采。

二、储层压力梯度对合采的影响

储层压力表征地层能量的高低，是控制煤层吸附气量的重要因素，也决定了煤层气开采的难易程度。为研究储层压力对合采的影响，设定 1 煤和 2 煤储层压力分别为 P_1 和 P_2，储层压力梯度分别为 M_1 和 M_2，依据研究区储层压力梯度平均值，在其他参数保持不变的条件下，采用两种方案（表 6-3）。其中方案一：保持 M_1 不变，改变 M_2；方案二：保持 M_2 不变，改变 M_1。采用定总产水量的排采方式，模拟两层合采产能特征。

表 6-3　储层压力调整方案

调整方案	1		2		3		4	
煤层号	1 煤	2 煤	1 煤	2 煤	1 煤	2 煤	1 煤	2 煤
储层压力/MPa	3.00	1.85	3.00	2.46	3.00	3.08	1.80	3.08
储层压力梯度/（MPa/100m）	0.75	0.45	0.75	0.60	0.75	0.75	0.45	0.75

从模拟结果可以看出，当保持 M_1 不变时，随着 M_2 的增大，合采产气量逐渐增大，分层之间产气量差异逐渐变小（图 6-8）。当 M_1：M_2=0.75：0.45 时，1 煤与 2 煤分层产气量差异明显，1 煤产气量远大于 2 煤，合采井产能贡献主要来自 1 煤；且在排采前期 2 煤不仅没有气体产出，而且还有一定量的气体注入其中。同时，1 煤产气量大于合采产气量，说明了 1 煤产出的部分气体在压差作用下发生倒灌，进入了下部的 2 煤，导致 2 煤储层压力的增加和排水降压难度的增大，产能贡献低。随着两层煤储层压力梯度比值的减小，2 煤的见气时间逐渐提前，且与 1 煤产气曲线趋于同步，层间干扰程度逐渐减弱，当 M_1：M_2=1 时，即两层煤储层压力梯度相等时，合采效果最好（图 6-8）。

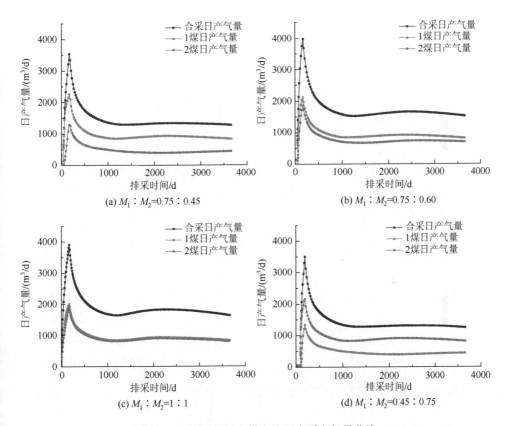

图 6-8　不同储层压力梯度比下合采产气量曲线

当保持 M_1 不变时，随着 M_2 的增大，合采产水量逐渐增大，分层之间产水量差异逐渐变小（图 6-9）。当 M_1：M_2=0.75：0.45 时，1 煤与 2 煤产水量差异明显，1 煤产水量远大于 2 煤。在排采初期，2 煤不仅没有水排出，还有一定量的水注入其中，同时，合采井产水量很小，几乎不产水，说明在合层排采初期，1 煤排出的水在压差作用下发生倒灌，几乎全部进入到下部的 2 煤，导致储层压力的增加，并且随着 2 煤储层压力的增大，由 1 煤倒灌入 2 煤的水量逐渐减小。当两层煤储层压力几乎相等时，同时进行排水，合采产水量迅速增加，由于 2 煤水锁现象的发生，增大了其排水降压的难度，导致其产水量远远小于 1 煤。随着两层煤储层压力梯度比值的减小，2 煤的产水量逐渐增加，发生倒灌的时间减少，倒灌量降低，且与 1 煤产水曲线趋于同步。当 M_1：M_2=1：1 时，即两层煤储层压力梯度相等时，未发生倒灌现象，产水曲线一致，排水降压效果最好。当 M_1：M_2=0.45：0.75 时，其模拟结果与方案 1 相似，在此不予以叙述。

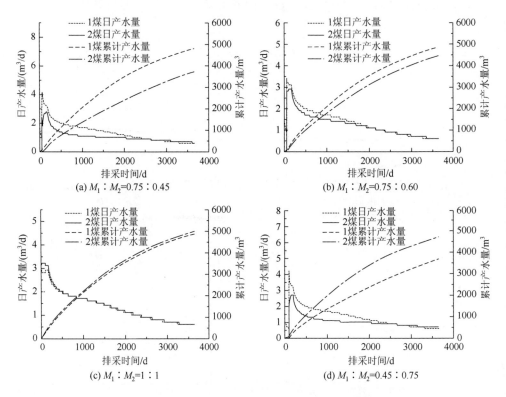

图 6-9　不同储层压力梯度比下合采产水量曲线

　　分析不同储层压力梯度比条件下两层煤排采 45 天后压降漏斗形态可以看到（图 6-10），当 M_1：M_2=0.75：0.45 或 M_1：M_2=0.45：0.75 时，即两层煤储层压力相差较大时，储层压力梯度低的煤层其井筒附近储层压力将大于原始储层压力，其压降漏斗呈现上凸的形态，与正常情况正好相反，类似注水井压降漏斗形态，并且随着储层压力差减小，压降漏斗的上凸形态越不明显。这说明了高压煤层流体倒灌进入了低压煤层，与产气量和产水量结果一致。在实际排采中，这可能造成高压煤层排水量过快，煤层吐砂吐粉，引起速敏效应，导致煤储层渗透率大大降低。而低压煤层由于流体的倒灌，储层压力升高，造成水锁现象的发生，致使低压煤层在排采前期不产水，大大增加了其排水降压的时间，甚至损伤煤层。

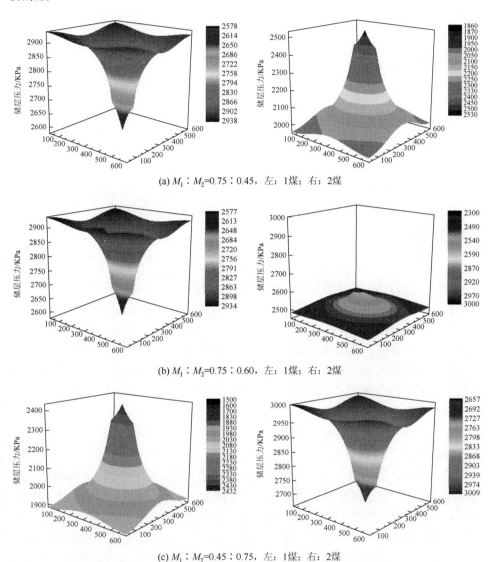

(a) M_1：M_2=0.75：0.45，左：1煤；右：2煤

(b) M_1：M_2=0.75：0.60，左：1煤；右：2煤

(c) M_1：M_2=0.45：0.75，左：1煤；右：2煤

图 6-10　不同储层压力梯度比条件下两层排采 45 天后压降漏斗形态

　　进一步分析储层压力梯度差值对层间干扰的影响程度，分别对不同储层压力梯度差值条件下的两层煤排采十年后累计产气量差值进行模拟，将单位储层

压力梯度差条件下煤分层累计产气量差用 Gmd 表示，模拟结果见图 6-11。无论 $M_1>M_2$ 还是 $M_1<M_2$，Gmd 均随着储层压力梯度差的增加，呈对数增长趋势，当两层煤储层压力梯度相差不大时，Gmd 值较小但增长较快，说明单位储层压力梯度差条件下的层间干扰程度相对较弱，但是对储层压力梯度差的变化较敏感。

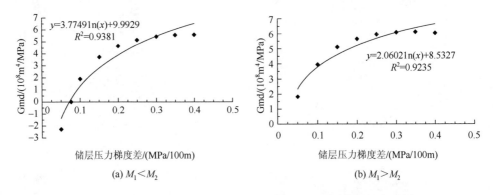

(a) $M_1<M_2$　　　　　　　　　　　　(b) $M_1>M_2$

图 6-11　单位储层压力梯度差条件下煤分层累计产气量差分布曲线

当储层压力梯度差达到高储层压力梯度的 40%，即 0.3MPa/100m 时，Gmd 达到了最高值，单位储层压力梯度差条件下的层间干扰程度达到最高，之后随着储层压力梯度差的增加，Gmd 趋于稳定，说明储层压力梯度差的增加，导致层间干扰程度严重增强，低储层压力煤层产能受到限制，严重影响煤层气井产能。当储层压力梯度相差不大并且 $M_2>M_1$ 时，Gmd 呈现出负值，说明 1 煤在排水降压过程中并未受到抑制，由于其储层压力较小，煤层见气时间较早，最终导致 1 煤的产能贡献大于 2 煤。但是当 $M_1>M_2$ 时，Gmd 却呈现出正值，主要由于 1 煤储层压力高，抑制了 2 煤在排水降压过程中的产水量，导致压降漏斗范围较小，产能贡献降低。

综上可知，储层压力对合采的影响主要体现在两方面，第一，当储层压力梯度相差不大时，如果浅部煤层储层压力梯度较大，将会抑制深部煤层的排水降压，影响其产能贡献，但其影响程度有限。第二，当储层压力梯度相差较大时，高压储层会抑制低压储层产水甚至倒灌流入低压煤层，造成低压煤层排采降压时间增大，影响其压力在本层的传递，严重时可能造成低压煤层发生水锁现象，使得合采效果不佳，失去合采意义。第三，由于合采共用一个井筒，在排采中后期会保持一定的井底压力，当储层压差较大时，高压煤层和低压煤层的供液能力相差明显，低压煤层产水量有限，储层压降速度较慢，而高压煤层可能由于产水量过快，煤层吐砂吐粉，引起速敏效应，使得合采效果不佳。

三、临储压力比对合采的影响

临储压力比决定了煤储层排水降压的难易程度，控制着煤层气井最终有效解吸区域的大小。为了研究临储压力比对合层排采的影响，保持其他储层参数不变，改变储层临界解吸压力，设 1 煤和 2 煤临界解吸压力分别为 $P_{cd上}$ 和 $P_{cd下}$，保持 $P_{cd上}$ 不变，调整 $P_{cd下}$（表 6-4），模拟不同临界解吸压力比下合采动态特征。

表 6-4　临界解吸压力调整方案

调整方案	1	2	3	4
1 煤 $P_{cd上}$	2.8MPa	2.8MPa	2.8MPa	2.8MPa
2 煤 $P_{cd下}$	2MPa	2.3MPa	2.5MPa	3MPa

对比不同临界解吸压比力条件下 1 煤和 2 煤合采产能动态生产曲线（图 6-12），可以看出合采产气量差异明显。当两层煤临界解吸压力相差较大时，合采产气量较低，并且产气峰值来临时间较晚，而临界解吸压力相差不大并且下部煤层略高时，合采产气量较高，产气来临时间较早，产能效果最好。对比不同临界解吸压力比条件下 1 煤和 2 煤合采分层产气与产水动态生产曲线可以看到（图 6-13、图 6-14），当两个煤层临界解吸压力相差较大时，两层煤见气时间产生了较大的差异，产气量与产水量相差较大。随着 2 煤临界解吸压力逐渐增大，产水量逐渐增加，见气时间逐渐提前，与 1 煤产气量差异逐渐减小，合采产气量逐渐增大。当下部煤层临界解吸压力略大于上部煤层时，产水量近乎相等，合采产气量最高，产气效果最佳。

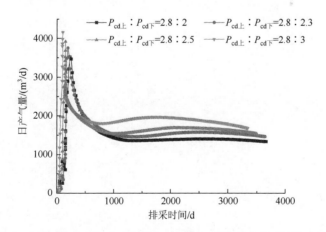

图 6-12　不同临界解吸压力条件下 1 煤和 2 煤合采产能动态生产曲线

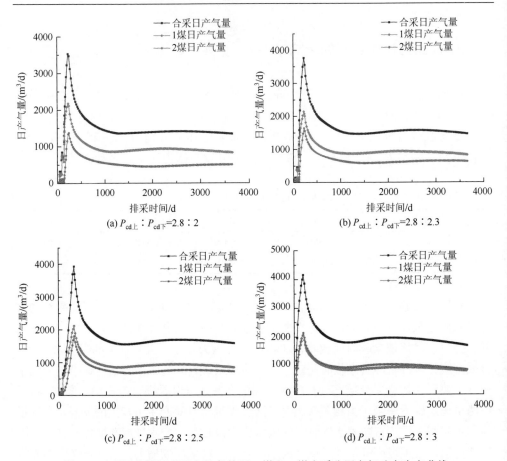

图 6-13　不同临界解吸压力比条件下 1 煤和 2 煤合采分层产气动态生产曲线

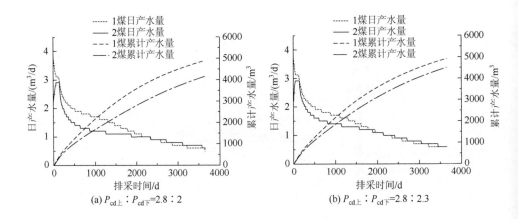

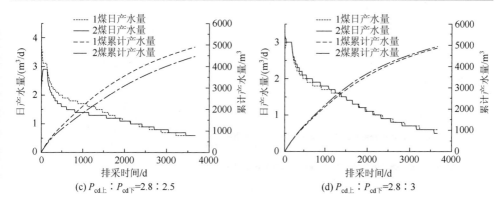

(c) $P_{cd\text{上}}$ ：$P_{cd\text{下}}$=2.8：2.5　　　　　　(d) $P_{cd\text{上}}$ ：$P_{cd\text{下}}$=2.8：3

图 6-14　不同临界解吸压力比条件下 1 煤和 2 煤合采分层产水动态生产曲线

　　由模拟结果分析可知，在各煤层储层压力梯度相等的条件下，当合采煤层临界解吸压力相差较大时，高临界解吸压力的煤层经历的排水降压阶段时间较短，受有效应力负效应作用的压力段较短，煤层受应力伤害较小，进入气水两相流阶段较早，煤层基质收缩效应和气体滑脱效应大大改善了煤储层渗透率。而低临界解吸压力的煤层在早期排采阶段受应力负效应作用时间长，煤层受应力伤害严重。同时，进入气水两相流阶段较晚，不利于煤层基质收缩效应和气体滑脱效应发生，其渗透率将低于高临界解吸压力煤层，排水降压阶段产水量受到限制，降压漏斗扩展范围有限，导致其产气量明显低于高临界解吸压力煤层。当下部煤层的临界解吸压力略高于上部煤层时，各煤层储层压力降到临界解吸压力的时间相差不大，储层流体同时进入气水两相流阶段，储层压降速度同步，使得合采产能最佳。在实际煤层气井合层排采过程中，若煤层临界解吸压力差别较大，且上部煤层临界解吸压力大于下部煤层，上部煤层会率先产气，进入气水两相流阶段。如果继续大强度的排水降压，则会使液面降到上部煤层之下，造成煤层过早裸露，使得生产压差过大。由于煤层对应力有极强的敏感性，过低的井筒压力会使得煤层裂缝闭合，造成上部煤层渗透率急剧降低，由于排采时间短，压降漏斗将停留在井筒附近，不能向更远的地方扩展，致使上部煤层产气量急剧降低。因此，为了保持上部煤层能持续产气，需要降低排采强度，保持液面缓慢下降。然而，由于下部煤层产气液面远远低于上部煤层，加之下部煤层和上部煤层之间的液柱高度，下部煤层井底流压始终大于上部煤层。当上部煤层形成大范围的压降漏斗，有效解吸面积扩展到边界时，下部煤层却只有小范围区域进入气水两相流，有效解吸区域面积小，分层产气量低（图 6-15）。此外，若两煤层临界解吸压力相差较大，一层先达到临界解吸压力，产出气体进入套管，套管中的气体会对未解吸煤层产生气锁效应，影响未解吸煤层的流体流动（谢学恒等，2011）。因而，在临界解吸压力差很大，且下部煤层解吸压力较低的情况下，不适合合采。

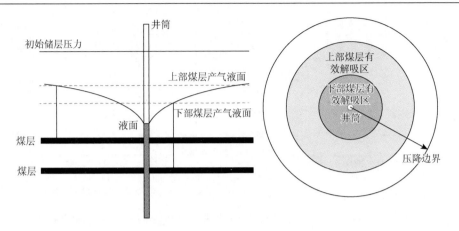

图 6-15　排采前期不同临界解吸压力下解吸面积的比较（王乔，2014）

进一步分析临储压力比对层间干扰的影响程度，保持各煤层储层压力梯度相同，分别对不同临储比差值条件下两层煤排采十年后累计产气量差进行模拟，将单位临储压力比差条件下煤分层累计产气量差用 G_{pd} 表示，模拟结果见图 6-16。当 $P_{cd上} > P_{cd下}$，G_{pd} 随着临储压力比差的增加，呈对数增长趋势，当两层煤临储压力比相差不大时，G_{pd} 值较小但增长较快，说明两层煤合层排采时层间干扰程度相对较弱，但是对临储压力比差变化较敏感；当临储压力比差约为 0.2 时，G_{pd} 达到了最高值，单位临储压力比差条件下的层间干扰程度达到最高，之后随着临储压力比差的增加，G_{pd} 趋于稳定，说明临储压力比差的增加，导致层间干扰程度严重增强，低临储压力比煤层产能受到严重限制，影响了煤层气井产能。而当 $P_{cd上} < P_{cd下}$ 时，G_{pd} 随着临储压力比差的增加，呈对数减小趋势，说明当两层煤临储压力比相差不大，两层煤合层排采时，层间干扰程度相对较强。随着临储压力比差的增加，层间干扰程度逐渐变弱，但总体变化幅度相对较小，并且随着临储压力比差的增加，G_{pd} 也逐渐趋于稳定。

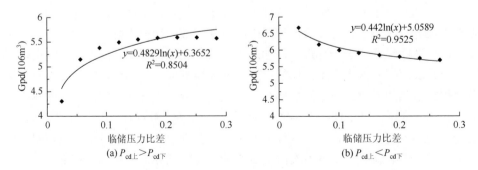

图 6-16　单位临储压力比差条件下煤分层累计产气量差分布曲线

　　由此可知，在其他条件相同的前提下，合层排采可行性需要根据各个煤层吸附解吸特征判断。如果各煤层解吸能力差别较小，压力传递速度相当，产气时间一致，适合合采；并且，当下部煤层产气液面高度略大于上部煤层时，合采效果最佳。

四、地层供液能力对合采的影响

　　煤层与顶底板含水层的水力联系直接关系到煤储层供液能力的大小，是影响储层压力传递的主要地质因素之一。当含水层与煤层水力联系密切程度较强时，合层排采过程中，该煤层供液能力将强于其他煤层，限制了其他煤层的排液量，并且本身产水量主要来自于顶底板含水层，导致压力降落漏斗主要在顶底板中扩展，煤层达到有效解吸的面积较小，影响煤层气井产能；当含水层与煤层之间存在隔水层，水力联系程度较弱时，排水降压过程中排采的液体主要来自于煤层中的承压水，随着排采的进行，压力降落漏斗在煤层中不断地向远处扩展，煤层达到有效解吸的面积较大，气井产能将大大提高。

　　为了研究地层供液能力对合采产能的影响，以是否具有含水层两种情况进行说明。假设 1 煤和 2 煤地层供液能力分别为 F_1 与 F_2，含水层为 2 煤顶板，类型采用计算最精确同时也是最为复杂的 Carter-Tracy Unsteady State 模型来描述。含水层基本参数如下：含水层半径为 600m，孔隙度 15%，水黏度为 0.98MPa·s，含水层压缩系数 4.45×10^{-2}MPa，影响角度为 1°。保持储层其他参数（表 6-1）不变，调整地层供液能力、含水层厚度、渗透率（表 6-5、表 6-6），以获得不同供液能力，进而对比分析不同供液条件下煤储层压降传播特征及产能特征。

表 6-5　无含水层参数方案表

模拟方案	1	2	3	4
$F_1 : F_2$	5 : 1	2 : 1	1 : 1	1 : 2

表 6-6　含水层参数调整表

模拟方案	含水层厚度 H/m	渗透率 K/mD	孔隙度/%	半径/m
	—			
合层排采	2	2	0.15	600
	4	4	0.15	600
	8	8	0.15	600

　　当无含水层补给并且煤层供液能力相差较大时，供液能力强的煤层产能贡

献大。主要原因在于，井筒中产出的水主要来自于煤层，产水量的多少指示了煤层排水降压效果的好坏，供液能力强的煤层排水效率高，产水量大，进而煤层中压力传递速度快，压降漏斗扩展范围较大，产气峰值来临较早，产气量较大。而供液能力弱的煤层由于产水速率较小，煤层中压力传递速度较慢，排水降压时间段较长，受有效应力负作用时间较长，煤层渗透率受到一定的影响，导致其产气量较低，产能贡献较小，失去了合层排采的意义。但是，当排采 10 年以后，随着供液能力强的煤层产气量开始衰减，供液能力弱的煤层其降压漏斗不断的扩展，有效解吸面积不断增大，产气量开始上升，产能贡献逐渐增大，合采井产能得到了恢复。随着两层煤供液能力逐渐接近，供液能力较弱的煤层产气高峰来临的时间逐渐提前，两层煤稳定产气量几乎重合（图 6-17）。对不同供液能力条件下累计产气量曲线分析可以看出，各煤层供液能力的差异对合层排采产能的影响不大。即便当供液能力相差较大时，前期合采产气量降低，但随着排采时间的延长，供液能力较弱的煤层，后期产能得到恢复，合采产气量也将提高（图 6-18）。

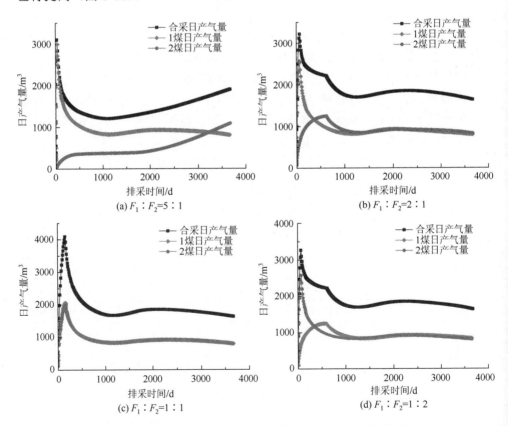

图 6-17　无含水层补给时，煤层不同供液能力条件下产能动态曲线

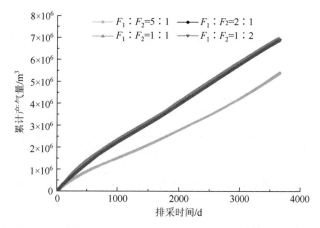

图 6-18 无含水层补给时，煤层不同供液能力条件下合采累计产气量

当单采 2 煤时，随着 2 煤顶板含水层厚度和渗透率逐渐增大，产液量也逐渐增大（图 6-19）：无含水层补给时，累计产水 2547.9m³，平均日产水 0.85m³；当含水层厚度为 8m，渗透率为 8mD 时，产水量最大，累计产水 11586m³，平均日产水 3.86m³，这时井筒采出的水大部分来自顶板含水层。与产水量相对应，产气量随产液量增大而减小（图 6-20）：无含水层垂向补给时，产气量最高，累计产气达 $3.2×10^6$m³；当有含水层补给时，产气量明显下降，含水层厚为 8m，渗透率为 8mD 时的累计产气量仅为 $7.2×10^4$m³，影响巨大。从压降传播来看，当 2 煤无含水层补给时，压降漏斗只在煤层中扩展，横向传播速度快，距离远，在排采 3000 天后，井筒附近储层压力已经降到了 500kPa 左右，远离井筒地带压降也很明显，降到了 2000kPa 左右，有效解吸面积大（图 6-21、图 6-22）；而当 2 煤层顶板存在含水层时，压降漏斗仅仅在井筒附近有限范围内扩展，横向传播距离近，在排采 3000 天后，井筒附近储层压力降到 1000kPa 左右，而远离井筒地带的大范围区域储层压力仍维持在 3000kPa 左右，有效解吸面积小，产气量明显受到影响。

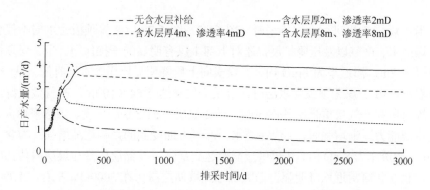

图 6-19 2 煤单采时不同补给条件下的产水量曲线（王乔，2014）

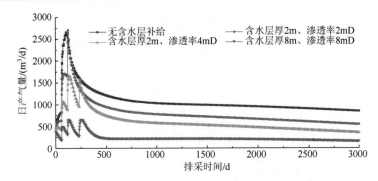

图 6-20　2 煤单采时不同供液条件下的产气量曲线（王乔，2014）

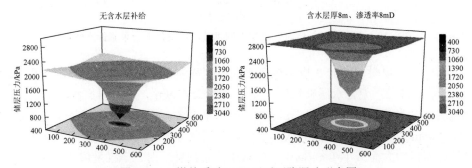

图 6-21　2 煤单采时 3000 天后压降漏斗形态图

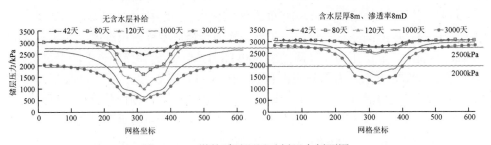

图 6-22　2 煤单采时不同时刻压力剖面图

当 1 煤与 2 煤进行合层排采时（图 6-23～图 6-26），2 煤顶板含水层不仅会影响 2 煤产水、产气以及压降扩展，还对上部 1 煤有明显的干扰作用。当 2 煤顶板含水层厚为 8m，渗透率为 8mD 时，1 煤横向上压降明显比无含水层时低。从表 6-7 可以看出，当 2 煤无顶板含水层时，合采产气量达 $5.84 \times 10^{6} m^{3}$，产气效果好，且两层煤对单井产气量贡献率各占 50%；当 2 煤层顶板含水层厚度、渗透率增大，即地层供液能力逐渐增强时，1 煤在产水、产气方面受到的影响逐渐增强；当含水层厚 8m，渗透率为 8mD 时，2 煤供液能力达到最强，其储层压降在煤层内传播距离有限，只在井筒附近压降明显，而大部分区域储层压力在 3000kPa 左右，上部的 1 煤也受到强烈的影响，储层压力普遍在 2400kPa 左右，其产气量降到了 $1.97 \times 10^{6} m^{3}$，

合采总产气量仅 $2.57 \times 10^6 m^3$，比单采产量还低，说明井筒产出的水绝大部分来自含水层，造成两层煤压降传播距离很短，层间干扰程度强烈，产气效果极差。

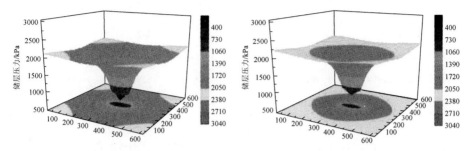

图 6-23　无含水层时合采 3000 天后压降漏斗形态（左：1 煤；右：2 煤）

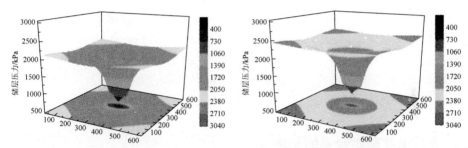

图 6-24　含水层厚 H=2m、渗透率 K=2mD 时合采 3000 天后压降漏斗形态（左：1 煤；右：2 煤）

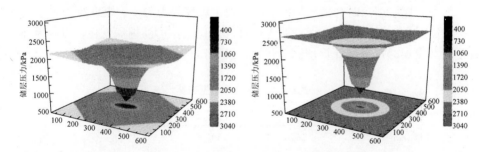

图 6-25　含水层厚 H=4m、渗透率 K=4mD 时合采 3000 天后压降漏斗形态（左：1 煤；右：2 煤）

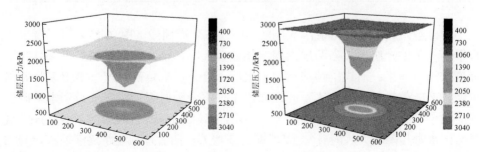

图 6-26　含水层厚 H=8m、渗透率 K=8mD 时合采 3000 天后压降漏斗形态（左：1 煤；右：2 煤）

表 6-7　合采时不同供液条件下气水产量统计　　　　（单位：m³）

方案	1 煤		2 煤		合计	
	产气量	产水量	产气量	产水量	产气量	产水量
无含水层补给	2.87×10^6	2413	2.97×10^6	2435	5.84×10^6	4838
含水层厚 2m、渗透率 2mD	2.85×10^6	2404	2.2×10^6	4916	5.05×10^6	7320
含水层厚 4m、渗透率 4mD	2.8×10^6	2363	1.57×10^6	8289	4.37×10^6	10657
含水层厚 8m、渗透率 8mD	1.97×10^6	1931	0.6×10^6	9564	2.57×10^6	11586

　　综上所述，合层排采过程中，当无含水层补给时，煤层本身供液能力的差异对合层排采效果的影响不大，仅仅对供液能力较弱煤层的产气高峰来临时间有一定的影响。当煤层有外部含水层补给时，供液能力对合层排采有着极强的影响。强供液能力煤层中产出的水主要来自邻近含水层越流补给，压降主要在含水层中传递，导致煤层排水降压困难，有效解吸区域面积小，分层产气量低，对合采产能贡献率低。过强的产水能力还会影响其他煤层压降的传递，抑制低产水层产能，使得合采产能极低，不适合进行合层排采。

五、煤层埋深差对合采的影响

　　为研究煤层埋深对合采产能的影响，设 1 煤埋深为 D_1，2 煤埋深为 D_2，保持两层煤储层压力梯度不变，调整两煤层埋深，储层压力随埋深变化，其他基本参数不变（表 6-8），分别计算埋深变化时的合采产能特征（图 6-27）。

表 6-8　煤层埋深调整方案

调整方案	1	2	3	4
1 煤 D_1/m	350	300	250	200
2 煤 D_2/m	400	400	400	400

　　对比不同煤层埋深比条件下合采产能动态生产曲线（图 6-27）可以看出，合采产气量差异明显。当两层煤埋深相差较大时，合采产气量很低，并且产气峰值来临时间早；而煤层埋深相差不大时，合采产气量高，产气峰值来临时间较晚，产能效果最好。对比不同埋深比条件下合采时煤分层产气与产水动态生产曲线可以看到（图 6-28、图 6-29），当两个煤层埋深相差较大时，两层煤产气量与产水量相差较大。随着 1 煤埋深逐渐增大，两者埋深差距逐渐缩小，与 2 煤产气量和产水量差异逐渐减小，产气峰值来临时间逐渐延后，合采产气量逐

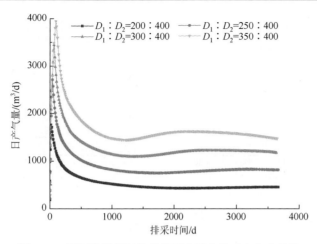

图 6-27　不同煤层埋深比条件下合采产能动态生产曲线

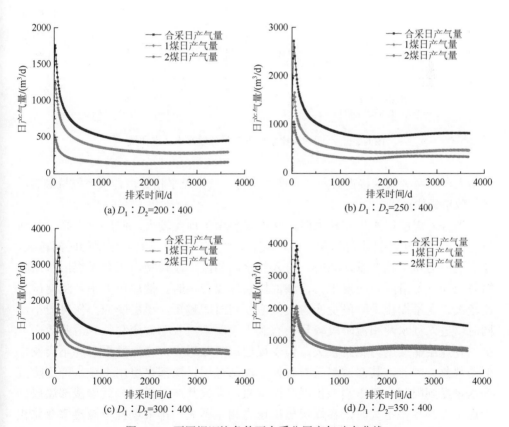

图 6-28　不同埋深比条件下合采分层产气动态曲线

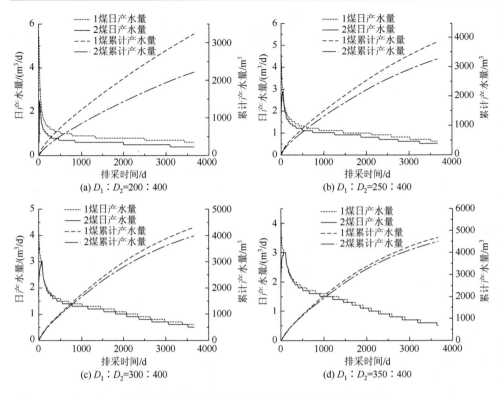

图6-29　不同埋深比条件下合采分层产水动态曲线

渐增大。当两者埋深接近时，二者产水量与产气量近乎相等，合采产气量最高，产气效果最佳。

　　当合采煤层埋深相差较大时，深部煤层由于埋深较大，储层压力高，临储压力比小，经历的排水降压阶段时间较长，受有效应力负效应作用的时间越长，煤层受应力伤害越严重，同时，进入气水两相流阶段较晚，不利于煤层基质收缩效应和气体滑脱效应发生。而浅部煤层埋深较小时，储层压力小，临储压力比较大，在早期排采阶段受应力负效应作用时间越短，煤层受应力伤害较小，同时，进入气水两相流阶段较早，有利于煤层基质收缩效应和气体滑脱效应。虽然各煤层储层压力相差较大，但受煤层层间距影响，合层排采时并不会发生倒灌现象，因此，其渗透率改善将好于深部煤层，深部煤层由于排水降压阶段产水量受到限制，降压漏斗扩展范围有限，导致其产气量明显低于浅部煤层。当煤层埋深相差不大时，各煤层储层压力相差不大，排采过程中渗透率变化相似，储层流体同时进入气水两相流阶段，储层压降速度同步，使得合采产能最佳。在实际的煤层气井合层排采过程中，若煤层埋深差别较大，浅部煤层会率先产气，进入气水两相流阶段。如果继续大强度的排水降压，必然会使液面降到浅部煤层之下，造成煤层过早裸露，使得生产压差过大，造成浅部煤层渗透率急剧降低，压降漏斗扩展范围有限，产气量急剧降低。因此，为了保证浅部煤层能持续产气，需要降低排采强度，保持液面缓慢下降。这样又会导致深部煤层排水降压不彻底，有效解吸区域面积小，分层产气量低。因此，当煤层埋深差距很大时，将不适合进行合层开采。

进一步分析煤层层间距对层间干扰的影响，随着煤层层间距的增加，合采总产气量与分层产气量均逐渐降低，并且浅部煤层的产能贡献逐渐增加。当两层煤埋深相差一倍时，浅部煤层的产能贡献高达70%以上（图6-30、图6-31），说明

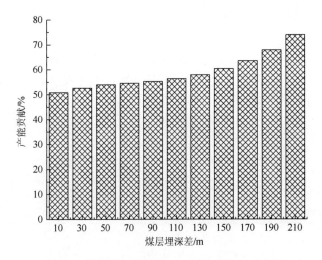

图 6-30　不同煤层层间距下 1 煤产能贡献分布图

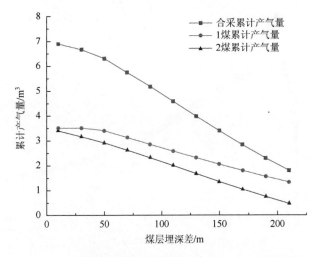

图 6-31　不同煤层层间距下合层与分层累计产气量分布曲线

煤层层间距不仅仅对合层排采产能效果的影响较大，对各煤分层产能效果均有不同程度的影响。煤层层间距的增加，导致深部与浅部煤层临储压力比差距增大，煤层受应力伤害程度不同，引起不同深度煤层渗透率差异较大，影响降压漏斗扩展范围。同时，如果排采制度不当，还会引起煤层速敏效应以及吐砂吐粉现象的发生，最终影响合层排采产气效果。由此可知，在其他条件相同的前提下，合层排采时，各煤层层间距不宜过大。如果各煤层层间距较小，则压力传递速度相当，产气时间一致，适合进行合层排采。

六、煤层厚度对合采的影响

为了研究煤层厚度对合采产能的影响，设 1 煤厚度为 H_1，2 煤厚度为 H_2，保持两层煤总厚度不变，调整分层厚度，其他基本参数不变（表 6-9），分别计算煤厚变化情况下的合采产能特征（图 6-32）。

表 6-9　煤厚调整方案

调整方案	1	2	3	4
1 煤 H_1/m	0.5	1.5	2.5	3.5
2 煤 H_2/m	3.5	2.5	1.5	0.5

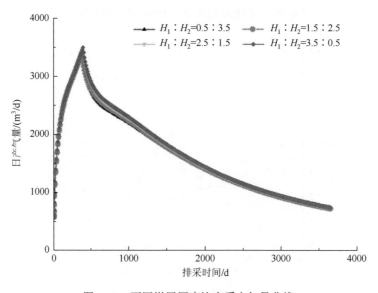

图 6-32　不同煤层厚度比合采产气量曲线

从模拟结果可以看出（表 6-10），当合采煤层的总厚度一定、分层厚度变化时，一方面，分层厚度小的煤层对合采的贡献小，且分层产气量与分层厚度呈正相关关系；另一方面，合采产气量及累加产气量变化不大，这表明了合层开采不同厚度的煤层时，产能受到影响很小，各煤层之间不会产生较大的干扰，煤厚并不是控制合采产能的主要因素。

表 6-10　不同厚度比下合采产气量统计

煤厚调整方案	合采产气量/m³	1 煤产气量/m³	2 煤产气量/m³	1 煤单采产气量/m³	2 煤单采产气量/m³
H_1=0.5m、H_2=3.5m	6.00×10^6	0.78×10^6	5.22×10^6	0.79×10^6	5.53×10^6
H_1=1.5m、H_2=2.5m	6.07×10^6	2.35×10^6	3.72×10^6	2.37×10^6	3.95×10^6
H_1=2.5m、H_2=1.5m	6.15×10^6	3.91×10^6	2.24×10^6	3.96×10^6	2.37×10^6
H_1=3.5m、H_2=0.5m	6.22×10^6	5.47×10^6	0.75×10^6	5.53×10^6	0.84×10^6

七、兰氏压力、兰氏体积对合采的影响

为了研究兰氏体积和兰氏压力对合层排采产能的影响，在其他参数相近的情况下，改变 23 煤的兰氏压力和兰氏体积，模拟结果如图 6-33、图 6-34 所示。在不同兰氏压力比条件下，合采产能曲线趋于一致，变化不大（图 6-33），说明了煤分层之间兰氏压力的差异对合采产气量影响不大；而当一层煤的兰氏体积变大时，峰值段产气量略微升高，但总体上没有太大提升（图 6-34），说明合层排采对兰氏体积的变化有一定的敏感性，但影响不大。

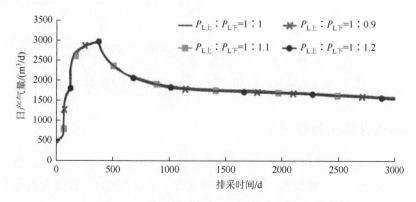

图 6-33　不同兰氏压力下合采产量对比曲线

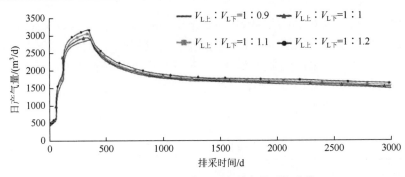

图 6-34　不同兰氏体积下合采产量对比曲线

八、裂隙孔隙度对合采的影响

裂隙是储层水的主要赋存空间,裂隙孔隙度大小决定了煤层初始含水量大小。分析不同裂隙孔隙度比下合采产能曲线(图 6-35)可以看出,孔隙度的变化对前期排采曲线有较大影响,孔隙度越大,峰值产能越低,且产气高峰来临时间晚。这是因为,在相同排采制度下,当储层供液能力相同时,孔隙度越大,储层初始含水量越多,要经过更长的时间排水才能使压降漏斗充分扩展。而在排采后期,产气曲线近乎一致,说明了合采后期孔隙度对产能的影响不大。总的来看,孔隙度对合采前期有一定影响,对后期产能影响可忽略。

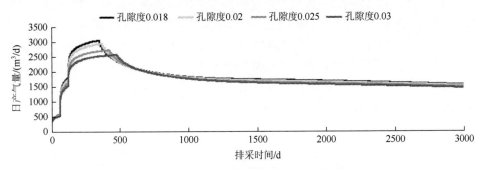

图 6-35　不同裂隙孔隙度比下合采产能曲线

第三节　多层独立含气系统排采模拟及合采可行性

一、煤层气井排采特征分析

黔西煤层气井多采用分层压裂、合层开采的方式进行产能测试。目前,织金区块共有 10 口煤层气参数井,其中 4 口井获得了工业性气流。珠藏向斜有 3 口井(图 6-36),均位于珠藏向斜少普井田。

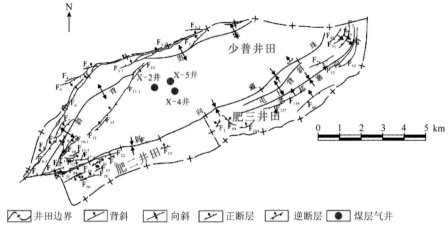

图 6-36　珠藏地区煤层气井分布图

（一）Z2 井排采特征

Z2 井目的层为龙潭组 20 号和 23 号煤,于 2012 年 6 月 18 日投产（彭兴平等,2016）,先后对上部煤层和下部煤层进行了开发测试,在排采前期对龙潭组 20 号煤和 23 号煤进行分压合采,排采曲线如图 6-37 所示。排采 69 天后开始产气,最高产气量 2802m³（朱东君,2015）。见气前日降液面 3～5m,见气后最大流压降幅达 0.32MPa/d（相当于日降液面 32m）,且持续快速抽排,平均日降 0.27MPa/d,储层伤害较为严重,排采曲线呈现"单峰型"（彭兴平等,2016）,说明见气后排采强度过大,压降漏斗扩展受限,有效解吸面积不再增大,需要控制井底流压进入稳产阶段。之后,该井又对龙潭组上部煤层实施了分段压裂,合层排采,其中包括 6-1 号、7 号、8 号、10 号、12 号、14 号及 17 号煤 7 个煤层。从排采曲线可以看出（图 6-37）,

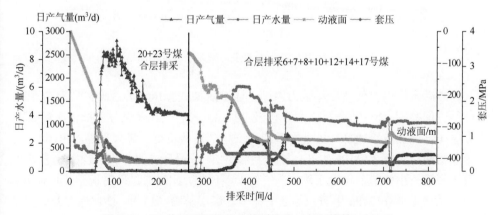

图 6-37　Z2 井不同层位组合排采曲线（彭兴平等,2016）

合采效果不理想，排采 549 天，日产气量介于 0～780m³，累产 19860m³，平均 362m³，产水量介于 0～6m³，累计排水 1926m³，日均 3.5m³；最终，产气量仍只有 340m³，整个排采过程中没有煤粉产出。由于排采了 7 个煤层，层间跨度约 150m，跨越了多套含气系统，各煤层物性相差比较大，受层间干扰影响，不同煤层的产气状态在时间上不同步，因而未能形成较好的合采效果。

（二）Z4 井排采特征

Z4 井对 6 号、7 号、17 号、20 号、23 号、27 号和 30 号煤进行分压合采（图 6-38），煤层埋深 283.9～531.3m，层间跨距 247.4m。虽然排采煤层深度较浅，但层间跨度大，各煤层解吸压力可能差异较大（彭兴平等，2016；朱东君，2015）。测井录井资料显示，7 号、23 号、27 号煤含气性好，厚度相对较大，夹矸薄，储层物性好；其次为 17 号、20 号煤，而 6 号、30 号煤煤体结构差，夹矸厚度大，含气量低，储层物性最差。据 Z4 井试井测试结果，27 号煤储层压力为 4.87MPa，压力系数为 1.08，为超压煤层。该煤层含气量较高，达到 16.8m³/t，渗透率为 0.075mD。总体上，27 号煤层渗透率较好，储层压力高，地层能量大。

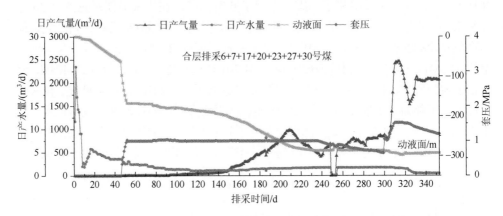

图 6-38　Z4 井生产动态曲线（彭兴平等，2016）

投产后始终以"低速"排采为原则，通过阶梯式降压，分 3 个阶段对整个排采过程进行控制，6～7 号、17 号、以及 20～23～27～30 号煤分三批依次解吸，各煤层产气叠加效果较好，排采中后期高产稳产形势良好（彭兴平等，2016）。该井见气初期稳套压 1.0MPa 生产，导致上部煤层（6 号和 7 号）相继裸露，造成产气量达到第一小峰值后迅速下跌，产气效果不理想；此时通过及时调整排采制度，逐渐放低套压至 0.5MPa 生产，保证下部多套煤层解吸（17 号、20 号、23 号、27 号和 30 号煤），同时不出现裸露，日产气量迅速上升至 2000m³/d 并持续稳产（彭兴平等，2016）。

（三）Z5 井排采特征

Z5 井目的层为龙潭组 16 号、17 号、20 号、23 号和 27 号煤层（彭兴平等，2016），共 5 层分成两段压裂，进行合层排采（朱东君，2015）。综合测井录井成果来看，16 号煤厚度最大，渗透率最好，含气量最高，储层综合物性最好；17 号煤和 27 号煤储层物性中等；20 号煤和 23 号煤含 1 层夹矸，煤层灰分含量较高，含气量及渗透率相对较低，储层物性较差。

分析 Z5 井排采动态曲线（图 6-39），该井排采 96 天后开始产气，此时动液面降到–190m，排水 137m³，井底流压为 2.91MPa；排采到 172 天时，液面降到 16 号煤以下，此时套压为 1.31MPa，日产气量为 1357m³，日产水 1.56m³；177 天后液面降到 17 号煤以下；排采进行到 275 天后，产气量开始下降，最终动液面降到了–438m，低于 27 号煤深度，产气量降到了 1000m³。该井最高日产气量达2800m³。从排采动态看，该井有一定生产潜力，但排采过程中动液面下降过快，导致各煤层压降波及范围小，使得产气量波动大，且后期衰竭快，若制定合理的排采制度，该井能获得理想的产能。

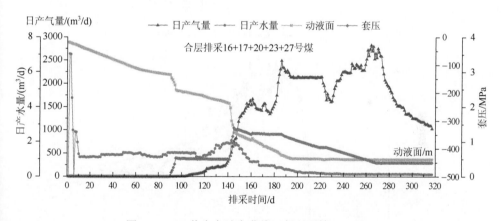

图 6-39　Z5 井生产动态曲线（彭兴平等，2016）

二、煤层气井排采历史拟合

利用 COMET3 软件，采用上节叙述的数值模型，根据煤层气井地质条件、储层条件以及现场排采资料，首先对珠藏向斜少普井田勘探区 Z2 井 20 号和 23 号煤层排采 234 天的实际生产数据进行了历史拟合模拟，其中煤储层实测及拟合参数见表 6-11,历史拟合结果如图 6-40 所示。

表 6-11　Z2 井下部煤层组储层参数实测、拟合对比表

煤层编号	20 煤			23 煤		
	实测值	拟合值	修正量	实测值	拟合值	修正量
储层测井渗透率/mD	0.462	1.5	2.25	0.524	1.8	2.43
含气量/(m³/t)	10.75	13.5	0.25	15.85	18.5	0.17
储层压力/MPa	2.86	2.86	0	3.04	3.04	0
含气饱和度/%	84	84	0	75	75	0
兰氏体积/(m³/t)	37	37	0	39.32	39.32	0
煤厚/m	1.3	1.3	0	1.9	1.9	0
兰氏压力/MPa	2.49	2.49	0	2.49	2.49	0
割理孔隙度/%	0.02	0.021	0.05	0.02	0.019	−0.05
吸附时间/d	6.0	6.0	0	6.0	6.0	0
埋深/m	408	408	0	431.5	431.5	0
表皮系数	−1	−1	0	0.001	0.001	0

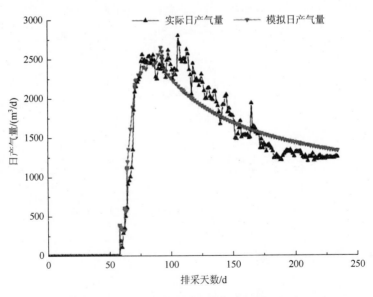

图 6-40　Z2 井下部煤层组排采历史拟合曲线

经过对储层参数的调整,Z2 井拟合产气量曲线和实际排采曲线基本吻合,但在产能高峰期拟合效果不好，主要表现在实际排采曲线产气高峰持续时间更长。分析原因认为，Z2 井实际排采产能高峰期存在人为调大转速及增大套压过程，使Z2 井能在在短期内维持较高的产能。在高峰期后，Z2 井转速及套压维持较为稳定，产能迅速降低，该部分产能在数值模拟过程中得到了较好的反应，说明拟合结果具有较高的可靠性。在数据拟合过程中，20 号煤缺乏储层压力、吸附时间、兰氏体积及兰氏压力四项参数。由于 20 号与 23 号煤属于同一压力系统，具有相近的压力梯度，同时，两煤层相距 23.45m，其吸附时间、兰氏参数等应与 23 号煤相差不大，故在模拟过程中直接采用 23 号煤相关参数。对储层参数的修订方面：首先对储层渗透率修订，主要由于实测渗透率值均为实验室测定数据，受实验样品的限制，测定的渗透率值与原位条件下储层渗透率不一致，同时钻孔煤心显示储层裂隙较发育，理应具有较好的渗透率；其次对含气量修订，主要基于含气量，仅包含了解吸气及损失气含量，并未包括残余气含量。据此可以认为，对 Z2 井储层参数的修正具有一定的合理性。

对 Z2 井上部煤层组排采 549 天的实际生产数据进行了历史拟合计算，其中煤储层实测及拟合参数见表 6-12，历史拟合结果如图 6-41 所示。

表 6-12 Z2 上部煤层组储层参数实测、拟合对比表

| 煤层 | 类型 | 调整参数 | | | | | | | | |
		埋深/m	煤厚/m	储层压力/MPa	渗透率/mD	含气量/(m³/t)	兰氏体积/(m³/t)	兰氏压力/MPa	吸附时间/d	表皮系数
6-1	实测	240.4	1.1	1.92	0.357	13.69	35.41	2.75	9.54	0.050
	拟合	240.4	1.1	1.92	1.7	14.19	35.41	2.75	9.54	0.050
7	实测	262.4	0.9	2.02	0.286	10.78	37.08	2.76	5.14	−2.632
	拟合	262.4	0.9	2.02	1.3	12.28	37.08	2.76	5.14	−2.632
8	实测	271.1	0.8	2.09	0.083	5.48	37.08	2.76	5.14	−1.843
	拟合	271.1	0.8	2.09	0.4	8	37.08	2.76	5.14	−1.843
10	实测	286.8	1.3	2.21	0.408	12.83	37.08	2.76	5.14	−3.374
	拟合	286.8	1.3	2.21	1.9	15.33	37.08	2.76	5.14	−3.374
12	实测	344.8	1.4	2.31	0.059	7.47	34.61	2.55	0.7	−0.873
	拟合	344.8	1.4	2.31	0.3	10	34.61	2.55	3	−0.873
14	实测	357.7	0.7	2.40	0.099	7.26	34.61	2.55	0.7	−1.632
	拟合	357.7	0.7	2.40	0.5	9.76	34.61	2.55	3	−1.632
17	实测	388.5	0.6	2.99	0.076	10.95	34.61	2.55	0.7	−0.764
	拟合	388.5	0.6	2.99	0.4	13.95	34.61	2.55	3	−0.764

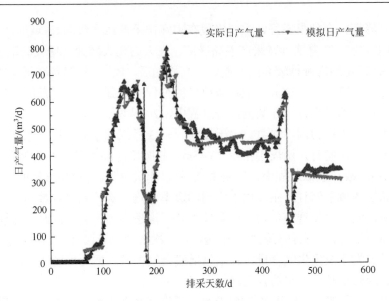

图 6-41　Z2 井上部煤层组排采历史拟合曲线

在数据拟合过程中，由于 8 号煤、10 号煤、12 号煤、14 号煤及 17 号煤均缺乏吸附时间、兰氏体积和兰氏压力三项参数。依据煤层间距小储层物性相似的原则，在模拟过程中 8 号煤与 10 号煤直接采用 7 号煤储层相关参数，而 12 号煤、14 号煤与 17 号煤直接采用 16 号煤储层相关参数，同时采用下部煤层组排采拟合时对储层参数的修订原则，因此，上部煤层组排采拟合结果也具有可信性。

三、不同含气系统的产能特征

基于杨兆彪对研究区含气系统的划分，结合各煤层储层物性及能量特征，以储层压力梯度为依据，将少普井田垂向主要含煤地层进一步划分为 6 个含气系统，分别为：2～6 号煤（①）、7～10 号煤（②）、12～14 号煤（③）、16～17 号煤（④）、20～23 号煤（⑤）、27 号煤（⑥）。利用现有的煤层气井排采数据，对该井各含气系统进行了 10 年内的排采产能预测，均采用 300m×300m 网格。

（一）第一含气系统

该含气系统在垂向上主要包括 2 号煤和 6 号煤。由于 2 号煤在研究区内并未完全分布，因此在预测过程中仅对 6 号煤层产能进行了模拟（图 6-42）。模拟结果显示，6 号煤层产气效果一般，其产气高峰来临较早，最高产气量仅782.1m³/d，始终未能突破 1000m³/d，且产能衰减较快，在排采约 1 年半后煤层气单日产量便低于 300m³/d，并且其采收率较高，排采 10 年后其采收率达到 66.44%（表 6-13）。分析原因认为，6 煤虽然煤层较薄，厚度仅为 1.1m，但煤层含气量较高，达到13.69m³/t，通过制定合理的排采制度，仍然能够获得较高的单井产量。对于该煤层产气高峰到来较早的情况，分析认为，该煤层临储压力比较高，达到了 0.95，煤层经过短暂排水降压后即能迅速解吸，同时，6 号煤层孔隙度达到了 8.8%，较高的孔隙度使煤层中的裂隙水能够迅速排出，从而迅速产气。

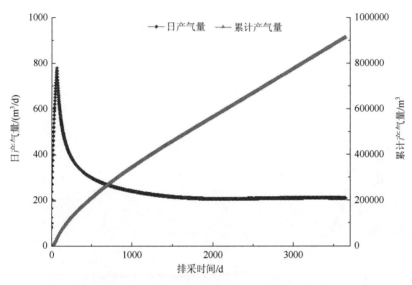

图 6-42　研究区第一含气系统产气模拟结果图

表 6-13　研究区第一含气系统产能预测统计表

排采时间/年	平均日产气量/（m³/d）	单井年产气量/m³	累计产气量/m³	采收率/%
1	457.94	169882.7	169882.7	12.32
2	295.99	107737.4	277620.1	20.12
3	250.74	91771.1	369391.2	26.76
4	227.75	82898.8	452290	32.76
5	214.84	78630	530920	38.44
6	209.84	77999.9	608919.9	33.6
7	210.13	75285.9	684205.8	49.56
8	212.05	77183.6	761389.4	55.16
9	213.36	78086.7	839476.1	60.8
10	213.35	77851	917327.1	66.44

（二）第二含气系统

该含气系统在垂向上主要包括7号煤、8号煤和10号煤。模拟结果显示（图6-43），产气高峰比第一含气系统来临晚，但产气高峰值较高，最高产气量超过 1000m³/d，并且产能衰减速度较第一含气系统慢，在排采约 5 年后煤层气单井日产量稳定于 400m³/d 左右，排采 10 年后其采收率达到 50%（表 6-14）。分析认为，该含气系统虽然平均含气量不及 6 号煤，但由于煤层组累计厚度较大，高达 3m，通过采取合理的排采方案，产能效果将优于第一含气系统。对于产气高峰来临较晚的情况，主要原因在于该含气系统煤层组临储压力比较低，平均为 0.64，煤层需要经过较长时间的排水降压才能达到解吸，同时，煤层平均孔隙度较第一含气系统小，导致煤层中的裂隙水不易被排出，使煤层产气较晚。

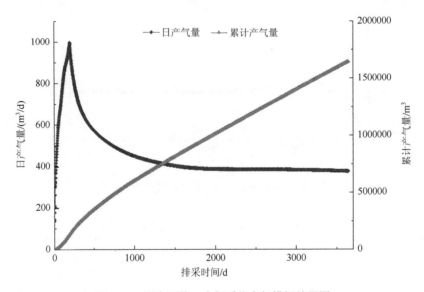

图 6-43　研究区第二含气系统产气模拟结果图

表 6-14　研究区第二含气系统产能预测统计表

排采时间/年	平均日产气量/（m³/d）	单井年产气量/m³	累计产气量/m³	采收率/%
1	733.88	271 249.2	271 249.2	8.20
2	565.44	205 818.1	477 067.3	14.40
3	468.70	171 543.3	648 610.6	19.60
4	423.22	154 898.2	803 508.8	24.28
5	399.05	145 251.3	948 760.1	28.68

续表

排采时间/年	平均日产气量/（m³/d）	单井年产气量/m³	累计产气量/m³	采收率/%
6	390.28	142 059.7	1 090 819.8	32.96
7	388.43	142 165	1 232 984.8	37.28
8	387.34	141 764.3	1 374 749.1	41.56
9	385.05	140 155	1 514 904.1	45.80
10	381.13	139 074.7	1 653 978.8	50.00

（三）第三含气系统

该含气系统在垂向上主要包括 12 号煤和 14 号煤。模拟结果显示（图 6-44），该含气系统产能效果不理想，产气高峰来临较第二含气系统还晚，高峰值极低，最高产气量仅为 200m³/d，并且产能衰减速度较快，在排采约 2 年后煤层气单井日产量便低于 100m³/d，同时其采收率极低，排采 10 年后仅达到 14.08%（表 6-15）。分析认为，该含气系统虽然两层煤储层物性相似，但煤层含气量以及渗透率较低，其中 12 号煤实测含气量为 7.47m³/t，14 号煤实测含气量为 7.26m³/t。实验室测定两煤层原位储层渗透率分别为 0.059mD 和 0.099mD，与其他含气系统煤层相比低大约一个数量级，同时，临储压力比低，其值在 0.4 左右。由此可知，该含气系统由于煤层渗透率低，煤层排水降压困难，即使经过有效的储层水力压裂改造，但储层改造范围有限，煤层气有效解吸面积小；

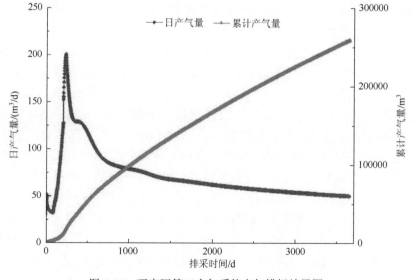

图 6-44　研究区第三含气系统产气模拟结果图

同时,临储压力比低,进一步加大了排水降压的难度,最终导致该含气系统产能效果不理想。当进行合层排采时,该含气系统不仅对合采产能没有任何贡献,同时还会增加层间干扰程度,因此,在之后的合层递进排采方案中剔除该含气系统。

表 6-15　研究区第三含气系统产能预测统计表

排采时间/年	平均日产气量/（m³/d）	单井年产气量/m³	累计产气量/m³	采收率/%
1	101.49	37009	37009	2.00
2	108.69	39562.6	76571.6	4.16
3	81.23	29729.5	106301.1	5.76
4	72.70	26460.5	132761.6	7.20
5	66.52	24346.2	157107.8	8.52
6	62.41	22717	179824.8	9.72
7	58.94	21572	201396.8	10.92
8	56.11	20422.6	221819.4	12.04
9	53.68	19648.3	241467.7	13.08
10	51.58	18822	260289.7	14.08

（四）第四含气系统

该含气系统在垂向上主要包括 16 号煤和 17 号煤。模拟结果显示（图 6-45），该系统产能比较理想,产气高峰在排采 260 天后来临,产气峰值较高,最高产气量达到 $2000m^3/d$,产能衰减较慢,在排采的 10 年过程中,能够一直维持较高的产气量,其中,单井日产气量高于 $1500m^3/d$ 维持约 1 年左右,在排采约 3 年后煤层气单井日产量便稳定于 $1000m^3/d$ 左右。从两层煤储层参数对比来看,二者渗透率相差悬殊,其中 16 号煤渗透率高于 17 号煤一个数量级,同时二者之间临界解吸压力相差较大,16 号煤临界解吸压力为 2.36MPa,17 号煤临界解吸压力为 1.18MPa。由于两者层间距较小,储层压力相差不大,当 16 号煤发生大规模解吸时,17 号煤层仍未产气,很容易导致气锁现象的发生。在合采模拟过程中,从 17 号煤分层排采效果发现（图 6-46）,17 号煤基本上不产气,其最高产气量仅为 $124.3m^3/d$,10 年累积产能仅为 $162784.8m^3$,对该系统的产能贡献几乎可以忽略不计。因此,该含气系统产能贡献主要由 16 号煤层提供,在之后的产能模拟过程中剔除 17 号煤层。该系统合采 10 年后最终采收率达到 89.36%（表 6-16）,进一步说明了该含气系统产能效果优于其他含气系统。

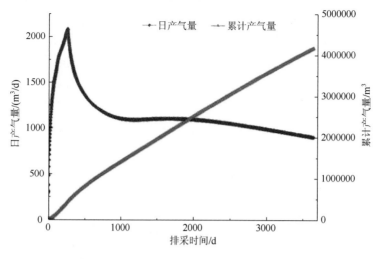

图 6-45　研究区第四含气系统产气模拟结果图

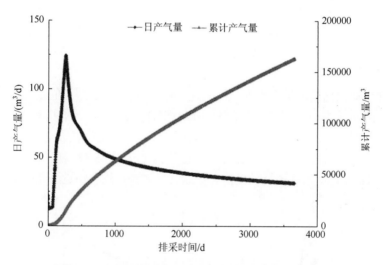

图 6-46　研究区第四含气系统 17 号煤产气模拟结果图

表 6-16　研究区第四含气系统产能预测统计表

排采时间/年	平均日产气量/（m³/d）	单井年产气量/m³	累计产气量/m³	采收率/%
1	1643.51	609303.3	609303.3	13.12
2	1327.02	483035.6	1092338.9	23.52
3	1122.78	410936.4	1503275.3	32.36
4	1090.15	396813.6	1900088.9	40.92
5	1098.61	402090.6	2302179.5	49.56
6	1089.05	396410	2698589.5	58.12

续表

排采时间/年	平均日产气量/（m³/d）	单井年产气量/m³	累计产气量/m³	采收率/%
7	1059.95	387937.3	3086526.8	66.44
8	1018.53	370739.2	3457266.0	74.44
9	972.12	355793	3813059.0	82.08
10	923.24	336911.8	4149970.8	89.36

（五）第五含气系统

该含气系统在垂向上主要包括 20 号煤和 23 号煤。模拟结果显示（图 6-47），该系统产能效果仅次于第四含气系统。排采 400 天后达到产气高峰，其峰值为 1484.3m³/d，产能衰减相对较慢，日产气量高于 1000m³/d 时间维持约 1 年左右，在排采约 4 年后单井日产量稳定于 700m³/d 左右。该系统产能效果较好，主要得益于 20 号煤层、23 号煤层储层物性的相似性。两煤层层间距较小，仅 23m，除了煤层厚度与含气量相差较大外，其中煤层厚度分别为 1.3m 和 1.9m，含气量分别为 12.75m³/t 和 15.85m³/t，其他参数没有明显差异。它们的临储比接近，在 0.5 左右，实验室测定原位储层渗透率接近，分别为 0.462mD、0.524mD。在合层排采过程中，23 号煤由于储层物性优于 20 号煤层，分层产气能力较强，产能贡献大，并且储层参数上的相似性降低了合层排采过程中的层间干扰，促使各煤层充分发挥其产气能力，保证了该系统能较长时间保持较高的产气量。从表 6-17 也可看出，该系统合采 10 年产能较好，累计产气量仅次于第四含气系统，采收率达到 57.36%。

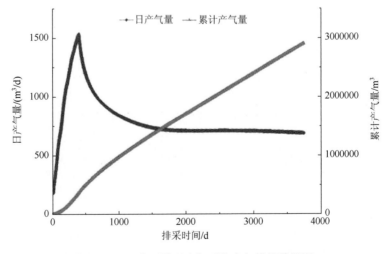

图 6-47　研究区第五含气系统产气模拟结果图

表 6-17　研究区第五含气系统产能预测统计表

排采时间/年	平均日产气量/(m³/d)	单井年产气量/m³	累计产气量/m³	采收率/%
1	863.61	319773.7	319773.7	6.52
2	1128.18	410654.6	730428.3	14.92
3	841.70	308061.1	1038489.4	21.20
4	743.40	270592.2	1309081.6	26.72
5	698.43	255623.5	1564705.1	31.96
6	686.46	249869.2	1814574.3	37.04
7	686.17	251139.0	2065713.3	42.16
8	685.17	249396.7	2315110.0	47.28
9	680.06	248898.0	2564008.0	52.36
10	671.52	245040.0	2809048.0	57.36

（六）第六含气系统

该含气系统在垂向上主要包括 27 号煤和 30 号煤。由于 27 号煤为研究区的主要可采煤层，30 号煤仅局部可采，在整个研究区内分布不广泛，所以仅仅对 27 号煤产能进行模拟（图 6-48）。模拟结果显示，与其他含气系统产能效果相比，该系统产能效果最差，其产气峰值仅达到 192.7m³/d，产能衰减很快，峰值过后仅排采一年时间产气量迅速降到 70m³/d，随后产气量缓慢下降，排采 10 年后产气量降为 39.2m³/d。虽然 27 号煤层作为研究区的主采煤层，并且单层排采不受层间干扰的影响，但主要

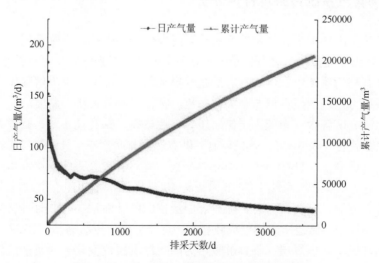

图 6-48　研究区第六含气系统产气模拟结果图

问题是，27号煤层渗透率极低，实验室测定原位渗透率为0.0744mD，甚至低于第三含气系统，增加了煤层排水降压的难度，降压漏斗扩展范围受限，煤层气有效解吸面积小，最终导致该含气系统产能效果不理想。当进行合层排采时，该含气系统不仅对合采产能没有任何贡献，同时，其超压状态极易引起与其他系统的倒灌现象。从表6-18也可看出，该含气系统排采10年内的平均日产气量不到100m³/d，累计产气量仅有205221.2m³，产能贡献与其他含气系统相差一个数量级，同时采收率仅达到22.12%。因此，在之后的合层递进排采方案中应剔除该含气系统。

表6-18　研究区第六含气系统产能预测统计表

排采时间/年	平均日产气量/（m³/d）	单井年产气量/m³	累计产气量/m³	采收率/%
1	87.44	31294.7	31294.7	3.36
2	71.79	26130.0	57424.7	6.20
3	65.95	24138.7	81563.4	8.80
4	59.73	21741.9	103305.3	11.12
5	54.53	19958.4	123263.7	13.28
6	50.66	18439.9	141703.6	15.28
7	47.24	17290.2	158993.8	17.12
8	44.44	16175.5	175169.3	18.88
9	42.10	15408.9	190578.2	20.52
10	40.13	14643.0	205221.2	22.12

四、不同含气系统合采可行性分析

为了避免出现多个含气系统合层排采时发生明显干扰，合采产能效果不佳的现象，在多煤层区煤层气井开发前，应对多层独立含气系统合采可行性进行分析，合理选择有利的系统组合。优选方法是依据地层供液能力、临界解吸压力、渗透率、储层压力以及产能贡献5个关键参数，实行"一票否决"制度。

对比研究区各含气系统煤层储层压力、渗透率、钻孔涌水量、临界解吸压力以及产气量特征（表6-19）：首先，地层供液能力方面，各含气系统煤层钻孔单位涌水量均远远小于0.1L/（s·m），富水性极弱，并且各含气系统煤层涌水量总体相差不大，但是第四含气系统中的16号煤与17号煤涌水量相差一个数量级。其次，煤储层能量方面，储层压力总体随着煤层层位的降低而增加，并且各含气系统内煤层层间距较小，储层压力梯度大致相当，总体呈现欠压状态，仅有27号煤储层压力偏高，属于超压煤层；临界解吸压力随着煤层层位变化较为复杂，但各含气系统内煤层临界解吸压力相差不大，其中仅有第二含气系统8号煤层临界解吸压力远低于其他两个煤层（图 6-49）。最后，煤储层渗透率方面，各煤层渗透率整体偏低，其中 16 号煤最高，其值为 1.224mD，而 8 号煤、12 号煤、14 号煤、17 号煤以及 27 号煤相对较低，其值均低于 0.1mD。

表6-19　研究区煤层气井合采可行性分析参数统计

含气系统	煤层号	埋深/m	储层压力/MPa	渗透率/mD	钻孔单位涌水量/（L/（s·m））	临界解吸压力/MPa	分层产能/（m³/10 年）	总产能/（m³/10 年）
1	6	240.4	1.92	0.357	0.003	1.44	917327.1	917327.1
2	7	262.4	2.03	0.286	0.0029	1.13	398976.8	1653978.8
	8	271.1	2.09	0.083	0.0023	0.48	65795.8	
	10	286.8	2.21	0.408	0.0025	1.46	1189206.1	
3	12	344.8	2.31	0.059	0.0015	0.70	162772.6	260289.7
	14	357.7	2.40	0.099	0.0014	0.67	97517.1	
4	16	381.1	2.93	1.224	0.0015	1.86	3987186	4149970.8
	17	388.8	2.99	0.076	0.069	1.82	162784.8	
5	20	407.45	2.85	0.462	0.064	1.32	710646.6	2809048.0
	23	431.5	3.02	0.524	0.065	1.80	2098401.3	
6	27	462.2	4.87	0.0744	0.0086	2.50	205221.2	205221.2

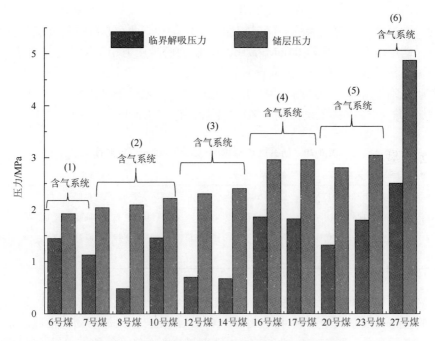

图 6-49　垂向煤层临界解吸压力及储层压力分布图

综合上述分析，结合各含气系统产能模拟结果发现，第三含气系统与第六含气系统单独排采时，系统内煤层之间不存在层间干扰的影响，其中，第三含气系统两煤层储层物性相似，第六含气系统为单层排采，但产能效果最差，其主要原因在于两系统煤层渗透率较差，临储压力比低，排水降压困难，即使经过较为理想的储层压裂改造，但其改造范围有限，煤层气很难达到大规模解吸，同时，煤层含气量较低，产气潜力较低，在合层排采过程中还会增加系统间干扰程度，因此，在制定递进合层排采方案时要剔除两含气系统不予以排采。而第二含气系统中的 8 号煤层与第四含气系统的 17 号煤层的分层产能效果较差，其中，8 号煤层产能贡献仅为 3.98%，17 号煤层产能贡献为 3.92%，分析原因认为，两层煤与其各自系统内的其他煤层储层物性存在较大的差异，主要体现在煤层含气性、渗透率以及地层供液能力方面，这些均会造成层间干扰程度增强，同时，8 号煤层含气量较低，产气潜力有限。因此，在下面排采方案中分别从第二含气系统与第四含气系统中剔除 8 号煤和 17 号煤。

结合研究区含气系统划分方案与煤层气井合采层位对比（表 6-20）发现，⑤、①+②+④+⑤+⑥和④+⑤+⑥的组合展现出了较高的潜力，其中单独开采第⑤含气系统效果最好，而唯独①+②+③+④的组合产气量极低，分析认为主要是由第③含气系统引起的。对比第③含气系统与上下含气系统在煤层储层物性方面的差别，无论是压力梯度、渗透率还是临界解吸压力都相差较大，各个含气系统之间层间干扰作用强，这也是 Z2 井上段合采效果极差的根本原因。再进一步对比④、⑤、⑥三个含气系统的储层物性，发现④和⑤两个含气系统储层物性更加相似，储层压力梯度相差 0.06MPa/100m，临界解吸压力相差不大，只有 17 号煤的渗透率稍微低于其他煤层；而第⑥含气系统的 27 号煤无论是储层压力梯度、渗透率还是临界解吸压力都与上部煤层相差较大，合层排采时会引起系统间干扰。虽然 Z4 井与 Z5 井排采层位多于 Z2 井下段，但产能效果不及 Z2 井下段。

表 6-20　研究区现有煤层气生产井合采层位对比

钻孔	合采层位	含气系统组合	合采效果
Z2 上段	6+7+8+10+12+14+17 号煤	①+②+③+④	产气量极低
Z2 下段	20+23 号煤	⑤	产气量高，见气时间短，潜力最大
Z4	6+7+17+20+27+30 号煤	①+②+④+⑤+⑥	产气量较高，但前期排水降压时间周期长，见气时间晚
Z5	16+17+20+23+27 号煤	④+⑤+⑥	产气量高

综上所述，不管是含气系统内部合采还是跨含气系统合采，关键因素仍然是储层物性条件及水文地质条件。在同一含气系统内，如果储层物性接近，系统合采产气效果最佳，但第二含气系统的 8 号煤与第四含气系统的 17 号煤，与系统内其他煤层相比，储层物性相差较大，不仅产能贡献低，而且增大了系统内的层间干扰。对于跨含气系统合采，若含气系统之间物性差异大，则产能较低。Z2 井上

段跨越了 3 个含气系统，其中第三含气系统（12～14 号煤）储层物性与上下含气系统之间差异极大，使得 6+7+8+10+12+14+17 号煤的排采组合产能过低。当含气系统之间储层物性相近时，则可以跨含气系统开采。

第四节　多层统一含气系统排采模拟及合采可行性

一、煤层气井排采特征分析

比德向斜属于多层统一含气系统的典型构造单元，该区煤层气井多采用分层压裂、合层开采的方式进行产能测试。目前，比德向斜有 3 口参数井，均位于比德次级向斜的两翼。下面对 Z6 煤层气井实际产能特征进行分析。

Z6 井的目的层为龙潭组 30 号和 32 号煤，于 2012 年 12 月 17 日投产，对 30 号煤和 32 号煤层进行了合采开发测试（彭兴平等，2016）。煤层埋深在 869.5～900.59m，层间跨度 31m（朱东君，2015），排采煤层埋深较大，储层压力较高，属于超压煤层。测井录井资料显示，30 号和 32 号煤含气性好，厚度相对较大，储层物性较好。

通过排采曲线可以看出（图 6-50），排采 52 天后开始产气，排采到 76 天时，产气量达到第一个产气峰值，其值为 416m³/d，日产水量在 0.7m³/d 左右，排采到 115 天时，日产气量降到最低，其值为 276.5m³/d，随后日产气量稳定在 290m³/d，而日产水量基本维持在 0.2m³/d，排采 150 天后产气量开始逐渐上升，而排采 207 天后煤层气井进行了一次修井，修井过后加大排采强度，虽然迅速达到第二个产气高峰，日产气量高达 715.9m³/d，但产气量衰减很快，最终稳定在日产气量 350m³/d。总体来看，30 号煤与 32 号煤合层排采效果不理想，主要由于煤储层埋深较大，储层压力较高，处于超压状态，并且渗透率较差，压降波及范围有限，使得产气量较低。

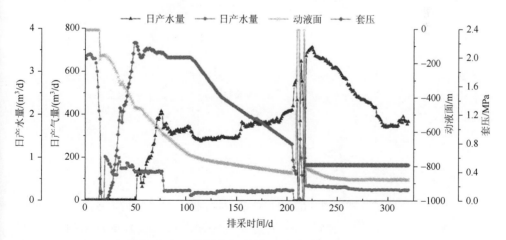

图 6-50　Z6 井排采动态曲线（彭兴平等，2016）

二、煤层气井排采历史拟合

利用 COMET3 软件，采用上节叙述的数值模型，根据煤层气井地质条件、储层条件以及现场排采资料，对比德次级向斜 Z6 井 30 号煤和 32 号煤层排采 320天的实际生产数据进行了历史拟合计算。煤储层实测及拟合参数见表 6-21，历史拟合结果如图 6-51 所示。

表 6-21　Z6 井煤层组储层参数实测、拟合对比表

煤层编号	30 煤			32 煤		
	实测值	拟合值	修正量	实测值	拟合值	修正量
储层测井渗透率/mD	0.31	0.60	0.94	0.33	0.80	1.42
含气量/（m³/t）	11.37	12.45	0.09	16.88	18.50	0.10
储层压力/MPa	5.14	5.14	0	5.31	5.31	0
含气饱和度/%	78	78	0	85	85	0
兰氏体积/（m³/t）	31.26	31.26	0	32.26	32.26	0
煤厚/m	4.6	4.6	0	3.2	3.2	0
兰氏压力/MPa	2.42	2.42	0	2.38	2.38	0
割理孔隙度/%	0.02	0.02	0	0.02	0.02	0
吸附时间/d	7.5	7.5	0	7.5	7.5	0
埋深/m	869.9	869.9	0	898.4	898.4	0
表皮系数	−1.53	−1.53	0	−2.31	−2.31	0

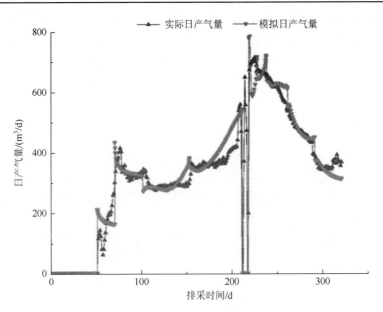

图 6-51　Z6 井煤层组排采历史拟合曲线

　　经过对储层参数的调整，Z6 井拟合产气量曲线和实际排采曲线基本吻合，但在排采后期拟合效果不好。主要表现为在实际排采曲线产气高峰过后迅速下降，但最后产气量有所回升。分析原因认为，Z6 井实际排采到 207 天时，进行了停排修井作业，修井维持了 11 天，修井过程中近井地带地层应力逐级恢复，甲烷在煤层中重新吸附。同时，煤储层裂隙重新被水充填，使得煤层吼道处的流动空间变小，增大了甲烷的流动阻力。修井完成后，再一次加大排采强度，井筒附近的流体会以较高的流速和较大的流体压力差流向井筒，有效应力快速增加，裂缝过早闭合，造成降压漏斗得不到充分扩展，泄流半径得不到有效延伸，只有井筒附近很小范围内的煤层得到了有效降压。气井产气量在达到高峰后，由于气源供应不足而急剧下降。因此，拟合结果具有较高的可靠性。在数据拟合过程中，对 30 号煤与 32 号煤的储层参数的修订主要为：首先对储层渗透率修订，主要由于实测渗透率值均为实验室测定数据，受实验样品的限制，测定的渗透率值与原位条件下储层渗透率不一致，同时储层原位渗透理应高于样品测定渗透率；其次对含气量修订，主要基于含气量仅包含了解吸气及损失气含量，并未包括残余气含量。据此认为，对 Z6 井储层参数的修正具有一定的合理性。

三、多层统一含气系统产能特征

　　针对统一含气系统煤储层物性及能量特征，各煤层水力联系紧密，具有统一的流体压力系统。以煤层层间跨度 100m 为界，利用现有的煤层气井排采数据，将统一含气系统垂向上的各煤层划分为 3 个煤层段进行了 10 年内的排采产能预测，对比分析其与多层独立含气系统产能特征的区别，产能预测均采用 300m× 300m 网格。

（一）第一煤层段

　　该煤层段主要包括 2 号煤、3 号煤、3-1 号煤、5 号煤、5-1 号煤、5-2 号煤、5-3 号煤、6 号煤、6-1 号煤和 6-2 号煤。模拟结果显示（图 6-52），该煤层组产气效果一般，产气峰值较高，但来临较晚，排采前 600 天内煤层气单井日产气量一直低于 500m³/d，年产气量低于 $3×10^5$ m³，随后产气量迅速增加，排采到第 1012 天时，单井日产气量达到最高为 3295.2m³/d，在排采第四年年产气量达到最高 $1.7×10^6$ m³，峰值过后产能开始衰减，衰减速度较慢，排采 10 年后煤层气单井日产量降为 1762.8m³/d，但其采收率较低，排采 10 年后仅达到 24.12%（表 6-22）。分析认为，该煤层组虽然含煤层数较多，但各煤分层厚度较薄，基本都在 1m 以下，仅有 6 号煤层厚度较厚，高达 8.8m；依据各煤层实验测试以及测井解释结果发现，含气量总体较低，其中仅有 5 号煤、5-2 号煤以及 6 号煤含气量超过 10m³/t，其值分别为 11.63m³/t、12.92m³/t 和 16.80m³/t；且各煤层渗透率也较低，仅 3-1 号煤、5-1 号煤、5-2 号煤与 6 号煤渗透率大于 0.1mD，其值分别为 0.204mD、0.4mD、0.134mD 和 0.9mD，而其他煤层渗透率均低于0.01mD。尽管合层开采煤层累计厚度较大，但由于各煤层储层物性条件较差，产能效果并不是很理想。从各煤层产能贡献分布看出（图 6-53），合采产能贡献主要来自于 3-1 号煤、5 号煤、5-2 号煤和 6 号煤，产能贡献累计高达 94.01%，其中 6 号煤产能贡献最大 68.68%，而其他煤分层产能贡献平均低于 1%，开采价值较低，可以忽略。因此，在合层递进排采过程中剔除产能贡献极低的煤层不予排采，可以有效降低层间干扰的影响，充分发挥有利煤层的产气能力，增强合层排采产能效果。对于该煤层组产气高峰到来较晚，分析认为，该煤层组储层压力梯度较高，临界解吸压力较低，煤层需经过长期有效的排水降压方可大面积解吸，而煤层孔隙度平均为 5.54%，较低的孔隙度增加了煤层中裂隙水的排出难度，导致煤层产气较晚。

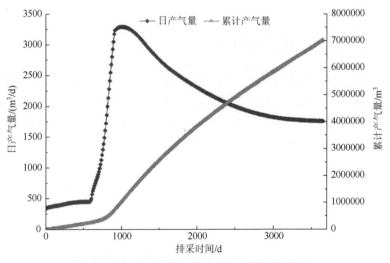

图 6-52　研究区第一煤层段产气模拟结果图

表 6-22　研究区第一煤层段产能预测统计表

排采时间/年	平均日产气量/（m³/d）	单井年产气量/m³	累计产气量/m³	采收率/%
1	391.09	144698.2	144698.2	0.48
2	586.21	216897.6	361595.8	1.24
3	2749.45	414604.1	776199.9	4.64
4	3052.29	1704540.1	2480740.0	8.52

续表

排采时间/年	平均日产气量/（m³/d）	单井年产气量/m³	累计产气量/m³	采收率/%
5	2609.60	939454.8	3420194.8	11.72
6	2304.02	852490.7	4272685.5	14.68
7	2068.46	744643.0	5017328.5	17.20
8	1903.27	704211.0	5721539.5	19.64
9	1809.18	651306.0	6372845.5	21.88
10	1771.55	650711.5	7023557.0	24.12

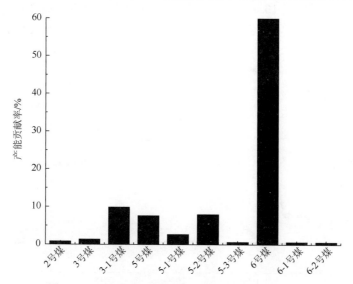

图 6-53　研究区第一煤层段各煤层产能贡献分布图

（二）第二煤层段

该煤层段在垂向上主要包括 7 号煤、9 号煤、10 号煤、12 号煤和 16 号煤。模拟结果显示（图 6-54），该煤层组产气效果最差，产气峰值较低，排采初期单井日产气量较低，排采第一年年产气量甚至低于 $1 \times 10^5 m^3$，排采 600 天后产气量迅速上升达到产气高峰，与第一煤层段相比而言，产气高峰来临时间较晚，单井日产气量最高仅为 981.3m³/d，峰值过后产能开始衰减，但衰减速度较慢，排采 10 年后煤层气单井日产量降为 518.8m³/d。从各煤层储层物性参数对比分析，各煤层厚度较薄，平均厚度仅为 0.64m，累计厚度为 3.2m。此外，各煤层含气量很低，其中 12 号煤含气量最高为 10.42m³/t，而其他四层煤含气量均未超过 5m³/t，平均仅为 2.24m³/t。与第一煤层段相比，该煤层段渗透率较低，仅 7 号煤层渗透率较高，达到 0.993mD，而其他四层煤均低于 0.1mD。因此，该煤层段受储层物性条件的限制，合采产气量较低，产能效果不理想。从各煤层产能贡献分布看出（图 6-55），12 号煤产能贡献最高，占合采产能的一半以上，主要得益于该煤层含气量高，储层物性条件相对较好；其次为 7 号煤产能贡献达 31.37%，虽然该煤层含气量较小，但其渗透率相对较高，排水降压较容易，形成的煤层气有效解吸面积大，产气能力相对较强；而 16 号煤储层物性条件最差，产能贡献最低，仅仅为 2.26%。对于该煤层段产气高峰较第一煤层段来临较晚，分析认为，该煤层段煤层埋深较深，储层压力较大，但煤层临界解吸压力与第一煤层段相差不大，煤层段需经过相对较长时间的排水降压后，煤层气才会大规模解吸进而达到产气高峰。对该煤层段排采 10 年产能预测发现，10 年后其最终采收率仅 22.52%，受限于其产气高峰到来较晚，其高产期集中在排采的 3～5 年内（表 6-23）。

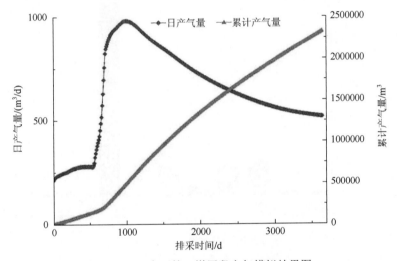

图 6-54　研究区第二煤层段产气模拟结果图

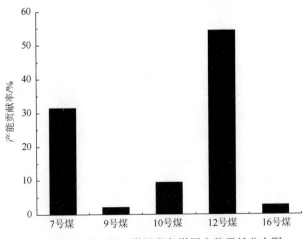

图 6-55　研究区第二煤层段各煤层产能贡献分布图

表 6-23 研究区第二煤层段产能预测统计表

排采时间/年	平均日产气量/(m³/d)	单井年产气量/m³	累计产气量/m³	采收率/%
1	247.93	91862.0	91862.0	0.88
2	401.73	148638.9	240500.9	2.32
3	952.18	342781.7	583282.6	5.64
4	909.62	336559.9	919842.5	8.92
5	809.85	291548.8	1211391.3	11.72
6	719.70	266287.2	1477678.5	14.32
7	648.85	233586.9	1711265.4	16.56
8	593.46	219580.1	1930845.5	18.72
9	552.45	198881.3	2129726.8	20.64
10	527.09	193620.2	2323347.0	22.52

（三）第三煤层段

该煤层段在垂向上主要包括 27 号煤、30 号煤和 32 号煤。模拟结果显示(图 6-56)，该煤层组产气效果最好，产气峰值较高，排采初期单井日产气量较低，排采前两年单井平均日产气量低于 200m³/d，年产气量甚至低于 $1 \times 10^5 m^3$，排采 900 天后产气量迅速上升，在 1643 天时达到产气高峰。与其他煤层段相比，产气高峰来临时间最晚，单井日产气量最高达到 4376.5m³/d，峰值过后产能开始衰减，衰减速度较快，排采 10 年后煤层气单井日产量降为 1973.1m³/d。分析认为，该煤层组各煤层厚度较厚，平均厚度为 3.07m，累计厚度达 9.2m，其中 27 号煤厚度最小为 1.6m，30 号煤厚度最大为 4.5m。此外，各煤层含气量较高，且相差不大，其中 27 号煤含气量为 14.31m³/t，30 号煤为 15.72m³/t，32 号煤为 16.88m³/t。与其他煤层段相比，该煤层段渗透率相差不大，其值分别为 0.163mD，0.309mD 和 0.330mD。因此，该煤层段储层物性相对最好，并且各煤层储层参数上的相似性降低了合层排采时的层间干扰程度，促使合采产气量较高，产能效果较好。但是各煤层产能贡献存在一定的差异，其中 30 号煤与 32 号煤产能贡献相差不大，分别为 45.5% 和 41.8%；而 27 号煤由于煤层厚度相对较薄，产气能力相对较弱，产能贡献仅仅达到 12.7%。对于该煤层段产气高峰来临最晚，主要原因在于，该煤层段煤层埋深最深，储层压力最大，煤层临储压力比较低。对该煤层段排采 10 年产能预测发现，10 年后其最终采收率高达 46.48%，但受限于其产气高峰来临较晚，其高产期主要集中在排采的 5～7 年内。（表 6-24）。

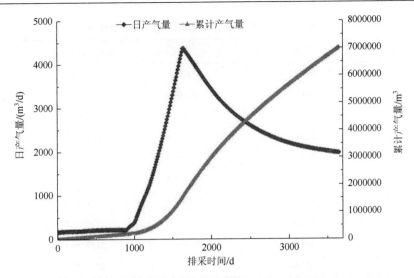

图 6-56　研究区第三煤层段产气模拟结果图

表 6-24　研究区第三煤层段产能预测统计表

排采时间/年	平均日产气量/（m³/d）	单井年产气量/m³	累计产气量/m³	采收率/%
1	184.19	67709.7	67709.7	0.44
2	213.28	78912.4	146622.1	0.96
3	340.93	122735.5	269357.6	1.80
4	1775.89	657079.9	926437.5	6.16
5	3939.13	1418089.0	2344526.5	15.56
6	3431.45	1269636.3	3614162.8	24.00
7	2767.80	996404.2	4610567.0	30.60
8	2375.51	878938.0	5489505.0	36.40
9	2148.08	773308.0	6262813.0	41.56
10	2019.35	741832.5	7004645.5	46.48

四、多层统一含气系统合采可行性分析

据前文分析可知，以煤层层间跨度为依据，划分的 3 个煤层段由于各煤层段储层压力、临界解吸压力、产能贡献等方面的差异使得煤层段间合层排采存在一定的干扰，对合采产气效果有一定影响。因此，在多层统一含气系统煤层气井开发前，应对多煤层合采可行性进行分析，合理选择有利层位组合。优选方法是依

据临界解吸压力、渗透率、储层压力以及产能贡献等关键参数，实行"一票否决"。

对比多层统一含气系统各煤层储层压力、渗透率、临界解吸压力以及产气特征（表 6-25）：首先，煤层储层压力方面，由于统一含气系统各煤层水力联系比较紧密，储层压力梯度相近，总体呈现欠压状态，排除了合层排采时的负向层间干扰；各煤层临界解吸压力变化较为复杂，但各煤层段内部随着煤层层位的降低大体呈现逐渐增高的趋势，其中个别煤层由于煤层含气量较低，导致临界解吸压力较低。其次，煤储层渗透率方面，各煤层渗透率整体偏低，其中第一煤层段的各煤层渗透率分布较为复杂，该煤层段的 3-1 号煤、5-1 号煤、5-2 号煤和 6 号煤渗透率最好，均比其他煤层高一个数量级，而另两个煤层段内煤层渗透率相差不大。综合上述分析，结合各煤层段产能模拟结果发现，第一煤层段合采产能效果较好，但煤层段内部各煤层储层物性差异较明显，主要体现在渗透性能较差，临储压力比低，同时煤层含气量较低，产气潜力较小，合层排采产能贡献小，排采 10 年各分层产能均低于 $1 \times 10^5 m^3$。第二煤层段合采产能效果不理想，合层产能主要贡献来自于 7 号煤、10 号煤以及 12 号煤，而 9 号煤和 16 号煤分层累计产气量均低于 $1 \times 10^5 m^3$，其主要原因在于两层煤含气量极低，并且临界解吸压力较低，渗流性能较差，产能贡献有限。第三煤层段合采产能效果最好，主要得益于该煤层段具有较好的储层物性条件，并且各煤层储层参数具有相似性，降低了层间干扰对合采产能影响，极大地发挥了各煤层的产气潜力。因此，为了进一步提高各煤层段有利煤层的产气能力，降低合层排采时层间干扰的影响，本书将剔除开采价值低，累计产气量低于 $1 \times 10^5 m^3$ 的煤层。

表 6-25 煤层气井合采可行性分析参数统计

煤层段	煤层号	埋深/m	煤厚/m	储层压力/MPa	渗透率/mD	临界解吸压力/MPa	分层产能/(m^3/10 年)	总产能/(m^3/10 年)
1	2	614.0	0.4	3.63	0.039	0.26	43399.2	7023557.0
	3	639.1	0.9	3.78	0.036	0.54	86488.9	
	3-1	642.3	1	3.80	0.20	0.86	692185.9	
	5	653.3	0.8	3.86	0.091	1.03	535470.3	
	5-1	661.2	0.7	3.91	0.40	0.66	175833.0	
	5-2	662.3	0.8	3.91	0.13	1.08	551719.3	
	5-3	677.0	0.5	3.96	0.037	0.67	37646.1	
	6	681.0	8.8	4.02	0.90	1.54	4823584	
	6-1	692.5	0.9	4.11	0.035	0.54	41847.2	
	6-2	698.5	0.6	4.14	0.062	0.86	35383.5	

煤层段	煤层号	埋深/m	煤厚/m	储层压力/MPa	渗透率/mD	临界解吸压力/MPa	分层产能/（m³/10 年）	总产能/（m³/10 年）
	7	719.1	0.6	4.25	0.993	0.69	728817.2	
	9	725.7	0.5	4.29	0.010	0.41	50981.0	
2	10	791.9	0.5	4.68	0.027	1.02	219794.3	2816562.3
	12	796.5	0.6	4.71	0.073	1.76	1260135.0	
	16	801.0	1	4.73	0.046	0.60	63619.4	
	27	848.1	1.6	5.01	0.163	1.22	888931.8	
3	30	869.9	4.5	5.14	0.309	1.48	3186082.3	7004645.5
	32	898.3	3.1	5.31	0.330	1.88	2929631.5	

　　综上所述，对多层统一含气系统进行合层排采时，由于各煤层具有统一的压力系统，储层压力对层间干扰影响较小，而关键因素在于煤层层间距大小以及煤储层物性条件。层间距过大会导致储层物性差异明显，储层压力相差较大，合层排采时受到较强的层间干扰；在同一煤层段内，如果储层物性接近，该煤层段合采产气效果最佳；如果各煤层储层物性差异明显，为降低层间干扰的影响，充分发挥有利煤层的产气潜力，需避开储层物性差，渗透率以及产气潜力较低的煤层。对于跨煤层组排采，为了将煤层组之间的层间干扰降低到最小，最大限度的利用各煤层组储层能量，实现单井产气量和采收率最大化，需采用合理的递进排采方案进行排采。

第七章　多煤层区煤层气单井有序高效开发模式

前述章节依次分析了多煤层区水力压裂影响因素，对多煤层水力压裂进行了工艺优化，并且揭示了合层排采时各煤层间的相互干扰机理，查明了各含气系统产气能力以及系统内各煤层的产能贡献。本章综合上述研究成果，依据各含气系统的产气潜力和产能贡献，判识其开采次序，提出了不同含气系统压裂/排采最优方案，建立了多煤层区煤层气单井有序高效开采模式。

第一节　多煤层区单井高效压裂模式

一、多层叠置独立含气系统单井高效压裂模式

多层叠置独立含气系统具有煤层层数较多，累计厚度大，但煤分层厚度较薄，属于中近距离薄-中厚煤层群的特点，进行煤层气井多层水力压裂时应采用分层分段填砂封堵水力压裂技术。由于煤层层间距差异较大，压裂时需结合常规限流法的逐层压裂与投球压裂技术，即采用机械填砂封堵法与投球封堵法结合的分层压裂法，由煤层埋深较深层位向上逐一压裂。

多层叠置独立含气系统分层压裂之前，首先要对目的煤层进行压裂分段：由于各含气系统分界均处于三级层序格架中的最大海泛面，以粒度较细的粉砂岩为主，岩性致密，力学性能以及封闭性能较强，可以有效地预防水力压裂窜层现象的发生，并且各含气系统具有独立的流体压力系统，可以将各含气系统作为单独的一级压裂段进行压裂。同时，各压裂段内如果煤层厚度<0.5m，隔层厚度大于10m，煤层组合大于4层，跨度大于20m，应单独作为一个压裂段压裂或者舍去不进行压裂。其次，对目的煤层进行射孔：依据各含气系统以及系统内各煤层段单独排采时的产能模拟结果，对需要射孔的煤层进行重新划分，保留系统内产气量较高，产能贡献较大的煤层，避开产气量较低，产能贡献较小甚至无开采价值的煤层，具体压裂段划分如图 7-1 所示。射孔参数一般枪、弹型为 102 枪、127弹，采用多相位角射孔，相位角一般为 60°，孔密 16 孔/m。而当压裂层段存在虚拟储层段时，由于虚拟储层段力学性能较强，为了使虚拟储层段压裂后能够较好的沟通相邻煤层段，虚拟储层段孔密为 32 孔/m；同时有效减小射孔层厚度，这

样不但能够增加裂缝的水平向的延伸长度,而且在垂向上同样能够控制裂缝高度,提高储层压裂改造效果。

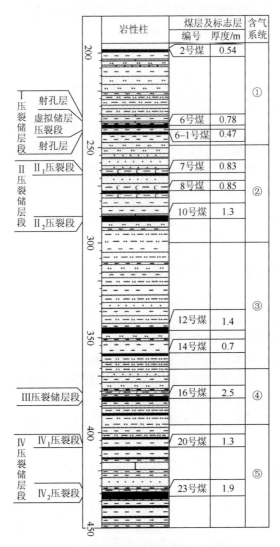

图 7-1　多层叠置独立含气系统压裂段划分

　　多层叠置独立含气系统煤岩与其顶底板岩石力学性质存在明显的差异,大部分煤层顶底板岩石抗拉强度和弹性模量均达到了煤层的 5 倍以上,水力压裂裂缝能够较好地被控制在煤层中延伸。以 Z2 井为例,其中适合排采的煤层主要包括 6 号煤、7 号煤、8 号煤、10 号煤、16 号煤、20 号煤、23 号煤。各煤层顶板抗拉强度均达到煤层的 7～49 倍,平均为 15 倍,顶板弹性模量达到煤层的 7～47 倍,平均为 17 倍；而底板抗拉强度达到煤层的 7～93 倍，平均为 25 倍，底板弹性模量达到煤层的 8～93 倍，平均为 27 倍。由于各煤层底板力学性质整体强于顶板，对各煤层射孔时需尽量靠近底板，以控制裂缝的垂向延伸。同时，为保证水力压裂效果，应对原生结构煤发育的煤层或同一煤层原生结构煤发育较好的层位射孔，而对煤体结构极不完整的层位规避射孔。

在多煤层区水力压裂施工参数方面，研究区最小水平主应力与煤层埋深之间具有较好的线性关系，各含气系统内煤层抗拉强度均较小，破裂压力主要受最小水平主应力的影响。因此，在假设各系统内均以原生结构煤为主的条件下，埋深较深的含气系统，由于最小水平主应力较大，系统内各煤层破裂压力大，在最大泵压的限制范围内，水力压裂时应适当加大压裂规模，当前置液量达到注入液总量的 40% 时，压裂效果最佳；随着含气系统埋深的减小，系统内各煤层破裂压力降低，在保证各煤层顺利破裂的前提下，应适当减小压裂规模。注入液量的降低不仅可以降低压裂液对各煤层的储层伤害，而且防止了各煤层多裂缝的产生，降低了煤层滤失系数。在砂比选择上，宜采用低砂比逐级递增的加砂程序。低砂比支撑剂可以堵塞一部分裂缝，降低压裂液滤失，同时能保证支撑剂运移距离较长，使离井筒较远的裂缝得到支撑；随着砂比浓度的增加，支撑剂又会在离井筒较近的地方堆积，实现了支撑裂缝较长，同时在近井地带支撑缝较宽的效果。多层叠置独立含气系统的具体压裂参数设计见表 7-1。

表 7-1　多层叠置独立含气系统压裂参数

压裂段	射孔煤层	射孔井段/m	射孔厚度/m	射孔数	前置液量/m³	携砂液量/m³	砂比
I	6#	240.4～241.1	0.7	11	38	57	
	虚拟储层段	241.1～242.1	1	32			
	6-1#	242.1～242.5	0.4	6			
II₁	7#	262.4～263.2	0.8	13	15	22	2%～7%～9%～9%～11%～10%
II₂	10#	287.0～288.0	1	16	20	30	
III	16#	381.4～382.4	2	32	44	66	
IV₁	20#	407.6～408.7	1.1	18	25	62	
IV₂	23#	431.7～433.2	1.5	24	34	51	

二、多层统一含气系统单井高效压裂模式

多层统一含气系统也具有煤层层数较多，累计厚度大，煤分层厚度较薄的特

点，进行煤层气井多层水力压裂时应采用分层分段填砂封堵水力压裂技术。由于煤层层间距差异较大，压裂时需结合常规限流法的逐层压裂与投球压裂技术，即采用机械填砂封堵法与投球封堵法结合的分层压裂法，由煤层埋深较深层位向上逐一压裂。

对于多层统一含气系统，由于系统内三级层序封闭层即海侵体系域的含砂率与灰岩率较高，封闭性能最弱，容易导致水力压裂窜层现象的发生，并且系统内具有统一的流体压力系统。以煤层层间跨度 100m 为界划分煤层段，将各煤层段作为单独的一级压裂段进行压裂。当各煤层段内煤层间距小并且多成组出现时，宜采用投球法分层压裂，可以使得厚度<0.5m 的煤层得到有效储层改造。而隔层厚度大于 10m，煤层组合大于 4 层，跨度大于 20m，应单独作为一个压裂段压裂或者舍去不进行压裂。其次，对目的煤层进行射孔：依据各煤层段以及煤层段内各煤层单独排采时的产能模拟结果，对需要射孔的煤层进行重新划分，保留煤层段内产气量较高，产能贡献较大的煤层，避开产气量较低，产能贡献较小甚至无开采价值的煤层，具体压裂段划分见图 7-2。

(a) ①煤层段　　　　　　　　　　　　　(b) ②煤层段

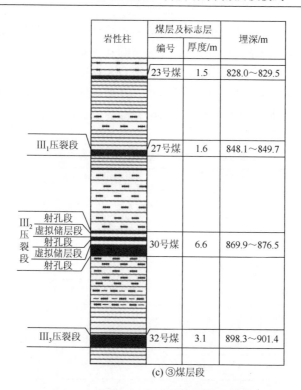

(c) ③煤层段

图7-2　多层统一含气系统压裂段划分

多层统一含气系统煤岩与其顶底板岩石力学性质差异明显，大部分煤层顶底板岩石抗拉强度和弹性模量也均达到了煤层的 5 倍以上。以 Z6 井为例，其中适合排采的煤层主要包括 3-1 号煤、5 号煤、5-2 号煤、6 号煤、7 号煤、10 号煤、12 号煤、27 号煤、30 号煤、32 号煤。其中 3-1 号煤与 6 号煤顶板抗拉强度均达到煤层的 4.9 倍和 6.3 倍，平均为 5.6 倍，顶板弹性模量分别达到煤层的 4.2 倍和 6.3 倍，平均为 5.3 倍；而底板抗拉强度分别达到煤层的 5.2 倍和 16.3 倍，平均为 10.8 倍；底板弹性模量分别达到煤层的 5.0 倍和 15.4 倍，平均为 10.2 倍。由于各煤层底板力学性质整体强于顶板，对各煤层射孔时需尽量靠近底板，以控制裂缝的垂向延伸。多层统一含气系统中，煤体结构总体随着煤层层位的降低，逐渐趋于破碎，压裂时应对原生结构煤发育的煤层或同一煤层原生结构煤发育较好的层位射孔，而对煤体结构极不完整的层位规避射孔。

在统一含气系统水力压裂施工参数方面，各煤层段煤层抗拉强度均较小，而破裂压力主要受最小水平主应力的影响。因此，在假设各煤层段内均以原生结构煤为主的条件下，埋深较深的煤层段，由于最小水平主应力较大，煤层段内各煤层破裂压力大，在最大泵压的限制范围内，水力压裂时应适当加大压裂规模，当前置液量达到注入液总量的 40%时，压裂效果最佳。随着煤层段埋深的减小，煤层段内各煤层破裂压力降低，在保证各煤层顺利破裂的前提下，应适当减小压裂规模。注入液量的降低不仅可以降低压裂液对各煤层的储层伤害，而且防止了各煤层多裂缝的产生，降低了煤层滤失系数。在砂比选择上，采用低砂比逐级递增的加砂程序。多层统一含气系统的具体压裂参数设计见表 7-2。

表 7-2　多层统一含气系统的压裂参数

压裂段	射孔煤层	射孔井段/m	射孔厚度/m	射孔数	前置液量/m³	携砂液量/m³	砂比
I₁	3-1#	642.3～643.3	1	16	36	54	
	5#	653.3～654.1	0.8	13			
I₂	5-2#	662.3～663.1	0.8	13	16	24	
I₃	6#	682.0～686.8	4.8	77	96	144	
II₁	7#	719.1～719.7	0.6	10	13	20	
II₂	10#	791.9～792.4	0.5	8	26	40	2%～7%～9%～9%～11%～10%
	12#	796.5～797.1	0.6	10			
III₁	27#	848.2～849.6	1.4	22	35	53	
III₂	30#	869.9～870.6	0.7	11	122	183	
	虚拟储层段	870.6～871.6	1	32			
	30#	871.6～872.4	0.8	13			
	虚拟储层段	872.4～873.5	1.1	35			
	30#	873.8～876.3	2.5	40			
III₃	32#	898.6～901.1	2.5	40	62	93	

第二节　多煤层区单井递进有序排采模式

一、不同含气系统递进有序排采模式

以 Z2 井为例，依据各含气系统以及系统内煤分层产能贡献，对适合排采的各含气系统进行了重新划分，采用数值模拟软件 COMET3 对 6 号煤层、7～10 号煤层、16 号煤层、20～23 号煤层 4 个独立含气系统（由上到下依次定义为

①、②、④、⑤号系统）进行了合层递进排采产能模拟。井间距选用 300m×300m，模拟时间 10 年。

（一）各系统合层排采方案模拟

方案一：双系统合排，共包括三种组合，即①号系统与②号系统、②号系统与④号系统、④号系统与⑤号系统。模拟结果显示，①号系统与②号系统合采产气量较低，产气高峰来临较早，最高产气量仅为 1599.3m³/d，平均日产气量在 600m³ 左右，日产气量大于 1000m³/d 的时间仅维持了一年左右（图 7-3），合排10 年后累计产气量达 215.95×10⁴m³，单井综合采收率达到 46.1%。②号系统与④号系统合采产气量较高，产气高峰来临较晚，最高产气量达到 2124m³/d，平均日产气量在 800m³ 左右，日产气量大于 1000m³/d 的时间持续了三年左右（图 7-4），合排 10 年后累计产气量 296.50×10⁴m³，单井综合采收率达到 41.11%。④号系统与⑤号系统合采产气量最高，产气高峰来临最晚，最高产气量达到 3499m³/d，平均日产气量在 1300m³ 左右，日产气量大于 1000m³/d 的时间持续了大约五年半（图 7-5），合排 10 年后累计产气量 475.60×10⁴m³，单井综合采收率达到 55.59%。总体而言，④号与⑤号双系统合排累计产气量以及采收率均最大，产能效果最好。虽然双系统合排日产气量大于各系统单排时日产气量，但累计产气量却低于两系统单排累计产气量之和，并且采收率均低于两个含气系统单排时的采收率，说明双系统合排时必然受到了系统间干扰的影响，导致累计产气量以及采收率降低。

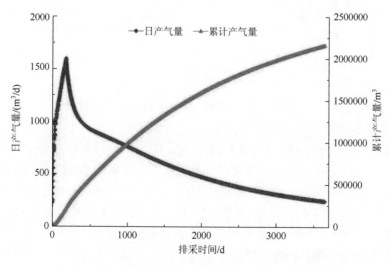

图 7-3　Z2 井①号系统与②号系统合排 10 年产气量曲线

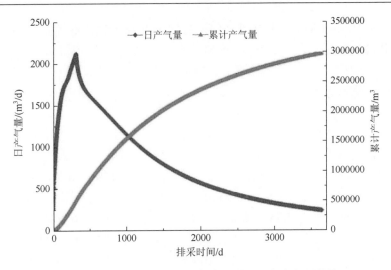

图 7-4 Z2 井②号系统与④号系统合排 10 年产气量曲线

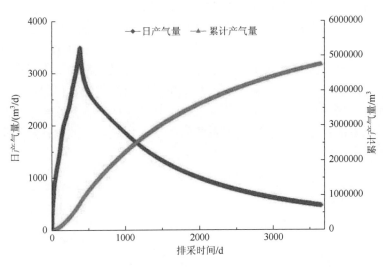

图 7-5 Z2 井④号系统与⑤号系统合排 10 年产气量曲线

方案二：三系统合排，共包括两种组合，即①～④号系统、②～⑤号系统。模拟结果显示，①～④号系统合采产气量较低，产气高峰来临较早，最高产气量为 2011.2m³/d，平均日产气量在 800m³ 左右，日产气量大于 1000m³/d 的时间维持了 1200 天左右（图 7-6），合排 10 年后累计产气量达 304.29×10⁴m³，单井综合采收率仅达到 35.40%。②～⑤号系统合采产能效果也不理想，产气量不高，产气高峰比前三个系统合排来临晚，最高产气量 2630.5m³/d，平均日产气量在 920m³ 左右，日产气量大于 1000m³/d 的时间持续了 1350 天左右（图 7-7），合排 10 年后累

计产气量 $338.27 \times 10^4 \mathrm{m}^3$，单井综合采收率仅达到 28.48%。

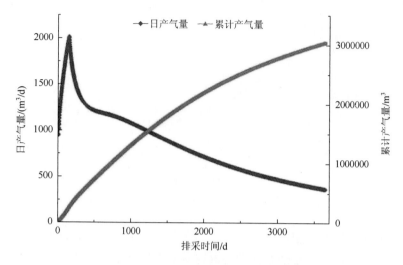

图 7-6　Z2 井①～④号系统合排 10 年产气量曲线

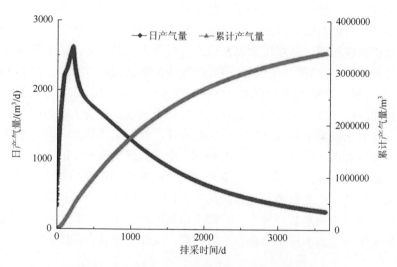

图 7-7　Z2 井②～⑤号系统合排 10 年产气量曲线

　　方案三：四系统同时排采，即①～⑤号系统合排。虽然①～⑤号系统合采层位最多，煤层气资源潜力最大，但合采产气量较低，最高产气量仅达到 2655m³/d，平均日产气量在 1000m³ 左右，日产气量大于 1000m³/d 的时间维持了 1500 天左右（图 7-8），合排 10 年后累计产气量 365.83 万 m³，单井综合采收率仅达到 25.87%。

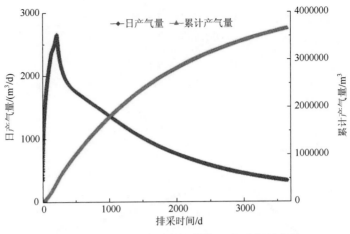

图 7-8　Z2 井①~⑤号系统合排 10 年产气量曲线

　　基于上述产能的预测结果（表 7-3），Z2 井多系统合排产能效果优于单系统分采，无论是最高产气量还是累计产气量均高于单系统分采，且随着合排系统的增加，产气量逐渐增加。虽然多系统合排提高了单井产气量，但受系统间干扰的影响，其单井采收率低于单系统分采，且随着合排系统的增加，单井采收率逐渐降低，说明随着合排系统的增加，系统间层间干扰程度加剧。例如，④号系统与⑤号系统储层物性相似，储层压力以及临界解吸压力相差不大，二者合排时系统间层间干扰程度较小，产能效果较好，最高产气量 3499m³/d，平均日产气量 1303m³/d，合排 10 年后累计产量 475×10⁴m³，单井综合采收率 55.6%；而②号系统由于煤层埋深、煤储层物性以及储层压力等参数与后两个系统差异较大，与④号系统、⑤号系统合排时系统间干扰程度增强，影响合排产能效果。从②~⑤号系统四系统合排结果可以看出，最高产气量 2630m³/d，平均日产气量 927m³/d，合排 10 年后累计产量仅 338×10⁴m³，单井综合采收率仅 28.5%，均不及后两个系统合排时的产能效果。因此，在进行多系统合层排采时，应依据各含气系统储层物性以及能量特征，制定适当的系统合排方案，减少系统间相互干扰，提高单井产气量。否则，排采系统的增加不仅不会提高单井产能，反而会使其大幅度降低。

表 7-3　Z2 井各系统分排与合排产能效果对比

排采系统	单系统分采				多系统合排					
	①	②	④	⑤	①+②	②+④	④+⑤	①~④	②~⑤	①~⑤
最高产气量/m³	782	1002	2076	1484	1599	2124	3499	2011	2630	2655
平均日产气量/m³	251	454	1136	768	590	812	1303	833	927	1002
10 年累计产气量/×10⁴m³	92	165	415	281	216	296	475	304	338	366
采收率/%	66.4	50.0	89.4	57.4	46.1	41.1	55.6	35.4	28.5	25.9

（二）多层叠置独立含气系统递进排采方案模拟

为了最大限度利用各系统地层能量，降低负向系统间干扰，提高单井产气量和采收率，依据各系统内煤储层压力及临界解吸压力大小，设计了 4 个含气系统的递进开发方案（表 7-4、图 7-9）。研究认为，煤层气井产气压力约为临界解吸压力的 1.2 倍（梁文庆，2013）。在此依据各系统储层压力数据，设计压力最高的④号系统与⑤号系统优先进行排采，④号系统产气压力预计为 2.23MPa。第一阶段，由于④号系统与⑤号系统平均储层压力相等，优先联合开采④号系统与⑤号系统，排采 740 天左右，储层压力降低至 2.11MPa，④号系统已开始产气，同时达到②号系统的平均储层压力，打开②号系统进行排采；第二阶段，同时排采②④⑤三个含气系统，排水降压 180 天，储层压力降至为 1.92MPa，此时达到①号系统的平均储层压力，打开①号系统进行排采；第三阶段，同时排采①②④⑤四

表 7-4　Z2 井不同含气系统实测储层参数对比表

含气系统	系统编号	累计煤厚/m	渗透率/mD	含气量/(m³/t)	平均储层压力/MPa	临界解吸压力/MPa	开发顺序
6 号煤	①	1.1	0.357	13.69	1.92	1.44	3
7～10 号煤	②	3.0	0.259	9.70	2.11	1.20	2
16 号煤	④	2.5	1.224	16.15	2.95	1.86	1
20～23 号煤	⑤	3.2	0.493	13.30	2.95	1.52	1

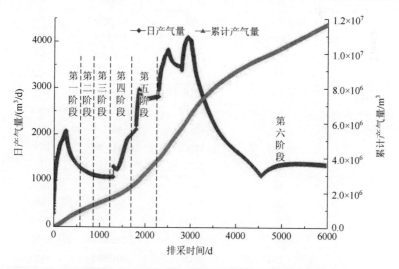

图 7-9　Z2 井各含气系统递进开发产能模拟图

个含气系统，继续排采 380 天，储层压力降至为 1.82MPa（⑤号系统煤储层临界解吸压力为 1.52MPa，产气压力预计为 1.82MPa），此时⑤号含气系统煤层气开始解吸；第四阶段，继续排采 500 天，储层压力降至为 1.72MPa（①号系统煤储层临界解吸压力为 1.44MPa，产气压力预计为 1.72MPa），此时①号含气系统煤层气开始解吸；第五阶段，继续排采 500 天，储层压力降至为 1.17MPa（②号系统煤储层临界解吸压力为 0.98MPa，产气压力预计为 1.17MPa），此时②号含气系统煤层气开始解吸；第六阶段，此时 4 个含气系统均已产气，继续排采 3700 天（约 10 年），4 个含气系统已累计排采 6000 天，储层压力未降到枯竭压力 0.7MPa。

对 Z2 井各含气系统采用递进排采进行了 6000 天的产能预测，模拟结果表明，Z2 井日产气量介于 294~4110m³/d，平均日产气量为 1952m³/d，6000 天排采的累计产气量达 $1.17 \times 10^7 m^3$，单井综合采收率达到 69.04%（表 7-5）。

表 7-5   Z2 井各含气系统递进开发产量预测表

排采阶段	排采系统	排采天数/100d	平均日产气量/(m³/d)	累计产气量/m³	储层压力/kPa	采收率/%
第一阶段	④+⑤号系统（④号系统产气）	1	1238	96740	2830	0.57
		2	1797	235770	2730	1.39
		3	1961	386620	2610	2.28
		4	1609	510425	2480	3.01
		5	1416	619417	2230	3.65
		6	1304	719769	2200	4.24
		7	1228	814240	2170	4.80
第二阶段	②+④+⑤号系统	8	1173	904506	2120	5.33
		9	1133	991707	1940	5.84
第三阶段	①+②+④+⑤号系统	10	1107	1076890	1900	6.35
		11	1092	1160958	1870	6.84
		12	1087	1244599	1840	7.34
		13	1090	1329380	1820	7.84
第四阶段	⑤号系统产气	14	1271	1426183	1800	8.41
		15	1401	1533953	1780	9.04
		16	1731	1667177	1750	9.83
		17	1956	1817691	1730	10.72
		18	2063	1976385	1720	11.65
第五阶段	①号系统产气	19	2743	2187277	1665	12.90
		20	2794	2402267	1605	14.16
		21	2777	2614905	1555	15.42
		22	2796	2829989	1500	16.69
		23	2815	3046578	1440	17.96

续表

排采阶段	排采系统	排采天数/100d	平均日产气量/(m³/d)	累计产气量/m³	储层压力/kPa	采收率/%
		24	3374	4298050	1390	25.34
		25	3370	4670568	1330	27.53
		26	3686	5036740	1280	29.69
		27	3534	5390200	1225	31.77
		28	3487	5738906	1170	33.83
		29	3827	6121134	1150	36.08
		30	4079	6529070	1140	38.49
		31	3733	6899421	1135	40.67
		32	3208	7220212	1130	42.56
		33	2894	7509679	1120	44.27
		34	2627	7772394	1110	45.81
		35	2392	8011623	1100	47.23
		36	2197	8231313	1090	48.52
		37	2037	8435044	1085	49.72
		38	1906	8625664	1070	50.85
		39	1798	8805476	1070	51.91
		40	1706	8976158	1020	52.91
		41	1624	9138574	1010	53.87
第六阶段	②号系统产气	42	1542	9292847	1010	54.78
		43	1455	9438439	1000	55.64
		44	1359	9574401	980	56.44
		45	1251	9699536	975	57.18
		46	1153	9814889	975	57.86
		47	1212	9936176	960	58.57
		48	1280	10064204	950	59.32
		49	1325	10196737	940	60.11
		50	1354	10332194	930	60.91
		51	1372	10469395	920	61.72
		52	1381	10607588	915	62.53
		53	1387	10746291	900	63.35
		54	1388	10885154	890	64.16
		55	1388	11023952	885	64.98
		56	1386	11162546	885	65.80
		57	1382	11300758	880	66.62
		58	1376	11438443	870	67.43
		59	1370	11575502	860	68.23
		60	1363	11711543	850	69.04

第一阶段，排采大约 360 天出现了第一次产气高峰，最大日产气量 2078m³/d，随后日产气量持续下降，但仍然保持在 1000m³/d 以上。随着排采不断进行，储层压力不断降低，在第 740 天和 920 天时，储层压力分别降至②号系统和①号系统的储层压力水平，此时分别打开②号系统和①号系统进行同时排采，由于储层压力均未降到①②⑤三个系统的产气压力，因此，在排采进入第二阶段与第三阶段时，日产气量没有发生明显的变化，仍然维持在 1000m³/d 左右。排采到 1300 天时，进入第四阶段，此时储层压力降到⑤号系统的产气压力，⑤号系统开始产气，产气量迅速上升，日产气量 1271～2063m³/d，平均 1684m³/d。排采进行到 1800 天时，进入第五阶段，此时储层压力降到①号系统的产气压力，①号系统开始产气，刚进入此阶段时仅 70 天产气量便迅速上升到 2985m³/d，随后日产气量稳定于 2800m³/d 左右进行缓慢上升。第六阶段，此时储层压力降到②号系统的产气压力，②号系统开始产气，排采进行了大约 200 天，产气量达到了第一个产气高峰，其产气量为 3686m³/d，随后日产气量缓慢下降；继续排采到 2941 天时，产气量达到第二个产气高峰，日产气量达到 4110m³/d；随后产气量逐渐下降，最终日产气量稳定于 1370m³/d。该阶段由于 4 个系统都开始产气，产气量相对较高，并且排采时间较长，对 Z2 井整个排采产能贡献最高。

综上所述，Z2 井递进有序排采方案（第二套方案）的产能效果优于 4 个系统同时排采（第一套方案）。其平均产气量 2367m³/d，较合排提高了 112%；累计产气量 $1.09 \times 10^7 m^3$，较合排提高了 213%；单井综合采收率 64.47%，较合排提高了 123%，说明多系统递进排采能有效降低层间干扰，充分发挥每个含气系统产气潜力，提高单井产气量及采收率，是实现多煤层区单井高效排采的最佳途径。

（三）多层叠置独立含气系统递进排采模式

多层叠置独立含气系统具有煤层层数较多，煤分层厚度较薄等特点。由于各含气系统的分界面均为三级层序格架中的最大海泛面，以粒度较细的粉砂岩为主，岩性致密，力学性能以及封闭性能较强；且各系统具有独立的流体压力系统，主要体现在各系统内储层压力梯度的不同。因此，首先，依据各煤层储层压力梯度划分不同的含气系统，利用 COMET3 数值模拟软件对各含气系统单独排采进行数值模拟，剔除产能贡献较低并且无开采价值的含气系统或煤分层；其次，根据有利含气系统内储层压力的大小，合理划分各含气系统的排采次序，优先排采储层压力高的系统，当储层压力降到其他某含气系统的平均储层压力时，打开该含气系统进行合排，随着排水降压的不断进行，直到打开最后一个含气系统，此时煤层气井排采进入稳产阶段。而各含气系统进行递进排采时，当储层压力降到某含气系统产气压力时，应控制好井底压力，以利于该含气系统平均储层压力的降低，充分扩大煤层气解吸范围。以 Z2 井为例，该煤层气井依据煤储层压力梯度大小，总共划分 6 个含气系统。通过分析各含气系统单独排采数值模拟结果，剔除产能贡献较低或无开采价值的系统或煤层，包括①号系统的 2 号煤、②号系统的 8 号煤、④号系统的 17 号煤、③号系统以及⑤号系统。然后依据各系统储层压力数据，设计平均储层压力最高的④号系统与⑤号系统优先进行排采，当储层压力降低至 2.11MPa 时，④号系统开始产气，此时应控制好井底压力，防止产气系统受应力敏感性影响，限制该系统煤层气解吸范围；同时打开②号系统进行排采；继续排水降压至 1.92MPa，此时打开①号系统进行排采；随着排水降压的不断进行，直至所有有利系统进入排采阶段，并开始持续产气（图 7-10）。显而易见，多系统递进排采不仅有效降低了系统间干扰，而且能够实现多煤层区煤层气单井的有序高效开发，最大限度地提高单井产气量及采收率。

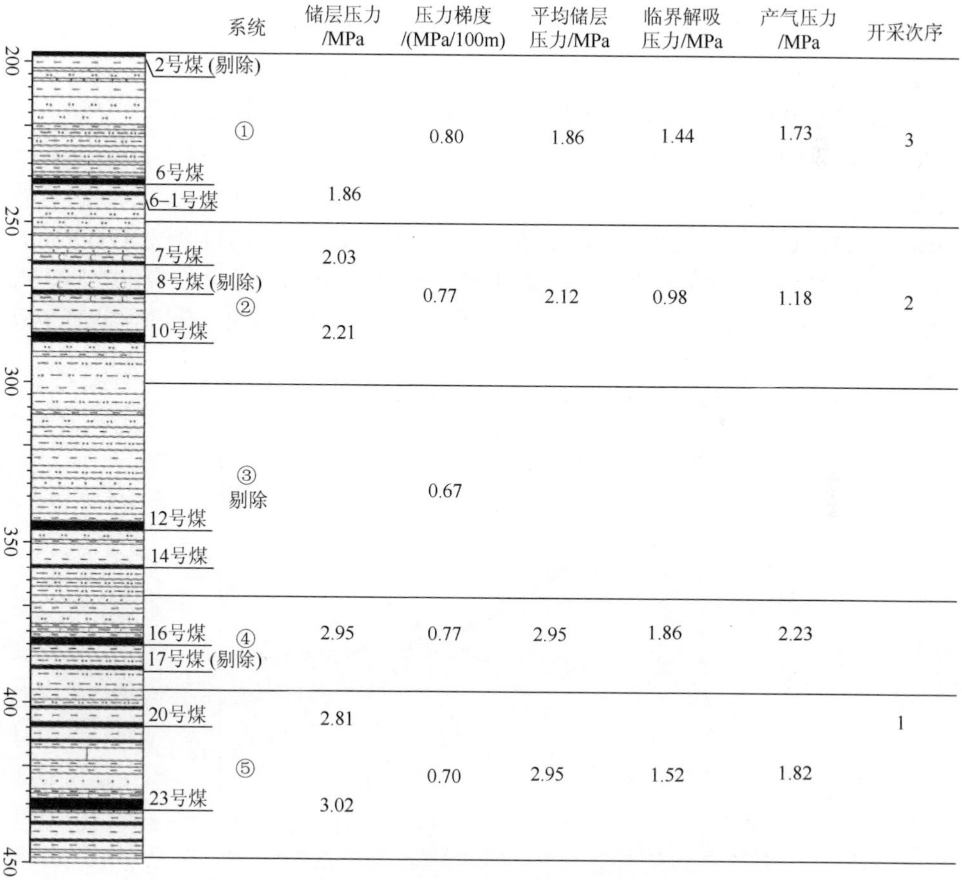

	系统	储层压力/MPa	压力梯度/(MPa/100m)	平均储层压力/MPa	临界解吸压力/MPa	产气压力/MPa	开采次序
2号煤(剔除)							
	①		0.80	1.86	1.44	1.73	3
6号煤							
6-1号煤		1.86					
7号煤		2.03					
8号煤(剔除)	②		0.77	2.12	0.98	1.18	2
10号煤		2.21					
	③剔除		0.67				
12号煤							
14号煤							
16号煤	④	2.95	0.77	2.95	1.86	2.23	
17号煤(剔除)							
20号煤		2.81					1
	⑤		0.70	2.95	1.52	1.82	
23号煤		3.02					

图 7-10　Z2 井各含气系统递进排采模式

二、多层统一含气系统递进有序排采模式

以 Z6 井为例,依据统一含气系统内各煤层段产能贡献特征,对适合排采的各煤层段内有利煤层进行了重新划分,采用数值模拟软件 COMET3 对①煤层段(3-1 号煤、5 号煤、5-2 号煤、6 号煤)、②煤层段(7 号煤、10 号煤、12 号煤)、③煤层段(27 号煤、30 号煤、32 号煤)3 个煤层组进行了合层递进排采产能模拟。井间距选用 300m×300m,模拟时间 10 年。

(一)各煤层段合层排采方案模拟

方案一:单煤层组排采,①煤层段、②煤层段与③煤层段。模拟显示,①煤层段优化后产气量明显提高,初期低产气量阶段时间缩短,日产气量低于 500m³/d 的时间的仅 310 天左右,产气高峰来临时间提前,690 天时达到产气高峰,最高产气量高达 4480m³/d,平均日产气量 2707m³ 左右,排采 10 年后日产气量降为 2330m³/d,累计产气量达 1001×10⁴m³,单井综合采收率 52%(图 7-11)。②煤层段优化后产气量没有明显提高,未经历低产气量阶段,排采初期日产气量便开始不断增大,排采 740 天达到产气高峰,最高产气量 900m³/d,平均日产气量 644m³/d,排采 10 年后日产气量降为 504m³/d,累计产气量 237×10⁴m³,单井综合采收率 32%(图 7-12)。而③煤层段各煤层产气效果较好,并没有进行相应优化,在此不予以分析。

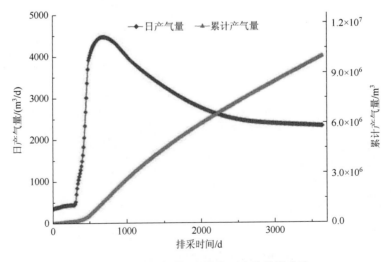

图 7-11　Z6 井①煤层段优化后产能模拟曲线

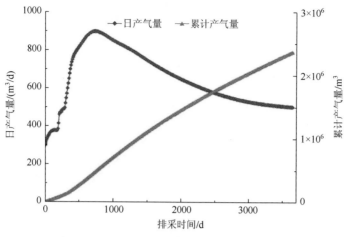

图 7-12　Z6 井②煤层段优化后产能模拟曲线

　　总体而言，优化后的煤层段产能均得到了一定的提升：①煤层段优化后累计产气量提高了 42.6%，单井综合采收率提高了 117%；②煤层段优化后累计产气量提高了 2.2%，单井综合采收率提高了 39%。虽然优化后排采层位减少，煤层气资源量降低，但避开了储层物性较差，产气能力较低的煤层，降低了合排时层间干扰的影响，充分发挥了有利煤层的产气潜力，提高了单井产气量。

　　方案二：两煤层段合排，即①煤层段与②煤层段、②煤层段与③煤层段合排。模拟结果显示，①煤层段与②煤层段合采产气量较高，但排采初期产气量较低，日产气量低于 550m³/d 的时间维持了 420 天左右，产气高峰来临较晚，峰值较高，最高产气量为 4586m³/d，平均日产气量 2654m³ 左右，合排 10 年后日产气量降为 2310m³/d，累计产气量达 982×10⁴m³，单井综合采收率达到 37.0%（图 7-13）。

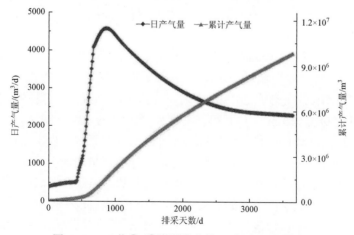

图 7-13　Z6 井①+②煤层段合排 10 年产气量曲线

②煤层段与③煤层段合采产气量较低，排采初期经历的低产气量阶段时间较长，日产气量低于 550m³/d 的时间维持了 650 天左右，产气高峰来临较晚，最高产气量 3370m³/d，平均日产气量 1864m³ 左右，合排 10 年后日产气量降为 1626m³/d，累计产气量 690×10⁴m³，单井综合采收率达到 30.9%（图 7-14）。

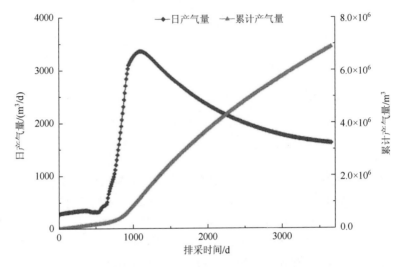

图 7-14　Z6 井②+③煤层段合排 10 年产气量曲线

　　总体而言，①煤层段与②煤层段合排产能效果较好，虽然日产气量大于各系统单排时日产气量，但累计产气量却低于两煤层组单排累计产气量之和，并且采收率介于两个煤层组单排时的采收率之间；而②煤层段与③煤层段合排产能效果较差。说明统一含气系统即使具有统一的储层压力系统，但由于各煤层层间距以及储层物性存在差异，合排时也会引起层间干扰，最终导致合排累计产气量以及采收率降低。

　　方案三：三个煤层组同时排采，即①～③煤层组合排。虽然①～③煤层组合采层位最多，煤层气资源潜力最大，但合采产气量并不是很高，最高产气量 4706m³/d，平均日产气量在 2673m³ 左右，合排 10 年后日产气量降为 2314m³/d，累计产气量达 988×10⁴m³，单井综合采收率仅达到 23.72%（图 7-15）。

　　基于上述产能模拟结果（表 7-6），Z6 井统一含气系统多煤层段合排产能效果差于单煤层组分采，无论是平均产气量还是累计产气量均低于单煤层组分采。但是，随着合排煤层段的增加，产气量有增加的趋势，虽然合排煤层段的增加提高了单井产气量，但受层间干扰的影响加剧，导致多煤层段合排单井采收率降低。例如，①煤层段与②煤层段虽然处于同一压力系统，但两煤层段层间距较大，储层压力以及临界解吸压力差异明显，两煤层段合排时层间干扰程度较大，产气量

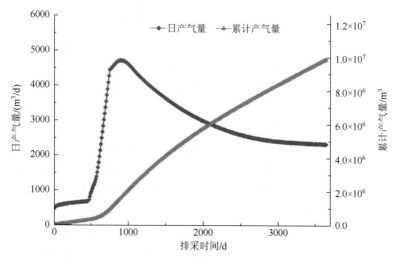

图 7-15　Z6 井①+②+③煤层段合排 10 年产气量曲线

表 7-6　Z6 井各煤层组分排与合排产能效果对比

排采煤层组	单煤层组分采			多煤层组合排		
	①	②	③	①+②	②+③	①+②+③
最高产气量/m³	4479	900	4376	4586	3370	4706
平均日产气量/m³	2707	644	1892	2655	1864	2673
10 年累计产气量/×10⁴m³	1001	237	700	982	689	988
采收率/%	51.9	32.6	46.5	37.0	30.9	23.8

并未得到提高，平均日产气量 2655m³/d，合排 10 年后累计产量仅 982×10⁴m³，单井综合采收率 37.0%，较①煤层段单采时有所降低；而③煤层段由于煤层埋深、煤储层物性以及储层压力等参数方面与前两个煤层段差异较大，与①煤层段、②煤层段合排时将会进一步加剧层间干扰程度，影响合排时的产能效果。从①②③煤层段合排产能模拟结果可以看出，平均日产气量 2673m³/d，合排 10 年后累计产量 988×10⁴m³，单井综合采收率仅 23.8%。与①②煤层段合排时相比，③煤层段的加入对单井产气量没有任何有利影响。因此，在进行统一含气系统多煤层合层排采时，应依据各煤层段储层物性以及能量特征，制定适当的分段递进排采方案，以减少煤层段间相互干扰，提高单井产气量，否则，排采层段的增加不仅不会提高单井产能效果，反而使其大幅度降低。

（二）多层统一含气系统递进排采方案模拟

为了最大限度利用各煤层段的地层能量，降低层间干扰的影响，提高单井产气量和采收率，依据各煤层段内煤储层压力及临界解吸压力大小，对上述三个煤层段采用递进开发方案（表 7-7、图 7-16）。设计储层压力最高的③煤层段优先进行排采（产气压力预计为 2.06MPa）。第一阶段，单独排采③煤层段，排采 178 天左右，储层压力降低至 4.54MPa，此时正好达到②煤层段的平均储层压力，打开②煤层段进行排采；第二阶段，同时排采②③两个煤层段，继续排水降压 183 天，储层压力降至 3.90MPa，此时达到①煤层段的平均储层压力，打开①煤层段进行排采；第三阶段，同时排采①②③三个煤层段，排水降压到 400 天时，储层压力降至 2.06MPa，此时③煤层段煤层气开始解吸产气；第四阶段，继续排水降压至 1000 天，储层压力降至 1.86MPa（②煤层段煤储层临界解吸压力为 1.55MPa，产气压力预计为 1.76MPa），此时②煤层段煤层气开始解吸；第五阶段，继续排采 900 天，储层压力降至为 1.58MPa（①煤层段煤储层临界解吸压力为 1.32MPa，产气压力预计为 1.58MPa），此时①煤层段煤层气开始解吸；第六阶段，此时三个煤层段煤层均已开始产气，继续排采 3300 天（约 9 年左右），三个煤层段已累计合排 6000 天，储层压力未降到枯竭压力 0.7MPa。

表 7-7　Z6 井不同煤层段实测储层参数对比表

煤层段	编号	累计煤厚/m	渗透率/mD	含气量/（m³/t）	平均储层压力/MPa	临界解吸压力/MPa	开发顺序
3-1～6 号煤	①	11.4	0.332	12.83	3.90	1.32	3
7～12 号煤	②	1.7	0.464	7.79	4.54	1.55	2
27～32 号煤	③	9.2	0.267	15.63	5.15	1.72	1

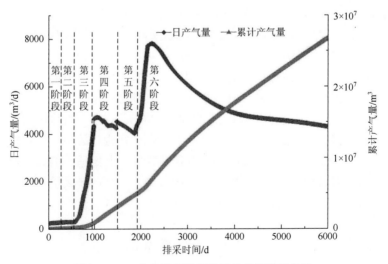

图 7-16　Z6 井各煤层段递进开发产能模拟曲线

对 Z6 井各煤层段采用递进排采进行了 6000 天的产能预测，模拟结果表明，Z6 井日产气量介于 240～7812m³/d，平均日产气量为 4464m³/d，6000 天排采的累计产气量达 2.68×10^7m³，单井综合采收率达到 52.04%（表 7-8）。

表 7-8　Z6 井各煤层段递进开发产量预测表

排采阶段	排采层段	排采天数/100d	平均日产气量/（m³/d）	累计产气量/m³	储层压力/kPa	采收率/%
第一阶段	③煤层段	1	257	25925	4800	0.05
		2	272	53147	4400	0.10
第二阶段	②+③煤层段	3	288	81973	4050	0.16
		4	302	112198	3850	0.22
第三阶段	①+②+③煤层段	5	309	143165	3425	0.28
		6	313	174529	3000	0.34
		7	531	227662	2500	0.44
		8	1284	356081	2100	0.69
第四阶段	③煤层段产气	9	2280	584147	2060	1.13
		10	3809	964284	2020	1.87
		11	4702	1434493	1980	2.79
		12	4607	1895207	1940	3.68
		13	4441	2339318	1860	4.54
		14	4368	2776167	1780	5.39
		15	4378	3213267	1740	6.24
第五阶段	②煤层段产气	16	4439	3657226	1710	7.10
		17	4325	4089795	1680	7.94
		18	4189	4508730	1650	8.76
		19	4098	4918541	1610	9.55
第六阶段	①煤层段产气	20	4540	5372543	1570	10.44
		21	5892	5961791	1530	11.58
		22	7586	6720444	1490	13.05
		23	7792	7499646	1440	14.56
		24	7646	8264238	1395	16.05
		25	7395	9003765	1360	17.49
		26	7082	9712045	1330	18.86
		27	6795	10391604	1290	20.18
		28	6558	11047418	1255	21.46
		29	6352	11682603	1220	22.69
		30	6162	12298796	1190	23.89
		31	5983	12897120	1160	25.05
		32	5816	13478781	1130	26.18
		33	5662	14045005	1105	27.28
		34	5519	14596923	1080	28.35

续表

排采阶段	排采层段	排采天数/100d	平均日产气量/ (m³/d)	累计产气量 /m³	储层压力 /kPa	采收率/%
		35	5387	15135636	1065	29.40
		36	5266	15662269	1050	30.42
		37	5157	16178045	1035	31.42
		38	5060	16684143	1020	32.41
		39	4975	17181684	1005	33.37
		40	4901	17671823	995	34.33
		41	4838	18155697	985	35.27
		42	4786	18634376	980	36.20
		43	4744	19108818	975	37.12
		44	4709	19579799	970	38.03
		45	4681	20047905	970	38.94
		46	4656	20513533	965	39.85
第六阶段	①煤层段产气	47	4634	20976948	955	40.75
		48	4613	21438301	940	41.64
		49	4593	21897605	930	42.53
		50	4573	22354987	920	43.42
		51	4554	22810429	915	44.31
		52	4533	23263751	905	45.19
		53	4510	23714769	900	46.06
		54	4485	24163324	895	46.94
		55	4459	24609236	890	47.80
		56	4431	25052328	885	48.66
		57	4401	25492437	880	49.52
		58	4370	25929422	870	50.37
		59	4337	26363167	865	51.21
		60	4304	26792766	855	52.04

　　第一阶段，单独排采③煤层段，大约 178 天储层压力降低至 4.54MPa，达到②煤层段储层压力。该阶段由于储层压力较高，未达到各煤层临界解吸压力，日产气量较低，最大日产气量仅为 274m³/d。随着排采的不断进行，在第 361 天时，储层压力降至①煤层段的储层压力，此时打开①煤层段进行合排，由于储层压力均未降到三个煤层段的产气压力，因此，在第二阶段日产气量没有明显变化，仍然维持在 300m³/d 左右。第三阶段排采到 585 天时，产气量开始上升，此阶段日产气量介于 303～1714m³/d，平均 708m³/d。排采到 900 天时，进入第四阶段，此时储层压力降到③煤层段的产气压力，③煤层段开始产气，产气量迅速上升，排采仅 163 天后，日产气量高达 4714m³/d，随后产气量缓慢降低。

排采到 1500 天时，进入第五阶段，由于②煤层段单独排采时产气量较低，此阶段日产气量没有太大变化，仍然逐渐降低，产气量介于 4292~4380m³/d，平均 4205m³/d。第六阶段，此阶段储层压力降到①煤层段的产气压力，①煤层段开始产气，产气量迅速增加，排采了约 350 天，产气量达到了整个排采过程中的最高值 7812m³/d，之后开始不断降低，最终降低至 4287m³/d。该阶段由于三个煤层段都开始产气，产气量相对最高，并且排采时间较长，对 Z6 井整个排采产能贡献最高。

综上所述，Z6 井多煤层段递进排采（第二套方案）的产能效果优于三个煤层段同时排采（第一套方案）的产能效果，平均产气量 4463m³/d，较合排时提高了 67%；累计产气量 2.68×10⁷m³，较合排时提高了 171%；单井综合采收率 52.04%，较合排时提高了 118%。因此，统一含气系统即使具有统一的压力系统，但由于各煤层层间距以及储层物性的差异，合排时必然会导致层间干扰，而多煤层段递进排采可以有效降低层间干扰的影响，充分发挥每个煤层段的产气潜力，提高单井产气量及采收率，是实现多煤层地区单井高效排采的有利途径。

（三）多层统一含气系统递进排采模式

多层统一含气系统具有煤层层数较多，煤分层厚度较薄等特点。由于三级层序封闭层即海侵体系域的含砂率与灰岩率较高，封闭性能最弱，各煤层具有统一的流体压力系统，但垂向上煤层层间跨度较大，导致层间干扰现象的发生。因此，宜采用分段递进排采模式进行开采。首先，以煤层层间跨度 100m 为界划分煤层段，利用 COMET3 数值模拟软件对各煤层段单独排采进行数值模拟，剔除产能贡献较低并且无开采价值的煤层段或煤分层；其次，根据有利煤层段内储层压力的大小，合理划分各煤层段排采次序，优先排采储层压力高的煤层段，当储层压力降到其他某煤层段平均储层压力时，打开该煤层段进行合排，随着排水降压的不断进行，直到打开最后一个煤层段，此时煤层气井排采进入稳产阶段。而各煤层段进行递进排采时，当储层压力降到某煤层段产气压力时，此时应控制好井底压力，以利于该煤层段平均储层压力的降低，充分扩大煤层气解吸范围。

以 Z6 井为例，该煤层气井依据煤层层间跨度，总共可划分三个煤层段。通过分析各煤层段单独排采数值模拟结果，剔除产能贡献较低或无开采价值的煤层，包括①煤层段的 2 号煤、3 号煤、5-1 号煤、5-3 号煤、6-1 号煤、6-2 号煤，②煤层段的 9 号煤、16 号煤、③煤层段的 23 号煤；然后依据各煤层段储层压力数据，设计平均储层压力最高的③煤层段优先进行排采，当储层压力降低至 4.05MPa 时，打开②煤层段进行排采；继续排水降压至 3.90MPa，此时打开①煤层段进行排采；随着排水降压的不断进行，当储层压力降低至某煤层段产气压力时，此时需控制好井底压力，防止产气层段受应力敏感性影响，限制该煤层段煤层气解吸范围（图 7-17）。多层统一含气系统多煤层段递进排采能够有效降低煤层层间干扰，最大限度地提高了单井产气量及采收率。

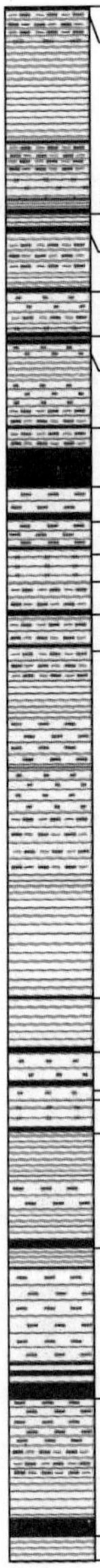

煤层组	储层压力/MPa	压力梯度/(MPa/100m)	平均储层压力/MPa	临界解吸压力/MPa	产气压力/MPa	开采次序
2号煤(剔除)	3.63					
3号煤(剔除)	3.78					
3-1号煤	3.80					
5号煤 ①	3.86					
5-1号煤(剔除)	3.91	0.59	3.97	1.32	1.58	3
5-2号煤	3.91					
5-3号煤(剔除)	3.96					
6号煤	4.02					
6-1号煤(剔除)	4.11					
6-2号煤(剔除)	4.14					
7号煤	4.25					
9号煤(剔除)	4.29					
②		0.59	4.53	1.55	1.86	2
10号煤	4.68					
12号煤	4.71					
16号煤(剔除)	4.78					
23号煤(剔除)						
27号煤	5.01					
③	5.14	0.59	5.15	1.72	2.06	1
30号煤						
32号煤	5.31					

图 7-17　Z6 井各含煤层组递进排采模式

第八章 结 论

本书针对贵州省西部织纳煤田特殊的煤储层特征，以少普井田和文家坝井田为研究对象，综合运用构造地质学、煤层气地质学、岩石力学、渗流力学、弹性力学、数值模拟技术等多个学科的理论与方法，对多层叠置独立含气系统与多层统一含气系统各煤层储层物性特征进行了系统研究，阐明了各系统中煤层气地质特征的层域变化规律以及主要控制因素；结合物理模拟实验和数值模拟方法，合理地优化了多煤层条件下煤层气单井合层压裂方式及工艺参数；在阐明煤层气井排采层间干扰机理的基础上，筛选出了有利排采的含气子系统和煤层段，并厘定了其压裂/排采次序，最终建立了多煤层区煤层气单井有序高效开采模式。主要取得如下成果和认识。

1. 结合区域地质背景以及实验测试结果，以少普井田与文家坝井田为例，对比分析了多层独立、多层统一两种含气系统的含气性特征、孔渗性特征、吸附解吸特征等，查明了区内各煤层储层物性以及能量特征。

文家坝井田为典型的多层统一含气系统发育区。可采煤层煤岩显微组分以镜质组为主，镜质组含量随着层位的降低呈波动式变化。煤岩力学性质方面，各煤层相差不大，顶底板岩性主要以粉砂岩和细砂岩为主。煤储层孔裂隙方面，随着煤层层位的降低，煤层裂隙发育程度逐渐变差，但浅部煤层受矿物填充比较严重。煤层孔隙结构以微孔为主，大中孔发育较差，浅部煤层孔隙连通性比深部煤层好。煤储层含气性方面，随着煤层层位的降低，甲烷浓度呈微弱波动式变化，甲烷含量曲线大致呈线性增加，煤储层兰氏体积呈增加趋势，但兰氏压力则呈现减小趋势，并且浅部煤层启动压力高于深部煤层。煤储层能量方面，煤储层压力与埋深呈正相关关系，各煤层之间相互沟通，具有统一的流体压力系统。

少普井田为典型的多层叠置独立含气系统发育区。可采煤层煤岩显微组分以镜质组为主，镜质组含量随煤层层位的降低呈上升趋势。煤岩力学性质方面，煤层顶底板岩性主要以砂岩和灰岩为主，煤层弹性模量随着镜质组含量的增加而减小，泊松比呈现出与弹性模量相反的变化趋势。煤储层孔裂隙方面，受煤岩组分的影响，各煤层总体裂隙不发育，连通性较差；煤孔隙结构以微孔为主，随着煤层层位的降低，孔隙以开放孔为主逐渐向半封闭孔为主过度。煤储层含气性方面，各煤层氮气异常偏高，煤层甲烷浓度和含气量随着层位的降低均呈波动式变化。煤储层能量方面，各煤层总体上处于欠压状态。其中，煤储层压力非均质性较强，随着埋深的增加，呈现出先增大后降低的变化趋势，转折点大约在 200m 左右，而同一个压力系统内各煤层储层压力与埋深呈正相关关系。

2. 运用相似原理设计了水力压裂物理模拟实验,制作了更贴近储层条件的压裂试件,完善了模拟过程中的裂缝实时监测技术;依据模拟实验,分析了压裂后围岩及煤层中的裂缝形态和裂缝参数的变化规律,揭示了水力压裂裂缝形成的动态特征和机理。

本实验在原有的大尺寸真三轴压裂模拟实验系统基础上增加了声发射接收仪,用于实时监测裂缝延展的过程。在考虑了模拟顶底板的岩性、厚度,模拟试件所处的地应力及顶板存在原始裂缝的情况下,设计了三组对照实验方案,包括试件厚度设计方案、顶底板相似材料配比方案及围压设计方案等。

实验发现,煤岩破裂压力高于其所受的最小主应力,破裂压力与最大水平主应力呈负相关,且水平主应力差越大,破裂压力越小。压裂过程中,如果压裂液压力波动变化大,压裂后其内部裂缝发育程度也更高。压裂时随着施工排量的增加,裂缝的长度、宽度、高度均随之增加,但施工排量过高可能会引起压裂穿层。试件 Z1~Z3 压裂后,其内部煤岩中的垂直裂缝与水平裂缝均有发育,交织成网状,裂隙沟通程度较高。围岩中裂缝多出现在侧面,多为顶板或底板与水泥围岩的交界的弱结合面处,少数出现在模拟顶底板中。

分析认为,裂缝扩展特征与地应力条件、煤岩顶底板岩性特征以及煤岩的性质都有很大的关系,是各因素耦合作用的结果。水力压裂裂缝主要沿最大主应力方向扩展。当主应力差较小时,天然裂隙、节理对水力压裂裂缝的扩展影响较大,起裂角与裂缝延伸方向随机性很大;当主应力差较大时,地应力对裂缝延伸起主要控制作用,它控制着裂缝沿垂直于最小水平主应力方向延伸。顶底板与煤岩的力学性质差异对水力裂缝向煤层顶底板中的延伸具有一定的抑制作用,并且,煤岩杨氏模量越大,越有利于裂缝延伸,泊松比越大,越不利于裂缝延伸。

3. 系统分析了影响多煤层区水力压裂的主要因素,合理优化了多煤层合层水力压裂方式及施工工艺参数,结合数值模拟方法,进一步阐明了水力压裂优化方案的合理性和可行性。

数值模拟结果显示,不同含气系统合层水力压裂时,高流体压力系统储层压裂裂缝受到限制,达不到理想的储层改造效果。而同一含气系统合层水力压裂时,当煤层层间距大于 10m 时,不同煤层压裂裂缝参数逐渐产生差异,并且随着层间距的增大,差异也逐渐明显。因此,多煤层合层压裂时,应避开跨含气系统压裂,将各含气系统划分为一级压裂段,而含气系统内以煤层层间距 10m 为界划分为二级压裂储层段。对厚度较大、分层较多的压裂储层段,有效减少射孔层厚度、降低射孔比例以及适当增加间隔,这有助于增加压裂储层改造效果。地应力及煤体结构方面,最小水平主应力随着煤层埋深的增加而增大,最小水平主应力越大,煤层破裂压力越大。研究区煤体结构随着煤层层位的降低,逐渐趋于破碎,对深部煤层压裂时需避开煤体破碎的煤层。水力压裂施工工艺参数方面,前置液量应为压裂液量的 40%,并且选取粒径较小的支撑剂,采用低砂比逐级增加的加砂程序,以保证裂缝中支撑剂浓度较高,在缝长和缝高上都能得到有效的支撑。

本书以少普井田 Z2 井第二压裂段为例,在压裂段的划分、支撑剂类型、加砂工艺以及注入液量等方面进行了优化,对比分析发现优化后的压裂缝长、缝高、缝宽、铺砂浓度以及压裂液效果较原压裂设计分别提高了 43.69%、44.06%、12.20%、66.98%和 18.95%,不仅能将层间距较近的煤层相互沟通,促进同一含气系统煤层后期排采时能够同步有效的排水降压,而且极大地提高了煤层压裂改造效果。

4. 揭示了多煤层合层排采时层间干扰的主要影响因素,阐明了其相互干扰机理,并进一步分析了层间干扰程度以及合采可行性;依据煤储层产能数值模拟结果,针对多层叠置独立含气系统和多层统一含气系统两种情况,探讨了各系统及各煤层组的产气潜力和产能贡献,筛选出了有利于排采的子系统和煤层段。

利用 COMET3 数模软件对合层排采煤层气井产能进行了模拟,结果发现:渗透率、储层压力梯度、临储压力比、地层供液能力与煤层埋深差对合采产能均有重要影响,而煤厚对合采影响不大。其中渗透率、储层压力梯度、地层供液能力与煤层埋深差影响着储层压降的传播速度,从而影响最终产能,而临储压力比对合采产能的影响则体现在见气时间和有效解吸区域面积上。

对层间干扰程度敏感性分析发现,当渗透率、储层压力梯度以及临储压力比相差不大时,层间干扰程度分别对渗透率差、储层压力梯度差以及临储压力比差变化较敏感,但整体干扰程度较弱;当渗透率、储层压力梯度以及临储压力比相差较大时,层间干扰程度对渗透率差、储层压力梯度差以及临储压力比差变化敏感性较弱,但整体干扰程度较强。

以储层压力梯度为依据,可将多层叠置独立含气系统主要含煤地层划分为六个含气系统,分别对各含气系统单独排采产能进行了预测。其中第四含气系统产能效果最好,排采 10 年累计产气量高达 $4.15\times10^6\mathrm{m}^3$;其次为第五含气系统;而第三含气系统与第六含气系统单独排采时,产能效果最差,主要原因在于两系统煤层渗透率较差,临储压力比低,同时,煤层含气量较低,在合层排采过程中会增加系统间干扰程度,因此,在最终的递进合层排采方案中剔除两含气系统不予以排采。第二含气系统中的 8 号煤分层贡献仅为 3.98%,第四含气系统的 17 号煤分层产能贡献为 3.92%,产能效果较差,主要原因在于,两煤层与其各自系统内的其他煤层储层含气性、渗透率以及地层供液能力方面存在较大差异,同时 8 号煤层含气量较低,产气潜力有限,因此在最终的递进合层排采方案中将其剔除。

以煤层层间跨度 100m 为界,可将多层统一含气系统各煤层划分为三个煤层段,并分别进行了产能预测。其中第三煤层段各煤储层具有较好且相似的储层物性条件，产能效果最好，排采 10 年累计产气量高达 $7.00×10^6m^3$；而第一煤层段虽然含煤层数较多，但各煤分层厚度较薄，储层物性条件较差，产能效果并不是很理想，合采产能贡献主要来自于 3-1 号煤、5 号煤、5-2 号煤和 6 号煤，合计高达 94.01%；第二煤层段各煤层含气量与渗透率均很低，合采产能贡献主要来自于 7 号煤、10 号煤与 12 号煤，其中 12 号煤产能贡献最高，占合采产能的一半以上，其次为 7 号煤，产能贡献达 31.37%。

5. 依据储层压力的高低，结合各有利排采的子系统和煤层段，制定了合理的多煤层区单井递进排采方式，厘定了排采次序，并数值模拟了排采结果。最后，综合上述研究成果，建立多煤层区煤层气单井有序高效压裂/排采模式。

多煤层区煤层气单井有序高效压裂模式：多层叠置独立含气系统与多层统一含气系统均采用机械填砂封堵法与投球封堵法结合的分层压裂法，由煤层埋深较深层位向上逐一压裂。其中多层叠置独立含气系统可将各含气系统作为单独的一级压裂段，而多层统一含气系统以煤层层间跨度 100m 为界划分煤层段，将各煤层段作为单独的一级压裂段；然后对压裂段内产气量较高，产能贡献较大的煤层进行射孔，同时避开煤体结构极不完整的层位射孔。在多煤层区水力压裂施工参数方面，随着含气系统或煤层段埋深的减小，应适当减小压裂规模，并且前置液量为注入液总量的 40%，同时采用低砂比逐级递增的加砂程序，压裂效果最佳。

多煤层区煤层气单井有序高效排采模式，包含多层叠置独立含气系统递进排采模式和多层统一含气系统递进排采模式两种，前者以 Z2 井为例，后者以 Z6 井为例。

对于 Z2 井，依据各系统储层压力数据，设计平均储层压力最高的④号系统与⑤号系统优先排采，当储层压力降至 2.11MPa 时，打开②号系统进行排采，同时④号系统开始产气。此时应控制好井底压力，防止产气系统受应力敏感性影响，限制其解吸范围；继续排水降压至 1.92MPa，此时打开①号系统排采；随着排采不断进行，直至所有有利系统进入排采阶段，并开始持续产气。多系统递进有序排采平均产气量和累计产气量较多系统同时排采分别提高了 112%和 213%。

对于 Z6 井，依据各煤层段储层压力数据，设计平均储层压力最高的③煤层段优先排采，当储层压力降至 4.05MPa 时，打开②煤层段排采；继续排水降压至 3.90MPa，应打开①煤层段排采。此时所有有利煤层段均进入排采阶段。当储层压力降低至某煤层段产气压力时，应控制好井底压力，防止产气层段受应力敏感性影响，限制其解吸范围。多系统递进有序排采平均产气量和累计产气量较多系统同时排采时分别提高了 67%和 171%。

参 考 文 献

艾灿标, 贾献宗, 吕涛, 等. 2010. 新义煤矿水力压裂试验与效果分析. 煤矿开采, 15 (4): 109-111, 117.

安震. 2003. 刘家勘探区煤储层特征及煤层气开发条件研究. 中国矿业大学学报, 32 (2): 183-185.

鲍园, 韦重韬, 王超勇, 等. 2012. 贵州织纳煤田水公河向斜上二叠统 8 煤层三史模拟. 煤田地质与勘探, 40 (6): 13-16.

蔡佳丽, 汤达祯, 许浩, 等. 2011. 黔西上二叠统煤的孔隙特征及其控制因素. 煤田地质与勘探, 39 (5): 6-14.

曹佳, 韦重韬, 鲍园, 等. 2012. 多层叠置含煤层气系统成藏模拟技术及实例研究. 中国煤炭地质, 24 (3): 17-20.

常会珍, 秦勇, 王飞. 2012. 贵州珠藏向斜煤样孔隙结构的差异性及其对渗流能力的影响. 高校地质学报, 18 (3): 544-548.

陈富庆, 郁钟铭. 2005. 贵州煤层气不易抽放的原因探讨. 贵州工业大学学报 (自然科学版), 34 (2): 34-37.

陈捷. 2013. 铁法矿区煤层气直井压裂增产机理与技术研究. 徐州: 中国矿业大硕士学位论文.

陈捷. 2013. 铁法矿区煤层气直井压裂增产机理与技术研究. 徐州: 中国矿业大学硕士学位论文

陈进, 刘蜀知, 钟双飞, 等. 2008. 阜新组煤层气井用压裂液优选研究. 特种油气藏, 15 (2): 81-83.

陈勉, 陈治喜, 黄荣樽. 1995. 三维弯曲水压裂缝力学模型及计算方法. 石油大学学报 (自然科学版), 19 (S1): 43-47.

陈勉, 庞飞, 金衍. 2000. 大尺寸真三轴水力压裂模拟与分析. 岩石力学与工程学报, 19 (增): 868-872.

陈萍, 唐修义. 2001. 低温氮吸附法与煤中微孔隙特征的研究. 煤炭学报, 26 (5): 552-556.

陈世加, 黄第藩, 赵孟军. 1998. 用储层岩石提抽物的饱和烃色谱指纹识别油气层. 沉积学报, 16 (4): 150-152.

陈学敏. 1994. 黔西煤田构造特征. 煤田地质与勘探, 22 (2): 13-17.

陈学敏. 2008. 黔西盘关向斜构造特征及其力学分析. 中国煤炭地质, 20 (4): 11-16.

陈学敏. 2009. 论贵州西部扭动构造. 贵州地质, 28 (1): 13-19.

陈永生. 1993. 油田非均质对策论. 北京: 石油工业出版社.

陈治喜, 陈勉, 黄荣樽, 等. 1997. 层状介质中水力裂缝的垂向扩展. 石油大学学报, 21 (4): 23-32.

程益华, 刘晓明, 田晓龙. 2006. 煤层气甲烷气井中煤层的破坏及其后果. 国外油气工程, 22 (4): 19-25.

程远方, 吴百烈, 李娜, 等. 2013a. 煤层压裂裂缝延伸及影响因素分析. 特种油气藏, 20 (2): 126-129.

程远方, 徐太双, 吴百烈, 等. 2013b. 煤岩水力压裂裂缝形态实验研究. 天然气地球科学, 24 (1): 134-137.

戴林. 2012. 煤层气井水力压裂设计研究. 荆州: 长江大学硕士学位论文.

邓广哲, 黄炳香, 石增武, 等. 2002. 节理脆性煤层水力致裂技术与应用//中国岩石力学与工程学会. 中国岩石力学与工程学会第七次学术大会论文集. 北京: 科学技术出版社.

邓广哲, 王世斌, 黄炳香. 2004. 煤岩水压裂缝扩展行为特性研究. 岩石力学与工程学报, 23 (20): 3489-3493.

滇黔桂石油地质编写组. 1992. 中国石油地质志 (卷11): 滇黔桂油气区. 北京: 石油工业出版社.

窦新钊, 姜波, 秦勇, 等. 2012. 黔西地区构造演化及其对晚二叠世煤层的控制. 煤炭科学技术, 40 (3): 109-114.

窦新钊. 2012. 黔西地区构造演化及其对煤层气成藏的控制. 徐州: 中国矿业大学博士学位论文.

杜春志, 茅献彪, 卜万奎. 2008. 水力压裂时煤层缝裂的扩展分析. 采矿与安全工程学报, 25(2): 231-238.

杜春志. 2008. 煤层水压致裂理论及应用研究. 徐州: 中国矿业大学博士学位论文.

杜志敏, 付玉, 伍勇. 2007. 低渗透煤层气产能影响因素评价. 石油与天然气地质, 28(4): 516-519.

冯晴, 吴财芳, 雷波. 2011. 沁水盆地煤岩力学特征及其压裂裂缝的控制. 煤炭科学技术, 39(3): 100-103.

付玉, 郭肖, 龙华. 2003. 煤层气储层压裂水平井产能计算. 西南石油学院学报, 25 (3): 44-46.

傅雪海, 葛燕燕, 梁文庆, 等. 2013. 多层叠置含煤层气系统递进排采的压力控制及流体效应. 地质勘探, 33 (11): 35-39.

傅雪海, 秦勇, 姜波, 等. 2004. 高煤级煤储层煤层气产能瓶颈问题研究. 地质评论, 50 (4): 507-511.

傅雪海, 秦勇, 韦重韬. 2007. 煤层气地质学. 徐州: 中国矿业大学出版社.

甘华军, 王华, 严德天. 2010. 高、低煤阶煤层气富集主控因素的差异性分析. 地质科技情报, 29 (1): 56-60.

高弟, 秦勇, 易同生. 2009. 论贵州煤层气地质特点与勘探开发战略. 中国煤炭地质, 21 (3): 20-23.

葛洪魁, 林英松, 王顺昌. 1998. 水力压裂地应力测量有关技术问题的讨论. 石油钻采工艺, 20 (6): 53-56.

耿克勤, 陈凤翔, 刘光廷, 等. 1996. 岩体裂隙渗流水力特性的实验研究. 清华大学学报 (自然科学版), 36 (1): 102-106.

耿丽慧. 2007. 高渗油藏层间非均质性对层间干扰的影响研究. 北京: 中国石油大学 (北京) 硕士学位论文.

关龙义, 方军伟, 许花, 等. 2012. 煤层气压裂工艺技术研究. 科技与企业, 20 (6): 112-113.

郭大立, 贡玉军, 李曙光, 等. 2012. 煤层气排采工艺技术研究和展望. 西南石油大学学报 (自然科学版), 34 (2): 91-98.

郭大立, 纪禄军, 赵金洲, 等. 2001. 煤层压裂裂缝三维延伸模拟及产量预测研究. 应用数学和力学, 22 (4): 337-344.

郭峰. 2011. 低透气突出煤层水力压裂增透技术应用研究. 中国煤炭, 37 (2): 81-86.

郭晖, 陈慧, 陈龙. 2012. 柳林地区煤层气排采控制因素及改进. 中国煤层气, 9 (6): 8-11.

郭建春, 刘登峰, 宋艾玲. 2007. 用地面压裂施工资料求取煤岩岩石力学参数的新方法. 煤炭学报, 32 (2): 136-140.

郭军峰, 田炜, 李雪琴, 等. 2011. 沁水盆地煤层气水力压裂投产技术优化. 中国煤层气, 8 (6): 25-29.

韩伯鲤, 陈霞龄, 宋一乐, 等. 1997. 岩体相似材料的研究. 武汉水利电力大学学报, 30 (2): 6-9.

韩金轩, 杨兆中, 李小刚, 等. 2012. 我国煤层气储层压裂现状及其展望. 重庆科技学院学报 (自然科学版), 14 (3): 53-55.

郝艳丽, 王河清, 李玉魁. 2001. 煤层气井压裂施工压力与裂缝形态简析. 煤田地质与勘探, 29 (3): 20-22.

郝雁斌. 2012. 近距离多煤层合理开采顺序的确定. 煤炭科技, (4): 43-44.

侯景龙, 刘志东, 刘建中. 2011. 煤层气开发压裂技术在沁水煤田的实践与应用. 中国工程科学, 13 (1): 89-92.

侯琴. 2002. 大宁煤矿大跨度煤巷锚索支护研究与应用. 太原: 太原理工大学硕士学位论文.

胡爱梅, 李明宅, 李国富. 2004. 煤层气开采过程中煤储层孔渗变化规律综述//宋岩, 张新民. 中国煤层气成藏机制及经济开采基础研究丛书. 北京: 科学出版社.

胡奇, 王生维, 张晨, 等. 2014. 沁南地区煤体结构对煤层气开发的影响. 煤炭科学技术, 42 (8): 65-68.

胡勇, 李熙喆, 万玉金, 等. 2009. 高低压双气层合采产气特征. 天然气工业, 29 (2): 89-91.

黄炳香. 2011. 煤岩体水力致裂理论及其工艺技术框架. 采矿与安全工程学报, 28 (2): 167-173.

黄培. 2011. 贵州省晴隆县竞发煤矿勘探方法浅析. 煤炭技术, 30 (9): 148-150.

黄文, 徐宏杰, 张孟江, 等. 2013. 贵州省织纳煤田比德向斜煤储层物性特征及煤层气资源前景. 中国煤层气, 10 (4): 8-12.

姜玮, 吴财芳. 2011. 织纳煤田煤储层弹性能及其对有利选区的控制作用. 煤炭学报, 36 (10): 1674-1678.

焦中华, 倪小明. 2011. 煤层气垂直井压裂优化系统的设计与实现. 煤炭科学技术, 39 (7): 79-82.

靳钟铭, 弓培林, 靳文学. 2002. 煤体压裂特性研究. 岩石力学与工程学报, 21 (1): 70-72.

康永尚, 赵群, 王红岩, 等. 2007. 煤层气井开发效率及排采制度的研究. 天然气工业, 27 (7): 79-82.

郎兆新. 1997. 零维煤层气模拟软件的研制. 石油大学学报, 21 (5): 30-34.

乐光禹, 张时俊, 杨武年. 1994. 贵州中西部构造格局与构造应力场. 地质科学, 29 (1): 11-19.

乐光禹. 1991. 六盘水地区构造格局新探讨. 贵州地质, 8 (4): 289-301.

黎昌华. 2000. 分层压裂合采工艺应用研究. 油气井测试, 9 (4): 13-17.

李安启, 姜海, 陈彩虹. 2004. 我国煤层气井水力压裂的实践及煤层裂缝模型选择分析. 天然气工业, 24 (5): 91-94.

李斌. 1986. 煤层气非平衡吸附的数学模型和数值模型. 石油学报, 17 (4): 42-49.

李大建, 牛彩云, 吕亿明, 等. 2012. 低渗透油藏两层合采油井层间干扰分析. 西部探矿工程, 12: 20-23.

李国彪, 李国富. 2012. 煤层气井单层与合层排采异同点及主控因素. 煤炭学报, 37 (8): 1354-1358.

李国富, 孟召平, 张遂安. 2006. 大功率充电电位法煤层气井压裂裂缝监测技术. 煤炭科学技术,

34（12）：53-55，72.

李宏，张伯崇. 2006. 水压致裂过程中自然电位测量研究. 岩石力学与工程学报，25（7）：
　　1425-1429.

李金海，苏现波，林晓英，等. 2009. 煤层气井排采速率与产能关系. 煤炭学报，34（3）：376-380.

李俊乾，刘大锰，姚艳斌，等. 2012. 郭晓茜基于无量纲裂缝导流能力的煤储层压裂效果分析.
　　高校地质学报，18（3）：573-578.

李梦溪，王立龙，崔新瑞，等. 2011. 沁水煤层气田樊庄区块直井产出特征及排采控制方法. 中国煤
　　层气，8（1）：11-15.

李全贵，林柏泉，翟成，等. 2013. 煤层脉动水力压裂中脉动参量作用特性的实验研究. 煤炭学
　　报，38（7）：1185-1190.

李思田，李祯，林畅松，等. 1993. 含煤盆地层序地层分析的几个基本问题. 煤田地质与勘探，
　　21（4）：1-8.

李松，汤达祯，许浩，等. 2012. 贵州省织金、纳雍地区煤储层物性特征研究. 中国矿业大学学
　　报，41（6）：951-958.

李同林. 1994. 水压致裂煤层气裂缝发育特点的研究. 地球科学，19（4）：537-545.

李同林. 1997. 煤岩层水力压裂造缝机理分析. 天然气工业，17（4）：53-55.

李文杰，葛毅鹏，张芳芳. 2013. 基于相似理论的相似材料配比试验研究. 洛阳理工学院学
　　报（自然科学版），23（1）：7-12.

李伍，朱炎铭，陈尚斌，等. 2010. 滇东老厂矿区多层叠置独立含煤层气系统. 中国煤炭地质，
　　22（7）：18-21.

李相臣，康毅力. 2008. 煤层气储层破坏机理及其影响研究. 中国煤层气，5（1）：35-37.

李晓红，卢义正，康勇，等. 2007. 岩石力学实验模拟技术. 北京：科学出版社.

李兴平. 2005. 贵州六盘水地区煤层气勘探反思. 贵州地质，22（3）：188-191.

李秀美，苏波，周会得. 2006. 二连油田层间矛盾治理工艺现状及发展趋势. 石油钻采工艺，28（S0）：
　　67-70.

李玉伟，艾池，于千，等. 2013. 煤层水力压裂网状裂缝形成条件分析. 特种油气藏，20（4）：99-101.

李志刚，付胜利，乌效鸣，等. 2000. 煤岩力学特性测试与煤层气井水力压裂力学机理研究. 石油钻
　　探技术，28（3）：10-14.

连会青，尹尚先，李小明，等. 2013. 煤层气田水文地质参数与煤层气井产能相关性. 辽宁工程
　　技术大学学报（自然科学版），32（6）：725-729.

梁文庆. 2013. 贵州织纳煤田多煤层排采流体效应分析. 徐州：中国矿业大学硕士学位论文.

林柏泉，孟杰，宁俊，等. 2012. 刘洋含瓦斯煤体水力压裂动态变化特征研究. 采矿与安全工程
　　学报，29（1）：106-110.

林晓英. 2005. 煤层气藏成藏机理. 焦作：河南理工大学硕士学位论文.

蔺海晓，杜春志. 2011. 煤岩拟三轴水力压裂实验研究. 煤炭学报，36（11）：1801-1805.

刘伯修. 2011. 煤层气井压裂工艺及其对设备性能的要求. 石油机械，39（增刊）：56-58.

刘成川，张箭，漆卫东，等. 1996. 四川新场气田蓬莱镇组气藏层间干扰分析. 成都理工学院学
　　报，23（4）：69-72.

刘贵宾. 2007. 阜新刘家区煤层气井压裂工艺技术研究与应用. 中国煤层气，4（3）：18-21.

刘红磊，王以顺，李颖，等. 2011. 和顺区块煤层气压裂工艺技术实验研究. 石油机械，39（增

刊）：5-8.

刘建军. 1999. 煤储层流固耦合渗流的数学模型. 焦作工业学院学报，18（6）：397-401.

刘丽萍，李三忠，戴黎明，等. 2010. 雪峰山西侧贵州地区中生代构造特征及其演化. 地质科学，45（1）：228-242.

刘世奇，桑树勋，李梦溪，等. 2013. 樊庄区块煤层气井产能差异的关键地质影响因素及其控制机理. 煤炭学报，38（2）：277-283.

柳贡慧，庞飞，陈治喜. 2000. 水力压裂模拟实验中的相似准则. 石油大学学报（自然科学版），24（5）：45-48.

路艳军，杨兆中，李小刚. 2012. 煤岩破裂机理及其影响因素探讨. 内江科技，（1）：30-31.

吕有厂. 2010. 水力压裂技术在高瓦斯低透气性矿井中的应用. 重庆大学学报，33（7）：102-107.

吕玉民，汤达祯，李治平，等. 2011. 煤层气井动态产能拟合与预测模型. 煤炭学报，36（9）：1481-1485.

吕志强，刘建军，郭敏江. 2009. 近距离煤层群开采下巷道稳定性研究. 煤炭科技，（1）：11-14.

罗山强，郎兆新，张丽华. 1997. 影响煤层气井产能因素的初步研究. 断块油气田，4（1）：42-46.

罗天雨，王家淮，赵金洲，等. 2007. 天然裂缝对水力压裂的影响研究. 石油天然气学报，29（5）：141-149.

骆祖江. 1997. 煤层甲烷运移动力学模型研究. 西安：煤炭科学研究总院西安分院.

马东民，殷屈娟. 2002. 影响韩城地区煤层气产出的主要因素. 西安科技学院学报，22（2）：162-165.

马东民，张遂安，蔺亚兵. 2011. 煤的等温吸附-解吸实验及其精确拟合. 煤炭学报，36（3）：477-480.

马芳平，李仲奎，罗光福. 2004. NIOS 模型材料及其在地质力学相似模型实验中的应用. 水力发电学报，23（1）：48-51.

马新仿，张士诚. 2002. 水力压裂技术的发展现状. 河南石油，16（1）：44-47.

孟艳军，汤达祯，许浩，等. 2013. 煤层气开发中的层间矛盾问题——以柳林地区为例. 煤田地质与勘探，41（3）：29-33.

孟艳军，汤达祯，许浩，等. 2013. 煤层气开发中的层间矛盾问题——以柳林地区为例. 煤田地质与勘探，41（3）：29-37.

孟艳军，汤达祯，许浩. 2010. 煤层气产能潜力模糊数学评价研究——以河东煤田柳林矿区为例. 中国煤炭地质，22（6）：17-20.

孟召平，蓝强，刘翠丽，等. 2013. 鄂尔多斯盆地东南缘地应力、储层压力及其耦合关系. 煤炭学报，38（1）：122-128.

孟召平，彭苏萍，傅继彤. 2002. 含煤岩系岩石力学性质控制因素探讨. 岩石力学与工程学报，21（1）：102-104.

孟召平，田永东，李国富. 2010. 煤层气开发地质学理论与方法. 北京：科学出版社.

倪小明，苏现波，李玉魁. 2010a. 多煤层合层水力压裂关键技术研究. 中国矿业大学学报，39（5）：728-732.

倪小明，苏现波，李广生. 2010b. 樊庄地区 3#和 15#煤层合层排采的可行性研究. 天然气地球科学，21（1）：144-149.

倪小明，陈鹏，李广生，等. 2010c. 恩村井田煤体结构与煤层气垂直井产能关系. 天然气地球科学，21（3）：508-512.

倪小明，林然，张崇崇.2013.晋城矿区煤层气井连续多次压裂裂缝展布特征.中国矿业大学学报，42（5）：747-754.

倪小明，苏现波，王庆伟，等.2009.恩村井田煤层气垂直井产能地质主控因素分析.煤矿安全，7：79-82.

倪小明，苏现波，张小东.2010d.煤层气开发地质学.北京：化学工业出版社.

倪小明，王延斌，接铭训，等.2008.不同构造部位地应力对压裂裂缝形态的控制.煤炭学报，33（5）：505-508.

牛彩云，李大建，朱洪征，等.2013.低渗透油田多层开采层间干扰及分采界限探讨.石油地质与工程，27（2）：118-120.

彭苏萍，杜文凤，苑春方，等.2008.不同结构类型煤体地球物理特征差异分析和纵横波联合识别与预测方法研究.地质学报，82（10）：1311-1322.

彭兴平，谢先平，刘晓，等.2016.贵州织金区块多煤层合采煤层气排采制度研究.煤炭科学技术，44（02）：39-44.

秦建义，周俊，陈兆山.2008.阜新盆地刘家区煤层气井产能的主要影响因素.辽宁工程技术大学学报（自然科学版），27（增刊）：28-30.

秦义，李仰民，白建梅，等.2011.沁水盆地南部高煤阶煤层气井排采工艺研究与实践.天然气工业，31（11）：22-25.

秦勇，程爱国.2007.中国煤层气勘探开发的进展与趋势.中国煤田地质，19（1）：26-29+32.

秦勇，高弟，吴财芳，等.2012.贵州省煤层气资源潜力预测与评价.徐州：中国矿业大学出版社.

秦勇，熊孟辉，易同生，等.2008.论多层叠置独立含煤层气系统——以贵州织金-纳雍煤田水公河向斜为例.地质论评，54（1）：65-70.

邵长金，邢立坤，李相方，等.2012.煤层气藏多层合采的影响因素分析.中国煤层气，9（3）：8-12.

邵先杰，王彩凤，汤达祯，等.2013.煤层气井产能模式及控制因素.煤炭学报，38（2）：21-276.

申晋，赵阳升，段康廉.1997.低渗透煤岩体水力压裂的数值模拟.煤炭学报，22（6）：580-584.

沈玉林，秦勇，郭英海，等.2012."多层叠置独立含煤层气系统"形成的沉积控制因素.地球科学——中国地质大学学报，37（3）：573-579.

沈自求.1955.相似理论.大连工学院学刊，（2）：37-57.

史明义，金衍，陈勉，等.2008.水平井水力裂缝延伸物理模拟实验研究.石油天然气学报，30（3）：130-133.

司庆红，朱炎铭，赵雯.2012.樊庄煤层气井X1产能模拟及排采优化对策.煤炭技术，31（7）：65-67.

宋景远.1996.煤层气井压裂液和支撑剂.探矿工程，（6）：55-57.

宋岩，张新民，柳少波.2012.中国煤层气地质与开发基础理论.北京：科学出版社.

宋岩，赵孟军，柳少波.2005.构造演化对煤层气富集程度的影响.科学通报，50（s）：1-5.

宋毅，伊向艺，卢渊.2008.地应力对垂直裂缝高度的影响及缝高控制技术研究.石油地质与工程，22（1）：75-81.

速宝玉，詹美礼，赵坚.1994.光滑裂隙水流模型实验及其机理初探.水利学报，25（5）：19-24.

速宝玉，詹美礼，赵坚.1995.仿天然岩体裂隙渗流的实验研究.岩土工程学报，17（5）：19-24.

孙茂远，范志强.2007.中国煤层气开发利用现状及产业化战略选择.天然气工业，27（3）：1-5.

孙启来. 2008. 织金煤矿肥田二号井田构造特征分析. 中国煤炭地质, 20（10）: 64-67.

汤良杰, 郭彤楼, 田海芹, 等. 2008. 黔中地区多期构造演化、差异变形与油气保存条件. 地质学报, 82（3）: 298-307.

唐书恒, 马彩霞, 袁焕章. 2003. 华北地区石炭二叠系煤储层水文地质条件. 天然气工业, 23（1）: 32-36.

唐书恒, 朱宝存, 颜志丰. 2011. 地应力对煤层气井水力压裂裂缝发育的影响. 煤炭学报, 36（1）: 65-69.

唐显贵. 2013. 贵州省织纳煤田构造分区及赋煤特征. 贵州地质, 30（2）: 95-101.

唐颖, 唐玄, 王广源, 等. 2011. 页岩气开发水力压裂技术综述. 地质通报, 30（2, 3）: 393-399.

唐颖. 2010. 页岩气井水力压裂技术及其应用分析. 开发工程, 30（10）: 33-38.

陶树, 汤达祯, 秦勇, 等. 2010. 黔西滇东典型矿区含煤地层热演化史分析. 煤田地质与勘探, 38（6）: 17-21.

陶树, 汤达祯, 许浩. 2011. 沁南煤层气井产能影响因素分析及开发建议. 煤炭学报, 36（2）: 194-198.

陶涛, 林鑫, 方绪祥, 等. 2011. 煤层气井压裂伤害机理及低伤害压裂液研究. 重庆科技学院学报（自然科学版）, 13（2）: 21-23.

田炜, 孙晓飞, 张艳玉, 等. 2012. 无因次产气图版在樊庄煤层气产能预测中的应用. 煤田地质与勘探, 40（4）: 25-28.

涂乙, 谢传礼, 李武广, 等. 2012. 煤层对 CO_2、CH_4 和 N_2 吸附/解吸规律研究. 煤炭科学技术, 40（2）: 70-72.

汪东生. 2011. 近距离煤层群立体抽采瓦斯流动规律的模拟. 煤炭学报, 36（1）: 86-90.

汪永利, 丛连铸, 李安启, 等. 2002. 煤层气井用压裂液技术研究. 煤田地质与勘探, 30（6）: 27-30.

王彩凤, 邵先杰, 孙玉波, 等. 2013. 中高煤阶煤层气井产量递减类型及控制因素——以晋城和韩城矿区为例. 煤田地质与勘探, 41（3）: 23-28.

王聪, 吴财芳, 欧正, 等. 2011. 黔西织纳煤田少普矿区 16 号煤煤层气富集的地质控制因素. 煤炭学报, 36（9）: 1486-1489.

王定武, 王运泉. 1995. 煤田地质与勘探方法. 徐州: 中国矿业大学出版社.

王都伟, 王楚峰, 孟尚志, 等. 2009. 低渗气藏多层合采可行性分析及产量预测研究. 石油钻采工艺, 31（增刊）: 79-83.

王国鸿, 徐赞. 2010. 水力压裂技术提高低透气性煤层瓦斯抽放量浅析. 煤矿安全, 120-121, 124.

王国庆, 谢兴华, 速宝玉. 2006. 岩体水力劈裂试验研究. 采矿与安全工程学报, 23（4）: 480-484.

王瀚. 2013. 水力压裂垂直裂缝形态及缝高控制数值模拟研究. 合肥: 中国科学技术大学博士学位论文.

王红霞, 戴凤春, 钟寿鹤. 2003. 煤层气井压裂工艺技术研究与应用. 油气井测试, 12（1）: 51-52.

王洪勋. 1987. 水力压裂原理. 北京: 石油工业出版社.

王乔. 2014. 黔西多煤层区煤层气井合层排采干扰机理数值模拟. 徐州: 中国矿业大学硕士学位论文.

王香增. 2006. 井-地电位法在煤层气井压裂裂缝监测中的应用. 煤炭工程, （5）: 36-37.

王晓东, 刘慈群. 1999. 分层合采油井产能分析. 石油钻采工艺, 21（2）: 56-60.

王晓锋. 2011. 煤储层水力压裂裂缝展布特征数值模拟. 北京：中国地质大学（北京）硕士学位论文.

王欣, 丁云宏, 李志龙, 等. 2009. 不同压裂液类型对煤岩水力压裂的影响研究. 油气井测试, 18（2）：1-4.

王杏尊, 刘文旗, 孙延罡, 等. 2001. 煤层气井压裂技术的现场应用. 石油钻采工艺, 23（2）：58-61.

王学忠, 谭河清. 2008. 合采井分层产量确定方法研究. 中外能源, 13（1）：32-35.

王跃文, 卢双舫, 方伟, 等. 2005. 多层合采产能配比的算法研究及应用. 石油实验地质, 27（6）：630-634.

王振云, 唐书恒, 孙鹏杰, 等. 2013. 沁水盆地寿阳区块 3 号和 9 号煤层合层排采的可行性研究. 中国煤炭地质, 25（11）：21-26.

王峙博, 黄爱先, 魏进峰. 2012. 薄互层油藏层间干扰数值模拟研究. 石油天然气学报, 34（9）：247-250.

王钟堂. 1990. 黔西煤田构造及其演化. 中国煤田地质, 2（3）：13-17.

王仲茂, 胡江明. 1994. 水力压裂形成裂缝类型的研究. 吉林石油科技, 13（2）：23-27.

王祖文, 郭大立, 邓金根, 等. 2005. 射孔方式对压裂压力及裂缝形态的影响. 西南石油学院院报, 27（5）：47-50.

卫秀芬, 李树铁. 1998. 确定报废井层间窜流的同井干扰试井方法. 油气井测试, 7（1）：20-23.

魏宏超, 乌效鸣, 李粮纲, 等. 2012. 煤层气井水力压裂同层多裂缝分析. 煤田地质与勘探, 40（6）：20-23.

魏锦平, 张建平, 靳钟铭. 2005. 裂隙煤体压裂机理的分形研究. 矿山压力与顶板管理, 22（2）：112-113, 115.

乌效鸣, 陈惟明, 于长有, 等. 1997. 泡沫钻进最优孔径的理论推证. 地球科学：中国地质大学学报, 22（4）：437-440.

乌效鸣, 屠厚泽. 1995. 煤层水力压裂典型裂缝形态分析与基本尺寸确定. 地球科学：中国地质大学学报, 20（1）：112-116.

乌效鸣. 1995. 煤层气井水力压裂裂缝产状和形态研究. 探矿工程, （6）：19-21.

吴俊, 金奎励, 童有德, 等. 1991. 煤孔隙理论及在瓦斯突出和抽放评价中的应用. 煤炭学报, 16（3）：86-95.

吴胜和, 曾溅辉, 林双运, 等. 2003. 层间干扰与油气差异充注. 石油实验地质, 25（3）：285-288.

吴晓东, 席长丰, 王国强. 2006. 煤层气井复杂水力压裂裂缝模型研究. 天然气工业, 26（12）：124-126.

仵锋锋, 曹平, 万琳辉. 2007. 相似理论及其在模拟试验中的应用. 采矿技术, 7（4）：64-65+78.

武玺. 2013. 对潘庄地区 3#煤层和 15#煤层合层排采可行性的研究. 知识经济, 18：86.

席先武, 宋生印, 张群, 等. 2000. 就 XS-02 井压裂情况谈煤层气井完井及增产措施. 煤田地质与勘探, 28（2）：25-28.

夏彬伟, 胡科, 卢义玉, 等. 2013. 井下煤层水力压裂裂缝导向机理及方法. 重庆大学学报, 36（9）：8-13.

鲜波, 熊钰, 石国新, 等. 2007. 薄层油藏合采层间干扰分析及技术对策研究. 特种油气藏, 14（3）：51-55.

肖中海,刘巨生,陈义国. 2008. 压裂施工曲线特征分析及应用. 石油地质与工程, 22(5): 99-102.

谢兴华. 2004. 岩体水力劈裂机理试验及数值模拟研究. 南京: 河海大学博士学位论文.

谢学恒,李小龙,陈贞龙,等. 2011. 延川南地区 2 号和 10 号煤层分压合采的可行性研究. 油气藏评价与开发, 1(3): 65-69.

熊孟辉,秦勇,易同生,等. 2007. 我国南方潜在的高煤级煤煤层气开发——贵州五轮山矿区煤层气地质条件浅析. 中国煤层气, 4(1): 40-44.

熊孟辉,秦勇. 2007. 五轮山矿区煤层气赋存规律及其资源潜力. 煤炭科学技术, 35(9): 79-82.

熊孟辉. 2006. 五轮山向斜煤层气资源潜力与成藏特征分析. 徐州: 中国矿业大学硕士学位论文.

熊燕莉,冯曦,杨雅和,等. 2005. 多层合采气井动态特征及开发效果分析. 天然气勘探与开发, 28(1): 21-24.

熊钰,卢智慧,李玉林,等. 2010. 高含水期油田油井合采技术界限研究. 特种油气藏, 17(1): 61-67.

徐彬彬,何明德. 2003. 贵州煤田地质. 徐州: 中国矿业大学出版社.

徐刚,彭苏萍,邓绪彪. 2011. 煤层气井水力压裂压力曲线分析模型及应用. 中国矿业大学学报, 40(2): 173-178.

徐献芝,况国华,陈峰磊,等. 1999. 多层合采试井分析. 石油学报, 20(5): 38-45.

徐幼平,林柏泉,翟成,等. 2011. 定向水力压裂裂隙扩展动态特征分析及其应用. 中国安全科学学报, 21(7): 104-110.

徐政宇,姚根顺,郭庆新,等. 2010. 黔南坳陷构造变形特征及其成因解析. 大地构造与成矿学, 34(1): 20-31.

许建红,钱俪丹,库尔班. 2007. 储层非均质对油田开发效果的影响. 断块油气田, 14(5): 29-31.

ХоДот B B. 1966. 煤与瓦斯突出. 宋士钊, 王佑安译. 北京: 中国工业出版社, 26-35.

闫相祯,宋根才,王同涛,等. 2009. 低渗透薄互层砂岩油藏大型压裂裂缝扩展模拟. 岩石力学与工程学报, 28(7): 1425-1431.

严继民,张启元. 1979. 吸附与凝聚-固体的表面与孔. 北京: 科学出版社.

杨川东,桑宇. 2000. 物质平衡法在煤层气井产能预测中的应用. 钻采工艺, 23(4): 33-37.

杨焦生,王一兵,李安启,等. 2012. 煤岩水力裂缝扩展规律实验研究. 煤炭学报, 37(1): 73-77.

杨起,韩德馨. 1980. 中国煤田地质学. 北京: 煤炭工业出版社.

杨思敬,杨福蓉,高照样. 1991. 煤的孔隙系统和突出煤的空隙特征. // 中国矿业大学. 第二届国际采矿科学技术讨论会论文集. 徐州: 中国矿业大学出版杜.

杨秀夫,刘希圣,陈勉,等. 1997. 国内外水压裂缝几何形态模拟研究的发展现状. 石油工程, 9(6): 8-11.

杨亚东,寥廓,李彬. 2011. 水力加砂压裂技术在苏里格气田的应用. 天然气技术与经济, 5(1): 34-36.

杨永国,秦勇. 2001. 煤层气产能预测随机动态模型及应用研究. 煤炭学报, 26(2): 122-125.

杨永杰,宋扬,陈绍杰. 2006. 三轴压缩煤岩强度及变形特征的实验研究. 煤炭学报, 31(2): 150-153.

杨兆彪,秦勇,高弟,等. 2011c. 煤层群条件下的煤层气成藏特征. 煤田地质与勘探, 39(5): 22-26.

杨兆彪,秦勇,高弟. 2011a. 黔西比德-三塘盆地煤层群含气系统类型及其形成机理. 中国矿业大学学报, 40 (2): 215-226.

杨兆彪, 秦勇, 高弟. 2011b. 黔西比德-三塘盆地煤层群发育特征及其控气特殊性. 煤炭学报, 36 (4): 593-597.

杨兆彪. 2011. 多煤层叠置条件下的煤层气成藏作用. 徐州: 中国矿业大学博士学位论文.

叶建平, 秦勇, 林大扬. 1999. 中国煤层气资源. 徐州: 中国矿业大学出版社.

叶建平, 吴建光, 房超, 等. 2011. 沁南潘河煤层气田区域地质特征与煤储层特征及其对产能的影响. 天然气工业, 31 (5): 16-20.

易同生. 1997. 贵州省煤层气赋存特征. 贵州地质, 14 (4): 346-348.

尹清奎, 秦俊如, 张建丽, 等. 2012. 晋城亚行煤层气井水力压裂技术研究. 断块油气田, 19 (2): 257-260.

尹志军, 鲁国永, 邹翔, 等. 2006. 陆相储层非均质性及其对油藏采收率的影响——以冀东高尚堡和胜利永安镇油藏为例. 石油与天然气地质, 27 (2): 106-111.

尹中山. 2009. 川南煤田古叙矿区煤层气勘探选层的探讨. 中国煤炭地质, 21 (2): 24-27.

于会利, 汪卫国, 荣娜, 等. 2006. 胜坨油田不同含水期层间干扰规律. 油气地质与采收率, 13 (4): 71-73.

袁明进, 刘海蓉, 韦富, 等. 2012. 煤层气井多煤层扩孔筛管完井工艺. 中国煤层气, 9 (3): 13-15.

袁志亮, 孟小红. 2007. 井间地震层析成像技术在煤层气压裂检测的应用. 中国煤田地质, 19 (2): 69-74.

岳晓燕. 1998. 煤层气数值模拟的地质模型与数学模型. 天然气工业, 18 (4): 28-31.

曾庆恒, 刘洪, 庞进, 等. 2012. 气田合采层间干扰分析及参数优化. 实验研究, 31 (6): 26-27.

张高群, 刘通义. 1999. 煤层压裂液和支撑剂的研究及应用. 油田化学, 16 (1): 17-20.

张金成, 王小剑. 2004. 煤层气压裂裂缝动态法检测技术研究. 天然气工业, 25 (5): 107-109.

张林, 赵喜民, 刘池洋, 等. 2008. 沉积作用对水力压裂裂缝缝长的限制作用. 石油勘探与开发, 35 (2): 201-204.

张明山. 2009. 煤层气排采中套压对产气量的影响. 中国煤炭, 35 (12): 102-104.

张宁, 李术才, 李明田, 等. 2009. 新型岩石相似材料的研制. 山东大学学报(工学版), 39 (4): 149-153.

张培河, 刘钰辉, 王正喜, 等. 2011. 基于生产数据分析的沁水盆地南部煤层气井产能控制地质因素研究. 天然气地球科学, 22 (5): 910-914.

张鹏. 2011. 煤层气井压裂液流动和支撑剂分布规律研究. 青岛: 中国石油大学(华东)硕士学位论文.

张平, 赵金州, 郭大立, 等. 1997. 水力压裂裂缝三维延伸数值模拟研究. 石油钻采工艺. 19 (3): 53-69.

张群. 2003. 煤层气储层数值模拟模型及应用的研究. 西安: 煤炭科学研究总院西安分院.

张士奇, 张伟菊, 张松革. 1996. 层间干扰对试气的影响. 油气井测试, 5 (2): 42-45.

张先敏, 同登科. 2007. 沁水盆地产层组合对煤层气井产能的影响. 煤炭学报, 32 (3): 272-275.

张先敏, 同登科. 2009. 顶板含水层对煤层气井网产能的影响. 煤炭学报, 34 (5): 645-649.

张小东, 张鹏, 刘浩, 等. 2013. 高煤级煤储层水力压裂裂缝扩展模型研究. 中国矿业大学学报, 42 (4): 573-579.

张亚蒲，杨正明，鲜保安. 2006. 煤层气增产技术. 特种油气藏，13（1）：95-98.

张艳玉，孙晓飞，尚凡杰，等. 2012. 沁水煤层气井产能预测及其影响因素研究. 石油天然气学报，34（11）：118-122.

张政，秦勇，Wang G X，等. 2013. 基于等温吸附实验的煤层气解吸阶段数值描述. 中国科学：地球科学，43（8）：1352-1358.

张志全，张军，许弟龙，等. 2001. 煤层气井水力压裂设计. 江汉石油学院学报，23（2）：32-33.

张志勇. 2010. 井下水力压裂强化抽放技术应用. 矿山机械，38（12）：75-76，93.

赵宝虎，杨栋，赵阳升，等. 1999. 岩石三维应力控制压裂实验研究. 太原理工大学学报，11（6）：571-574.

赵海峰，陈勉，金衍. 2009. 水力裂缝在地层界面的扩展行为. 石油学报，30（3）：450-454.

赵庆波，陈刚，李贵中. 2009. 中国煤层气分布特征、开采特点与勘探适用技术. 徐州：中国矿业大学出版社.

赵群，王红岩，李景明，等. 2008. 快速排采对低渗透煤层气井产能伤害的机理研究. 山东科技大学学报（自然科学版），27（3）：27-31.

赵少磊，朱炎铭，曹新款，等. 2012. 地质构造对煤层气井产能的控制机理与规律. 煤炭科学技术，40（9）：108-111.

赵阳升，杨栋. 2001. 低渗透煤储层煤层气开采有效技术途径的研究. 煤炭学报，26（5）：455-458.

赵益忠，曲连忠，王幸尊，等. 2007. 不同岩性地层水力压裂裂缝扩展规律的模拟研究. 中国石油大学学报，31（3）：63-66.

赵振保. 2008. 变频脉冲式煤层注水技术研究. 采矿与安全工程学报，25（4）：486-489.

钟兵，杨雅和，夏崇双. 2005. 砂岩多层气藏多层合采合理配产方法研究. 天然气工业，25（增刊A）：104–106.

周创兵，熊文林. 1996. 岩体节理的渗流广义立方定律. 岩土力学，17（4）：1-7.

周国正. 2009. 织金矿区大冲头井田构造发育特征. 中国煤炭地质，21（5）：14-16+26.

周龙刚，吴财芳. 2012. 黔西比德—三塘盆地主采煤层孔隙特征. 煤炭学报，37（11）：1878-1884.

周龙刚. 2014. 煤层气井水力压裂对煤炭生产的影响——以晋城寺河矿为例. 徐州：中国矿业大学硕士学位论文.

周新国. 2009. 油层水力压裂原理的探讨与技术应用. 科技致富向导，20：94-95.

朱宝存，唐书恒，颜志丰，等. 2009. 地应力与天然裂缝对煤储层破裂压力的影响. 煤炭学报，34（9）：1199-1202.

朱东君. 2015. 贵州织金区块煤层气井排采影响因素分析. 油气藏评价与开发，5（02）：78-80.

朱华银，于兴河，万玉金. 2003. 克拉2气田异常高压气藏衰竭开采物理模拟实验研究. 天然气工业，23（4）：62-64.

朱炎铭，赵洪，闫庆磊，等. 2008. 贵州五轮山井田构造演化与煤层气成藏. 中国煤炭地质，20（10）：38-41.

邹明俊，韦重韬，李来成，等. 2010. 沁南地区典型煤层气井历史拟合及储层压力动态变化.//孙粉锦，冯三利，赵庆波等. 2010年全国煤层气学术研讨会论文集. 北京：石油工业出版社.

左保成，陈从新，刘才华，等. 2004. 相似材料试验研究. 岩土力学，25（11）：1805-1808.

Advani S H，Lee J K. 1982. Finite element model simulations associated with hydraulic fracturing. Society Petroleum Engineers Journal，22：209-218.

Albright J N，Pearson C F. 1982. Acoustic emissions as a tool for hydraulic fracture location: experience at the forton hill dry rock site. Society of Petroleum Engineers Journal，22（4）: 523-530.

Amadei B，Illangasekare T A. 1994. Mathematical model for flow and solute transport innonhomogeneous rock fracture//International Journal of Rock Mechanics and Mining Sciences & Geomechanics Abstracts. Oxford: Pergamon，18: 719-731.

Aminian K，Ameri S. 2009. Predicting production performance of CBM reservoirs. Journal of Natural Gas Science and Engineering，1（2）: 25-30.

Anderson G D. 1981. Effects of friction on hydraulic fracture growth near unbounded in interfaces in rocks. Society of Petroleum Engineers Journal，21（1）: 21-29.

Ayoub J A，Brownm J E，Barree R D，et al. 1992. Diagnosis and evaluation of fracturing treatments. SPE Production Engineering，7（1）: 39-46.

Barton N，Bandis S，Bakhtar K. 1985. Strength deformation and conductivity coupling of rock joints//International Journal of Rock Mechanics and Mining Sciences & Geomechanics Abstracts. Oxford: Pergamon，22（3）: 121-140.

Beaton A，Langenberg W，Pana C. 2006. Coalbed methane resources and reservoir characteristics from the Alberta Plains，Canada. International Journal of Coal Geology，65（1-2）: 93-113.

Bohacs K，Suter J. 1997. Sequence stratigraphic distribution of coaly rocks: fundamental controls and paralic examples. AAPG Bulletin，81: 1612-1639.

Bourdet D，Whittle T M，Douglas A A，et al. 1983. A new set of type-curves simplifies well test analysis. World Oil，2（2）: 95-106.

Bouteca M J. 1984. 3D Analytical model for hydraulic fracturing: theory and field test//Society of Petroleum Engineers In SPE Annual Technical Conference and Exhibition Texas: Society of Petroleum Engineers. SPE: 13276.

Clarkson C R，Bustin R M，Seidle J P. 2007. Production-data analysis of single-phase（gas） coalbed-methane wells. SPE Reservoir Evaluation and Engineering，10（3）: 312-330.

Clarkson C R. 2009. Case study: production data and pressure transient analysis of Horseshoe Canyon CBM wells. Journal of Canadian Petroleum Technology，48（10）: 27-38.

Cleary M P，Lam K Y. 1983. Development of a fully three-dimensional simulator for analysis and design of hydraulic fracturing. SPE，（3）: 271-277.

Clifton R J，Abou-Sayed A S. 1979. On the computation of the three-dimensional geometry of hydraulic fractures. SPE，（2）: 307-313.

Diessel C F K，Boyd R，Wadsvorth J，et al. 2000. On balanced and unbalanced accommodation/peat accumulation rations in the Cretaceous coals from Gates Formation，Western Canada，and their sequence-stratigraphic significance. International Journal of Coal Geology，43: 143-186.

Diessel C F K. 2006. Utility of coal petrology for sequence-stratigraphic analysis. International Journal of Coal Geology，70: 3-34.

Du C Z，Mao X B，Miao X X，et al. 2008. Effect of ground stress on hydraulic fracturing of methane well. Journal of China University of Mining & Technology，18: 204-209.

Dubinin M M，Philip L，Walker Jr. 1966. Chemistry and physics of carbon. Marcel Dekker New

York，2: 51.

Eekelen H A M V. 1982. Hydraulic fracture geometry: fracture containment in layed formation. Society of Petroleum Engineers Journal，22（03）: 341-349.

Gale J F W，Robert M R，Jon H. 2007. Natural fractures in the Barnett shale and their importance for hydraulic fracture treatments. AAPG Bulletin，91（4）: 603-622.

Gan H，Nandi S P，Walker P L. 1972. Nature of the porosity in American coals. Fuel，51（4）:272-277.

Gayer R，Harris I. 1996. Coalbed methane and coal geology. London: The Geological Society: 1-338.

Geertsma J，Deklerk J. 1962. A rapid method of predicting width & extent of hydraulically induced fracture. Journal of Petroleum Technology，（8）: 571-579.

Guo D L，Ji L J，Zhao J Z. 2001. 3-D fracture propagation simulation and production prediction in coalbed. Applied Mathematics and Mechanics，22（4）: 385-393.

Hamilton D S，Tadros N Z. 1994. Utility of coal seams as genetic stratigraphic sequence boundaries in non-marine basins: an example from the Gunnedah basin，Australia. AAPG Bulletin，78: 267-286.

Hartley A J. 1993. A depositional model for the Mid-westphalian A to late Westphalian B Coal Measures of South Wales. Journal of the Geological Society，（150）: 1121-1136.

Lefkovits H C，Hazebroek P，Allen E E，et al. 1961. A study of the behavior of bounded reservoirs composed of stratified layers. SPE，1（1）: 43-58.

Li J Q，Liu D M，Yao Y B，et al. 2013. Influence factors of the Young's modulus of anthracite coal. Applied Mechanics and Materials，295-298: 2762-2765.

Lomize G M. 1951. Flow in Fractured Rocks. Moscow: Gosemergoizdat.

Mckee C R. 1986. Using permeability vs depth correlations to assess the potential for producing gas from coal seams. Quarterly Review of Methane from Coal Seams Technology，4（1）: 15-26.

Meyer B R. 1990. Real-time 3-D hydraulic fracturing simulation: theory and field case studies. SPE，12（6）: 417-431.

Nolte K G. 1986. Determination of proppant and fluid schedules from fracturing pressure decline. SPE Production Engineering，1（4）: 255-265.

Nolte K G. 1991. Fracturing pressure analysis for nonideal behavior. Journal of Petroleum Technology，43（2）: 210-218.

Nolte K G，Smith M B. 1981. Interpretation of fracturing pressures. Journal of Petroleum Technology，33（9）: 1767-1775.

Nordgren R P. 1972. Propagation of vertical hydraulic fracture. Society of Petroleum Engineers Journal，12: 306-314.

Palmer I D，Carrol Jr H B. 1983. 3D hydraulic fracture propagation in the presence of stress variations. Society Petroleum Engineers Journal，23（06）: 870-878.

Pashin J C. 1998. Stratigraphy and structure of coalbed methane reservoirs in the United States: An overview. Intenational Journal of Coal Geology，35: 209-240.

Pashin J C. 2010. Variable gas saturation in coalbed methane reservoirs of the Black Warrior basin: implication for exploration and production. International Journal of Coal Geology，82（3）: 135-146.

Perkins T K, Kern L R. 1961. Widths of hydraulic fracture. Journal of Petroleum Technology, 13(9): 937-949.

Prats M, Hazebroek P, Strickler W R. 1962. Effect of vertical fractures on reservoir behavior-compressible-fluid case. Society of Petroleum Engineers Journal, 2 (02): 87-94.

Raymond L R, Binder G G. 1967. Productivity of wells in vertically fractured damaged formations. Journal of Petroleum Technology, 19 (01): 120-130.

Renshaw C E, Pollard D D. 1995. An experimentally verified criterion forpropagation across unbounded frictional interfaces in brittle, linear elastic materials. International Journal of Rock Mechanics Mining Science and Geomechanics, 32 (3): 237-249.

Settari B A, Cleary M P. 1984. Three dimensional simulation of hydraulic fracture. Journal of Petroleum Technology, 36: 1170-1190.

Teufel L W, Clack J A. 1984. Hydraulic fracture propagation in layered rock: experimental studies of fracture containment. Society of Petroleum Engineers Journal, 24 (1): 19-32.

Thiercelin M J, Ben-Naceur K, Lemanczyk Z R. 1985. Simulation of three-dimensional propagation of a vertical hydraulic fracture//Society of Petroleum Engineers. In SPE/DOE Low Permeability Gas Reservoirs Symposium. Colorado, Society of Petroleum Engineers, SPE: 13861.

Wang H, Shao L Y, Hao L M, et al. 2011. Sedimentology and sequence stratigraphy of the Lopingian(Late Permian) coal measures in southwestern China. International Journal of Coal Geology, 85 (10): 168-183.

Warpinski N R, Clark J A, Schmidt R A, et al. 1982. Laboratory investigation on the effect on the effect of in-situ stress on hydraulic fracture containment. Society of Petroleum Engineers Journal, 22 (3): 333-340.

Weber K J. 1986. How heterogeneity affects oil recovery. Reservoir characterization: 487-544.

Wei H C, Li L G, Wu X M, et al. 2011. The analysis and theory research on the factor of multiple fractures during hydraulic fracturing of CBM wells. Procedia Earth and Planetary Science, 3: 231-237.

Weishauptova Z, Medek J. 1998. Bound forms of methane in the porous system of coal. Fuel, 77: 71-76.

Williams B B. 1970. Fluid loss from hydraulically induced fractures. Journal of Petroleum Technology, 22 (7): 882-888.

Wu C F, Qin Y, Fu X H. 2007. Stratum energy of coal-bed gas reservoir and their control on the coal-bed gas reservoir formation. Science in China Series D: Earth Sciences, 50(9): 1319-1326.

Wu C F, Qin Y, Zhou L G. 2014. Effective migration system of coalbed methane reservoirs in the southern Qinshui basin. Science China: Earth Sciences, 57 (12): 2978-2984.

Wu C F, Zhou L G, Lei B. 2013. Coal reservoir permeability in the Gemudi syncline in Western Guizhou, China. Energy Sources, Part A: Recovery, Utilization, and Environmental Effects, 35 (16): 1532-1538.

Xie S G, Zhao Y J, Yang H Z, et al. 2011. Study on scientific exploitation technology for coal-and-gas double-energy in high gassy coal seam group. Procedia Engineering, 26 (0): 524-530.

Yan T, Li W, Bi X L. 2011. An experimental study of fracture initiation mechanisms during hydraulic fracturing. Petroleum Science，8（1）：87-92.

Zhao J H，Lai X P. 2011. Application of preblasting to high-section top coal caving for steepthick coal sea. Journal of Coal Science & Engineering（China），17（2）：113-118.

Zhou J，Jin Y，Chen M. 2010. Experimental investigation of hydraulic fracturing in random naturally fractured blocks. International Journal of Rock Mechanics & Mining Sciences，47：1193-1199.

彩　图

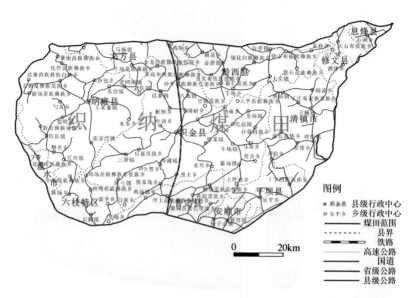

图 2-1　织纳煤田交通位置图

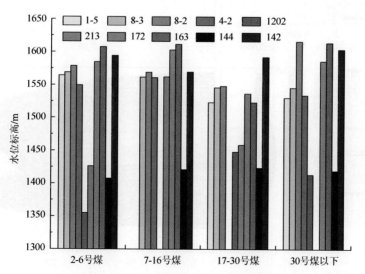

图 4-29　肥三井田不同含水带水位标高分布图

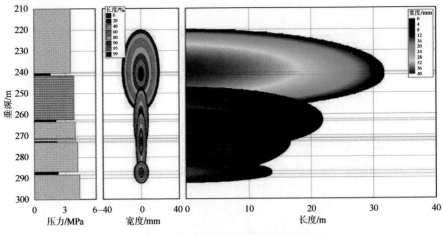

图 5-64　原压裂设计施工方案模拟结果

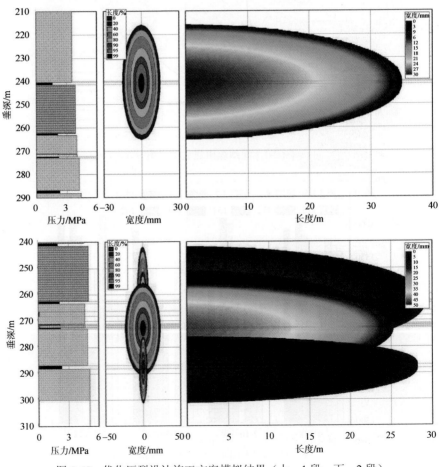

图 5-65　优化压裂设计施工方案模拟结果（上：1 段，下：2 段）

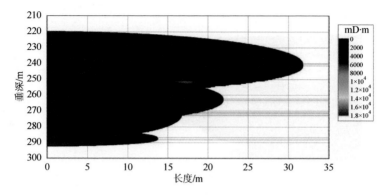

图 5-66　原压裂设计导流能力模拟结果

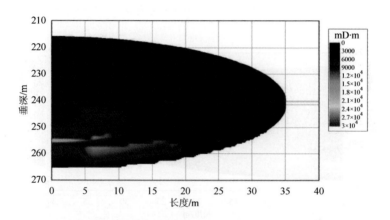

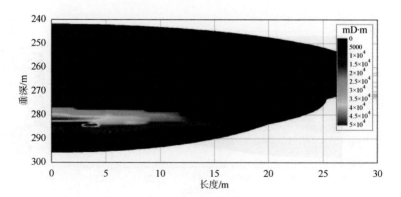

图 5-67　优化压裂设计导流能力模拟结果（上：1 段，下：2 段）

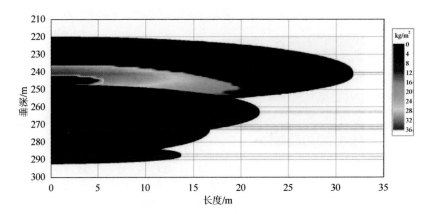

图 5-68 原压裂设计铺砂浓度模拟结果

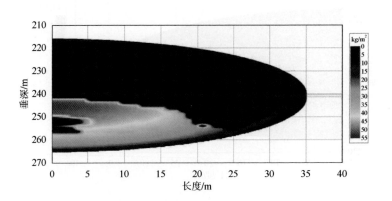

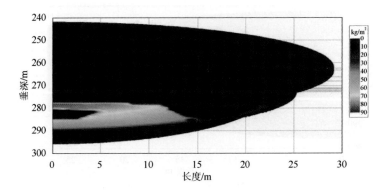

图 5-69 优化压裂设计铺砂浓度模拟结果（上：1 段，下：2 段）